개념이 보이는 고체역학

오충석 지음

(주) 시그마프레스

개념이 보이는 **고체역학**

발행일 | 2019년 1월 25일 초판 1쇄 발행
2021년 3월 5일 초판 2쇄 발행

저 자 | 오충석
발행인 | 강학경
발행처 | (주)시그마프레스
디자인 | 고유진
편 집 | 이지선

등록번호 | 제10-2642호
주소 | 서울특별시 영등포구 양평로 22길 21 선유도코오롱디지털타워 A401~402호
전자우편 | sigma@spress.co.kr
홈페이지 | http://www.sigmapress.co.kr
전화 | (02)323-4845, (02)2062-5184~8
팩스 | (02)323-4197

ISBN | 979-11-6226-153-8

* 책값은 뒤표지에 있습니다.
* 이 도서의 국립중앙도서관 출판시도서목록(CIP)은 서지정보유통지원시스템 홈페이지(http://seoji.nl.go.kr)와 국가자료공동목록시스템(http://www.nl.go.kr/kolisnet)에서 이용하실 수 있습니다.(CIP제어번호 : CIP2019000831)

머리말

머리말이란 "책이나 논문의 첫머리에 그 내용의 대강이나 그에 관계된 사항을 간단히 적은 글"로 정의되어 있습니다. 어떤 책에는 서론(序論, introduction)이나 서문(序文, preface)으로 쓰여 있기도 합니다. 저는 개인적으로 다른 표현보다 머리말을 좋아합니다. 조그마한 칩 하나가 로봇이나 비행기 전체를 조종하듯이, 사람의 행동거지는 머리가 제어합니다. 신체 일부는 어떠한 이유로 인해 없어도 되지만 머리는 그렇지 않습니다. 여러분들이 역학 과목을 배우기 시작할 때 가장 먼저 갖게 되는 선입견이 "역학은 어려운 것이다."라는 것입니다. 이러한 선입견이 머릿속에 존재하는 한 역학은 그저 재미없고, 힘들기만 하며, 대학 졸업을 위해 어쩔 수 없이 이수해야 하는 전공 필수 과목 중의 하나일 것입니다.

제가 역학을 처음 접하게 된 것은 아마도 고등학생 때인 것 같습니다. 물리 시간에 빈손으로 들어오셔서 운동 역학에 관한 모든 식을 칠판 가득 채우시던 물리 선생님을 보면서 관심을 갖게 되었고, "참 신기하고 대단하시다!"라는 생각을 갖게 되었습니다. 하지만 대학에 입학해 역학을 본격적으로 배우기 시작하면서 역학이 녹록치 않은 과목임을 실감하게 되었습니다. 특히 아무것도 모르던 철부지 신입생 때 다가온 정역학(Statics)은 두려움 그 자체였습니다. 교수님들은 당연하다는 듯이 설명하셨지만 개념 이해가 쉽지 않았고, 그로 인해 대부분의 역학 과목들을 암기 과목처럼 학습할 수밖에 없었습니다. 부족한 학식과 일천한 경험밖에 없는 제가 역학에 관한 책을 쓰게 된 이유는 과거의 저에게 있었고 현재의 여러분 머릿속에 존재할 가능성이 있는 역학, 특히 고체역학에 대한 선입견을 없애보기 위함입니다.

역사적으로 **재료역학**(Mechanics of Materials)이나 **고체역학**(Solid Mechanics) 등으로 명명된 책들에서는 다양한 고체 재료들의 기계적 거동(mechanical behavior of solid materials)을 주로 다루고 있습니다. 따라서 책의 제목을 보다 명확하게 정의하기 위해서는 **고체재료역학**

(Mechanics of Solid Materials)으로 정하는 것이 바람직해 보이지만 책의 제목이 너무 길어지고 오랫동안 사용되어 익숙해진 '고체역학'으로 결정하게 되었습니다.

고체역학의 핵심에는 응력(stress)이 자리 잡고 있고, 이를 이해하기 위해서는 정역학에서 소개되는 내력(internal forces)에 대한 개념이 필수적으로 요구됩니다. 이러한 개념들이 어렵게 다가오는 이유는 역학을 공부하는 분들의 이해력이 부족해서가 아니고, 그러한 개념들이 원래 어렵기 때문입니다. 개념(槪念, concept)이란 "우리 주위의 대상에 관해서 공통되고 일반적인 것을 꺼내어 개괄함으로써 생겨난 관념" 또는 "사물 현상에 대한 일반적인 지식" 등으로 정의됩니다. 응력에 대한 개념을 이해하기 위해서는 응력의 일반적인 특성을 이해해야 하는데, 이것이 어려운 가장 큰 이유는 눈에 보이지 않기 때문입니다. 눈에 보이지 않는 개념을 보이게 할 수 있는 것을 가시화(visualization)라고 합니다. 고체 재료 내부에 존재하는 가상 개념들을 가시화하기 위한 좋은 도구가 유한요소법(有限要素法, finite element method)입니다. 연속체인 실제 고체 재료들을 해석이 가능한 유한 개의 작은 고체들로 분할하여 해석하는 방법입니다. 이 책에서는 유한요소법을 보조 도구로 하여 고체역학의 핵심 개념들을 가시화함으로써 여러분들의 이해도를 높이고자 노력하였습니다. 이를 통해 고체역학이 어렵다는 선입견에서 탈피하여 보다 효율적이고 재미있게 역학 과목을 학습할 수 있는 토대를 마련하고자 합니다.

다양한 기능을 갖고 있는 장비를 구입해 사용하기 위해서는 먼저 간략 사용법을 보면서 대략의 주요 기능을 익힌 다음, 시간이 될 때마다 전체 설명서를 꼼꼼히 읽어보면서 세부 기능을 익혀야 합니다. 수많은 개념과 문제로 가득한 기존의 고체역학 관련 서적들이 전체 설명서라면, 이 책은 여러분들의 고체역학 학습에 있어서 효과적인 간략 사용 설명서라고 할 수 있겠습니다. 커다란 얼음을 자르기 위해 커다란 톱으로 밤낮없이 톱질하는 대신 조그만 균열을 내고 그 틈에 힘을 가하는 것이 효율적인 것처럼, 이 책이 고체역학을 효과적으로 학습하는 데 있어서 미력이나마 보탤 수 있다면 제게 큰 기쁨이 될 것입니다.

책을 쓰기 시작하면서 갖게 된 가장 큰 걱정은 책에 산재해 있는 수많은 오류들로 인해 여러분들의 학습에 걸림돌이 되지 않을까 하는 것입니다. 책을 보시면서 잘못 설명되어 있는 부분이나 오류 등이 있으면 주저하지 마시고 이메일(ocs@kumoh.ac.kr)을 통해 알려 주세요. 고객만족을 위해 노력하겠습니다.

한 권의 책이 도서관 서가에 꽂히기 위해서는 본인의 노력뿐만 아니라 주위의 수많은 도움이 절실하다는 것을 뼈저리게 느꼈습니다. 수십 년간 제게 사회에 공헌할 기회를 부여하고 이 책의 저술에 물심양면으로 지원해 주신 금오공과대학교, 책의 기획에서 출판까지 상세하고 친절하게 안내해주신 ㈜시그마프레스, 저를 이 세상에 있게 해 주신 부모님, 늘 곁에서 응원해 주시는 장인어른과 장모님, 항상 저를 믿고 곁에서 지원해 준 아내와 가족들, 그리고 제게 작은 달란트라도 허락하신 하나님께 진심으로 감사드립니다.

독자들의 입가에 번지는 옅은 미소를 보고 싶은

오충석

"본 교육교재는 2018학년도 교육 · 연구 및 학생지도 비용 지원을 받아 개발된 교재임"

집필 철학 및 권장 사용법

개념이 보이는 고체역학을 집필함에 있어서 다음과 같은 철학을 견지하고자 노력하였다.

- **내용 및 분량 최소화**

  기존의 고체역학 관련 서적들은 내용이 방대하여 두 학기에 나누어 다룰 경우 학기 간 연속성이 떨어지는 문제가 있고, 한 학기에 모두 다루기 위해서는 주마간산이나 수박 겉핥기식이 될 가능성이 높았다. 고체역학의 경우 많은 대학에서 3학점 정도만을 필수로 정하기 때문에 이 책은 가능한 한 학기에 핵심 개념을 모두 다룰 수 있도록 하였다. 만약 한 학기에 전체 내용을 끝내고자 하는 교수자는 제3 ~ 8장까지만 수업을 하고, 제1, 2, 9장은 학습자에게 맡겨두면 될 것이다. 두 학기에 걸쳐 수업을 진행하고자 하는 교수자는 첫 번째 학기에 제1 ~ 5, 8장의 일부를 다루고, 두 번째 학기에는 첫 번째 학기 내용에 대한 복습과 함께 제6 ~ 8장까지 진행할 것을 권장한다. 제9장은 제1 ~ 8장까지 학습한 내용을 전체적으로 응용하는 예를 보여 주고 있으므로, 원하는 학기에 다루면 될 것이다.

- **연습문제 제로화**

  많은 역학 책들을 보면서 가장 먼저 눈에 들어오는 것은 수많은 연습문제이다. 연습문제 하나하나를 면밀히 살펴보면 모두 흠잡을 데 없이 좋은 문제들이지만 학습자들은 이로 인해 부담감을 느낄 수밖에 없다. 따라서 연습문제를 과감히 없애버렸다. 한 마디로 말하면 이 책은 문제 없는 책이다. 그러나 역학을 가장 잘 이해하는 방법은 문제를 많이 다루어 보는 것이므로, 이 책의 내용과 예제들을 학습한 후 도서관에 비치되어 있는 참고문헌들에 실려 있는 문제들을 많이 다루어 볼 것을 권장한다. 교수자는 서가에 꽂혀 있는 참고문헌들에서 내용 이해에 도움이 되는 문제들을 간추려 학습자에게 과제로 부여하기를 권장한다. "Practice makes perfect."를 책상 어딘가에 써붙여 놓고 꾸준히 연습하기를 바란다.

- **연속성 있는 내용**

고체역학이 어렵게 느껴지는 이유 중의 하나는 이전에 학습한 내용을 잊어버리고 새로운 내용을 접하기 때문이다. 따라서 책을 읽으면서 이전에 유도하였던 식이나 사용했던 그림들을 자주 언급함으로써 현재 학습하고 있는 내용과 이전에 학습했던 내용이 어떻게 연관되는지 스스로 파악할 수 있도록 하였다.

- **예제 활용법**

역학은 운동경기와 같아서 다른 사람들이 하는 것을 보면 쉽게 느껴지지만 본인이 직접 해보면 그제서야 어려움을 알게 된다. 책에 수록한 많지 않은 예제들을 소설 책 보듯이 읽어 내려가면 역학능력의 향상이 더디게 된다. 본문 내용을 충실하게 학습한 다음 예제를 직접 풀어 본 다음에 [해법 예]와 비교해 보면서 자신의 부족한 부분을 찾아 보강하는 기회로 삼기를 바란다.

- **실제 문제 및 산업체 응용 지향**

공학의 목적은 우리나라의 건국이념인 홍익인간(弘益人間)과 궤를 같이 한다고 생각한다. 고체역학이 학문으로서만 끝난다면 무의미하다고 생각하므로, 가능한 한 산업체와 일상생활에서 접할 수 있는 실제 문제들을 다루려고 노력하였다. 이를 위해 200장이 넘는 실제 사진을 수록하였다. 특히 책의 말미인 제9장에서는 좀 더 실제적인 문제들을 다루었으며, 산업체에서의 구조 설계 실무 초보자를 위한 현장 직무 교육용으로도 적합하도록 구성하였다. 추후 개정판에서는 제9장에 보다 많은 실제 예들을 추가할 예정이다.

- **유한요소법 활용**

각종 고체 재료들의 기계적 거동을 가시화하기 위해 유한요소법을 도구로 활용하였다. 이 책의 목적이 유한요소법 소개가 아닌 관계로, 유한요소법에 관한 상세한 내용 대신 이를 이용해 제작된 그림과 동영상을 제공하여 개념 이해에 도움이 되도록 하였다. 따라서 유한요소법에 대한 지식이 전혀 없더라도 이 책의 내용을 이해하는 데 문제가 없도록 하였다. 만약 유한요소법을 이용해 문제를 직접 해결해 보고자 하는 독자들은 KOCW (Korea open course ware)에 있는 저자의 동영상 강좌를 참조할 것을 권장한다. 이 책이나 기타 참고문헌에 있는 문제들을 직접 풀어보고, 이를 유한요소법으로도 해석하여 비교해 보는 것은 매우 의미 있는 일이다. 저자가 사용하고 있는 ANSYS Workbench 학생 버전은 교육 목적으로 사용할 경우 누구나 무료로 사용할 수 있어 학생들에게도 부담이 되지 않을 것이다.

- **각주 활용**

고체역학 내용 이해에 도움이 될 만한 각종 정보, 참고문헌, 관련 지식, 인터넷 사이트, 용어 설명, 추가 설명 등을 해당 페이지 하단에 각주로 실어 독자들이 편리하게 활용할 수 있도록 하였다.

- **동영상 강좌 연계**

이 책의 내용 이해에 도움이 될 수 있도록 동영상 강좌를 제작하여 독자들이 스스로 학습하는 데 도움이 될 수 있도록 하였다. 또한 정역학, 유한요소법, MS Excel을 이용한 기계공학 문제 해결에 관한 기존의 동영상들을 통해 독자 스스로 학습할 수 있도록 하였다.

- **인터넷 지원 강화**

교재에 수록되어 있는 내용들은 새로운 지식을 받아들이기 위해 꼭 필요하지만 살아 숨쉬는 지식은 아니라고 생각한다. 이를 보완하기 위해 교재의 내용을 더욱 깊게 이해할 수 있는 내용들(컬러 사진, 동영상, 관련 자료 등)을 인터넷(http://ocskit.wixsite.com/solid)을 통해 지원할 것이다. 독자들은 각종 모바일 기기를 통해 컬러 사진 등을 보면서 책을 볼 경우 이해도를 높일 수 있을 것이다. 또한 책에 있는 각종 오류나 부족한 부분들도 인터넷에 게시하여 독자들의 학습 편의를 돕도록 할 것이다.

- **Q&A 활성화**

교재 내용에 대해 궁금한 사항이 있을 경우 인터넷을 통해 질문을 할 수 있도록 하였다. 잘못된 답변은 있을 수 있지만 잘못된 질문이란 존재하지 않는다고 생각한다. 저자와 독자들이 질문과 의견을 주고받으면서 죽어 있는 책이 아닌 살아 숨쉬는 책이 될 수 있도록 노력할 것이다. 이와 같은 피드백을 통해 책의 내용을 지속적으로 개선해 나갈 것이다.

차례

제3장 변형과 변형률 29

제4장 내력과 응력 55

제5장 재료 물성 및 변형률-응력 관계 97

제1장

구조물의 파손과 하중 종류

[출처 : Shutterstock]

이 책의 전체 내용을 한 문장으로 요약하면 "다양한 **하중**하에서 **응력**과 **변형률**을 매개로 고체 **구조물**들의 **파손**을 예측해보고 이를 기반으로 **안전**하고 **경제성** 있는 구조물을 **설계**하기 위한 **역학적 기초**를 마련하는 것"이다.

이를 위해서는 우리 주변의 다양한 고체 구조물들과 일상적으로 발생하는 각종 파손에 대해 깊은 **관심**을 갖는 것이 중요하다고 생각한다. 첫 장의 내용은 그리 길지 않지만 고체역학을 효율적으로 탐험하는 데 있어서 유용한 길라잡이가 되었으면 한다.

1.1 구조물의 파손

우리 주변에는 수많은 **구조물들**(structures)이 존재한다. 지금 자리에서 일어나 360° 회전하면서 눈에 들어오는 고체 구조물들만 열거하더라도 손쉽게 수십 개 이상은 될 것이다. 나무 책상, 컴퓨터, 종이 컵, 안경, 콘크리트 벽, 나무 문, 나무 의자, 유리 시계, 플라스틱 스위치, 소파, 스탠드, 휴대폰, 휴지 등 이루 헤아릴 수 없이 많은 구조물들이 있을 것이다. 이러한 구조물들은 특정 **기능**(function)을 수행하도록 설계 및 제작되어 있다. 의자는 앉아 있는 사람의 무게를 안정적으로 지탱할 수 있어야 하고, 휴대폰은 어느 곳에서도 상대방과 무선으로 통화를 할 수 있어야 한다.

여행을 하면서 자주 보게 되는 [그림 1.1] (a)와 같은 이정표 지지대는 강풍과 같은 악천후 속에서도 그림에서 보이는 상태를 유지하여 운전자에게 필요한 정보를 전달할 수 있어야 한다. 사진에서 볼 수 있듯이 매우 안정적인 정적 상태를 유지하고 있다. [그림 1.1] (b)는 보행로에 설치하여 건물의 위치를 알려 주는 기능을 수행한다. 사진에서 볼 수 있듯이 강풍 등의 영향으로 인해 연직 방향에 대해 약 3°가량 기울어져 있음을 알 수 있다. 기울어진 정도를 쉽게 파악할 수 있도록 사진에 수직선을 점선으로 표시하였다. 초기 설치 후 약간의 변형이 생겼지만 본래의 기능을 수행하는 데에는 큰 문제가 없음을 알 수 있다. [그림 1.1] (c)는 고속도로 상에서의 사고로 움직일 수 없는 상태인 화물차를 보여 주고 있다. 이 화물차의 경우 수리 완료 전까지는 본연의 기능을 수행할 수 없을 것이다.

[그림 1.1]에서 (a)와 (b)의 경우는 구조물 본연의 기능을 유지하고 있으나 (c)는 당초 가지고 있던 기능을 상실한 상태이며, 이때 그 구조물은 **파손**(failure)되었다고 말한다. 인류의 역사가 시작된 이래 이러한 파손은 수없이 일어났고 앞으로도 지속적으로 발생할 것이다. 보다 다양한 파손 사례에 대해 궁금한 독자는 현대에 일어났던 역사적인 파손들의 원인과 결과를 체계적으로 정리하여 소개하고 있는 Henry Petrosky[1)]의 책을 참조하기 바란다.

1) Henry Petrosky, *To Engineer is Human* (The Role of Failure in Successful Design), St. Martin's Press (1985).

(a) 고속도로 상에 설치된 이정표와 지지대

(b) 건물 위치 안내판

(c) 교통사고 후의 화물차

그림 1.1 다양한 구조물 및 파손 정도

1.2 고체역학의 유래

자동차를 타고 새로운 곳을 찾아가기 위해서는 정확한 목적지 주소를 내비게이션 시스템에 입력한 후 가장 최적화된 길을 찾아 운전을 시작하는 것이 바람직하다. 마찬가지로 새로운 학문을 효과적으로 학습하기 위해서는 그 학문의 학습 목적을 파악한 뒤 그 목적을 달성하기 위해 필요한 사항들을 체계적으로 학습해 나가는 것이 좋다. "내가 이 과목을 왜 들어야 하는가?", "이 과목은 실제로 어디에 활용될까?", "이 과목에서 배운 내용들을 실제 구조물에 적용하기 위해서는 무엇이 필요할까?"와 같은 질문들을 계속해서 자문하거나 주변 학습자들과 토론하는 것이다. 이러한 맥락에서 고체역학의 유래에 대해 먼저 살펴보기로 하자.

인류 문명이 시작된 이래 사람들은 공동체 생활을 시작했고, 이 과정에서 마을과 도시가 생겨나게 되었으며, 이들 사이의 원활한 물물교환과 교역을 위해 도로와 교량 등의 기반 시설들이 필요하게 되었다. 이를 체계적으로 연구하기 시작한 학문이 **도시 공학**(urban engineering) 또는 **토목 공학**(civil engineering)이었으며, 토목공학에서 가장 많이 사용되는 고체 재료들에 대한 거동을 다룬 학문이 바로 **재료역학**(mechanics of materials)[2)][3)]이었다. 그러나 '재료'의 종류가 광범위한 관계로 이를 좀 더 구체적으로 명시한 '고체재료역학'을 거쳐 **고체역학**(solid mechanics or mechanics of solid)으로 자리 잡게 되었다. 따라서 이 책에서도 고체역학의 명칭을 사용하기로 한다.

1.3 고체역학을 이용한 구조물 설계

1638년 이탈리아의 과학자 갈릴레오 갈릴레이는 [그림 1.2][4)]와 같이 사각 단면을 갖는 나무 재료로 제작한 구조물[5)]의 끝단에 돌로 만든 추를 연결해 구조물의 단면 형상(폭, 높이), 길이 및 무게와 파손과의 관계를 연구하였다. 이를 통해 얻은 결과들을 바탕으로 동일한 종류의

---

2) Stephen P. Timoshenko, *History of Strength of Materials*, McGraw-Hill (1953).

3) James M. Gere and Stephen P. Timoshenko, *Mechanics of Materials*, Wadsworth Publishing Co Inc (1984).

4) https://commons.wikimedia.org/wiki/File:Discorsi_Festigkeitsdiskussion.jpg

5) 이러한 구조물을 **외팔보**(cantilever)라 하며, 이에 대한 상세한 설명은 제7장에서 다룰 것이다.

그림 1.2 갈릴레오의 외팔보[출처 : Wikimedia]

나무를 이용한 교량과 건축물들의 설계에 활용하였을 것으로 추측된다. 즉 기본 재료의 **기계적 거동**(mechanical behavior)을 파악한 뒤, 이를 바탕으로 구조물들이 실제 사용 환경에서 파손 없이 제 기능을 수행할 수 있도록 **설계**(design)하는 데 활용하였을 것이다.

1.4 구조물의 파손을 야기할 수 있는 하중

구조물은 왜 파손될까? 만약 [그림 1.3] (a)와 같은 어린이 전용 그네를 어른이 이용하면 그네줄이 끊어지든지 그네를 지탱하고 있는 구조물이 휘거나 파손될 것이다. 그럼 어른이 타도 문제없는 그네를 설치하기 위해서는 어떤 과정을 거쳐야 할까? 먼저 그네를 이용하는 사람의 최대 몸무게와 그네 자체의 **자중**(dead weight)을 알아야 할 것이다. 우리는 이를 **하중**(loading)이라고 부른다. 즉 고체역학에서 다루는 하중이란 어떤 구조물에 변형을 일으키고 잘못 설계된 경우에는 파손에 이르게 하는 원인이라고 할 수 있다. PET[6] 음료수 용기에 뜨거운 물을 부으면 형태가 심하게 변화되는 것을 알 수 있다. 이 경우에 용기를 파손에 이르게 한 하중은 **열 하중**(thermal load)이다. 이와 같이 구조물을 파손에 이르게 하는 원인은 매우 다양하다.

6) PolyEthylene Terephthalate : 음료수 병 등의 제조에 쓰이는 합성수지

(a) 어린이용 그네

(b) 타워 크레인 케이블

그림 1.3 축 하중 구조물 예[출처 : (a) Shutterstock]

수많은 하중 중에서 우리는 크게 네 가지 하중만을 다루기로 한다.

[그림 1.3]의 그네 줄이나 타워 크레인 케이블과 같이 구조물의 길이 방향으로 하중이 작용할 때를 **축 하중**(axial loading)이라고 한다. 그네 줄, 배의 닻줄, 현수교 케이블, 전선 케이블, 줄다리기 줄 등 축 하중을 받는 구조물의 종류는 다양하다. 축 하중은 구조물의 길이가 늘어나는 방향으로 작용하는 **인장**(tensile) 축 하중과 건물의 기둥과 같이 길이가 감소하는 방향으로 작용하는 **압축**(compressive) 축 하중으로 분류할 수 있다. [그림 1.3]의 케이블들은 인장 축 하중을 받고 있는 경우이다.

다음으로 [그림 1.2]의 외팔보나 [그림 1.3]의 타워 크레인 보 등은 주로 구조물의 길이 방향에 수직으로 하중이 작용하여 하중 작용 방향으로 처짐(또는 휨)이 발생하게 되는데, 이러한 경우를 **굽힘 하중**(flexural/bending loading)이라고 한다. [그림 1.4] (a)에서 나뭇가지의 자중으로 인해 나무뿌리에는 상당한 크기의 굽힘 하중이 작용된다. 이대로 방치할 경우 나무뿌리가 파손될 수 있어 나무 중간에 수직으로 버팀목을 댄 것을 알 수 있다. 이 경우 버팀목은 압축 축 하중을 받게 된다.[7] 또한 도로 위 신호등을 지지하는 구조물도 신호등의 무게로 인해

7) 구조물의 길이 방향으로 압축 하중이 작용하는 구조물을 **기둥**(column)이라고 부른다. 이 책에서는 기둥에 관한 설명은 생략한다.

(a) 기울어져 있는 나무와 버팀목

(b) 길거리 신호등 지지대

그림 1.4 굽힘 하중 구조물 예

굽힘 하중을 받게 된다. 이를 보완하기 위해 케이블로 지지하고 있는 것을 알 수 있다. 이때 케이블은 인장 축 하중을 받게 된다.

[그림 1.5]에서와 같이 철판을 절단하거나 전지가위로 과일나무의 가지를 전지할 때와 같이 2개의 면이 미끄러지듯이 잘리는 경우 **전단 하중**(shear loading)이 작용한다고 한다. 실제로 [그림 1.2]~[그림 1.4]의 경우에도 전단 하중이 작용하고 있다. 이에 대해서는 제7장에서 보다 자세히 다룰 것이다. 모터나 엔진 등에 의해 발생된 동력을 거리가 떨어진 곳에 전달하기

(a) 유압 전단기를 이용한 철판 절단

(b) 전지가위를 이용한 나뭇가지 정리

그림 1.5 전단 하중 구조물 예[출처 : Shutterstock]

위해 사용하는 추진축(propeller shaft)이나 구동축(drive shaft)의 경우는 빨래의 물기를 제거하기 위해 비틀 때와 동일한 하중이 작용되며, 이를 **비틀림 하중**(torsional loading)이라고 한다. 그러나 비틀림 하중은 전단 하중의 특수한 예로 보면 되기 때문에 별도의 하중으로 분류하지 않는다.

마지막으로 보일러, 각종 엔진, 터빈 등과 같은 구조물들의 경우 앞서 언급한 기계적 하중들보다 온도 변화로 인한 파손이 더 많이 발생하며, 이를 **열 하중**(thermal loading)이라고 한다.

1.5 고체 재료의 종류

고체역학에서 다뤄야 하거나 다룰 수 있는 문제들은 실로 방대하다. 그 이유 중의 하나는 고체 재료의 종류가 매우 다양하기 때문이다. 고체 재료들을 분류하는 방법은 다양하지만 제조 방법과 재료의 특성에 따라 **금속**(metals), **세라믹**(ceramics), **중합체**(polymers), 그리고 이들 재료들을 조합하여 만든 **복합재료**(composite materials)로 나눌 수 있으며, 각각의 경우에 대해 대표적인 예를 [그림 1.6]에 나타내었으며, 일반적인 분류법에 따른 고체 재료의 예를 [표 1.1]에 정리하였다. 하지만 동일한 재료라고 하더라도 제조 방법에 따라 매우 다른 거동을 보인다. 예를 들어, 동일한 강 재료라고 하더라도 구성 성분(철, 탄소, 황 등) 차이, 열처리 방법 및 사용 환경(고온, 저온, 수소) 등에 따라 완전히 다른 재료가 된다. 각각의 재료의 특성이나 물성값 등에 대한 간략한 설명은 제5장에서 다루겠지만, 보다 자세한 사항들은 **재료공학**(materials science/engineering) 관련 참고문헌들을 참조하기 바란다.

1.6 강체역학과 고체역학

고체역학은 일반적으로 강체역학에서 출발한다. 어떤 물체에 하중을 가하였을 때 그 물체 내에 있는 임의의 두 점의 거리가 변하지 않을 경우, 즉 변형이 일어나지 않을 때, 그 물체를 **강체**(rigid body)라고 부른다. 이러한 물체는 가상의 개념으로서 실제로는 존재하지 않는다.

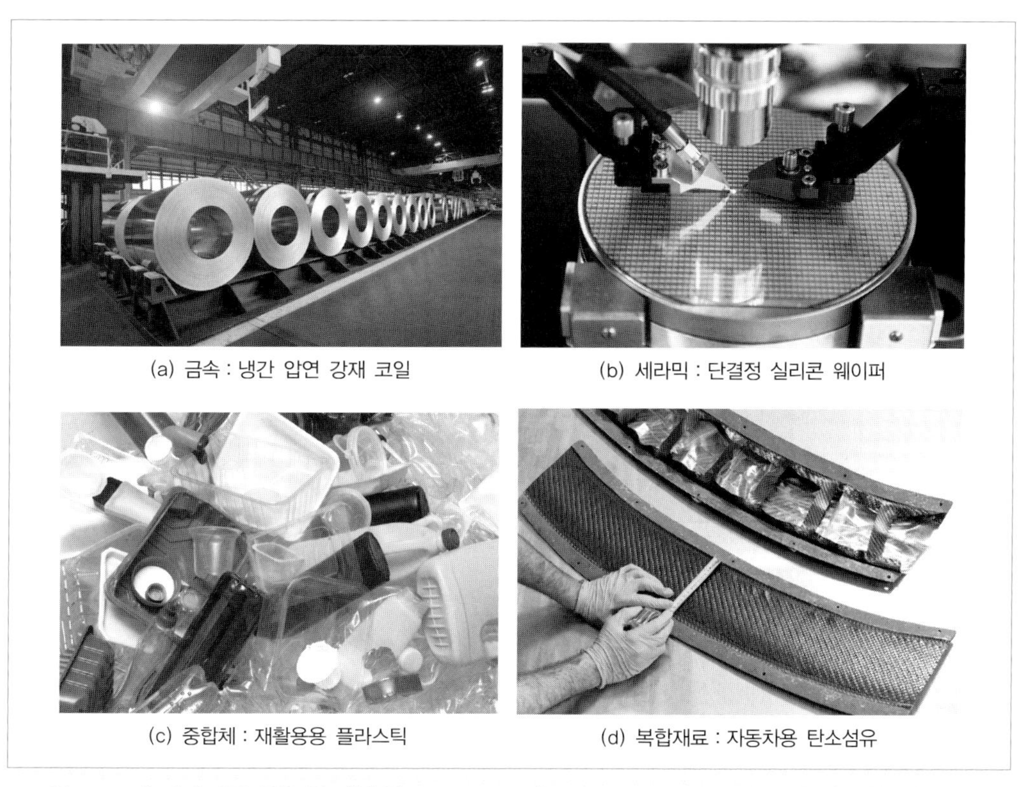

(a) 금속 : 냉간 압연 강재 코일 (b) 세라믹 : 단결정 실리콘 웨이퍼

(c) 중합체 : 재활용용 플라스틱 (d) 복합재료 : 자동차용 탄소섬유

그림 1.6 네 가지 재료 종류 및 예[출처 : Shutterstock]

그러나 강체의 개념은 역학을 효과적으로 학습하는 데 있어서 매우 유용하다. [그림 1.7] (a)에서와 같이 다이아몬드 커터를 이용해 유리를 자를 때, 다이아몬드 재료는 유리에 비해 강체로 간주할 수 있고, (b)에서와 같이 각종 금속을 다이아몬드 압입자(indenter)를 이용해 누를 때,

표 1.1 고체 재료의 종류

대분류	예
금속	철(iron), 강(steel), 알루미늄(aluminum), 니켈(nickel)
세라믹	실리콘(silicon), 유리(glass), 도자기(porcelain)
고분자	플라스틱(plastics), PET, 아크릴(PMMA), 폼(foam), 베이클라이트(bakelite)
생체	뼈(bone), 조직(tissue), 세포(cell)
복합재료	탄소섬유강화플라스틱(carbon fiber-reinforced plastics, CFRP), 유리섬유강화플라스틱(glass FRP, GFRP), Polyetheretherketone(PEEK)

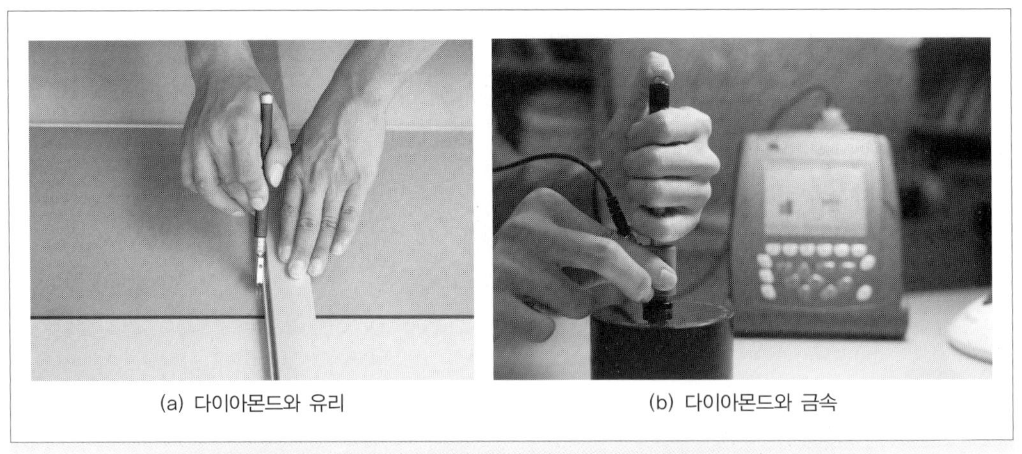

(a) 다이아몬드와 유리 (b) 다이아몬드와 금속

그림 1.7 다이아몬드 커터를 이용한 유리 절단(a)과 다이아몬드 압입자를 이용한 금속 경도 시험(b) [출처 : Shutterstock]

다이아몬드 재료를 금속에 비해 강체로 간주할 수 있다. 이와 같은 상대적인 강체 개념을 사용함으로써 각종 공학 해석이나 설계를 쉽게 할 수 있다. 모든 물체를 강체로 간주했을 때 그 물체에 일어나는 역학적 거동을 연구하는 학문을 **강체역학**(rigid body mechanics)이라고 한다.

강체역학은 크게 정역학과 동역학으로 구분한다. 강체 구조물에 하중을 인가했을 때 구조물이 움직이지 않고 정적인 상태를 유지할 때의 거동을 살피는 것이 **정역학**(Statics)이며, 가속 또는 감속이 일어나면서 움직일 때의 거동을 연구하는 것이 **동역학**(Dynamics)이다. [그림 1.8]의 런던교(a)의 경우 정지해 있는 것으로 간주[8]할 수 있어 정역학적 관점에서 해석할 수 있으며, 우주왕복선(b)의 운동을 근사적으로 해석할 때 동역학을 활용할 수 있다. 일반적으로 고체역학은 정역학을 기반으로 많은 개념을 전개하지만 동역학적인 문제를 다룰 수도 있다. 이와 같이 동역학 문제이지만 정역학적으로 해석할 수 있을 경우 **유사 정역학**(pseudo Statics)이라고 한다. 정역학적인 개념은 고체역학 학습에 있어서 필수적이므로 제2장에서 간략하게 다룰 예정이지만, 이에 앞서 정역학에 대한 복습[9]을 통해 기초를 마련할 것을 권장한다.

8) 실제 모든 구조물들은 고유진동수를 가지고 미세하게 움직이고 있으나 그의 영향이 적은 경우 정적인 구조물로 간주할 수 있다.

9) KOCW(Korea open course ware)에 등재되어 있는 '정역학에서 정 떼기' 동영상 강좌 참조

(a) 런던교

(b) 우주왕복선

그림 1.8 정역학과 동역학에서 다루는 구조물 예[출처 : Shutterstock]

앞서 언급하였듯이 실제 강체는 존재하지 않는다. 따라서 어떤 구조물에 하중이 인가되면 변형이 생기게 되며, 이러한 거동을 살피는 학문을 **고체역학**이라고 한다. 따라서 고체역학을 **변형역학**(deformation mechanics)이라고도 부른다. 즉 "어떤 물체에 하중이 작용할 때 물체 내에 생기는 변형을 다루는 학문"을 고체역학이라 할 수 있다.

1.7 후크의 법칙

[그림 1.9] (a)와 같은 **스프링 저울**(spring balance)에 연식 방향으로 추를 매달면 스프링이 변형되고, 하중을 제거하면 원 상태로 복원되는 고체의 거동을 **탄성**(elastic)이라고 한다. 엔진 밸브 스프링은 대표적인 탄성 구조물이다. 1678년 R. Hooke[10]는 [그림 1.9] (b)에서와 같이 스프링에 가해진 하중(F, 무게 또는 힘)과 변형(x) 사이에 선형적인 관계가 성립함을 실험을 통해 검증하였고, 이를 통해 $F=kx$의 관계식을 주장하였으며, 이를 선형 탄성 재료에 대한 **후크의 법칙**(Hooke's law)이라고 한다.

10) Robert Hooke(1635~1703) : 건축, 생물, 공학 등 다방면에 걸쳐 뛰어났던 영국의 철학자이자 과학자

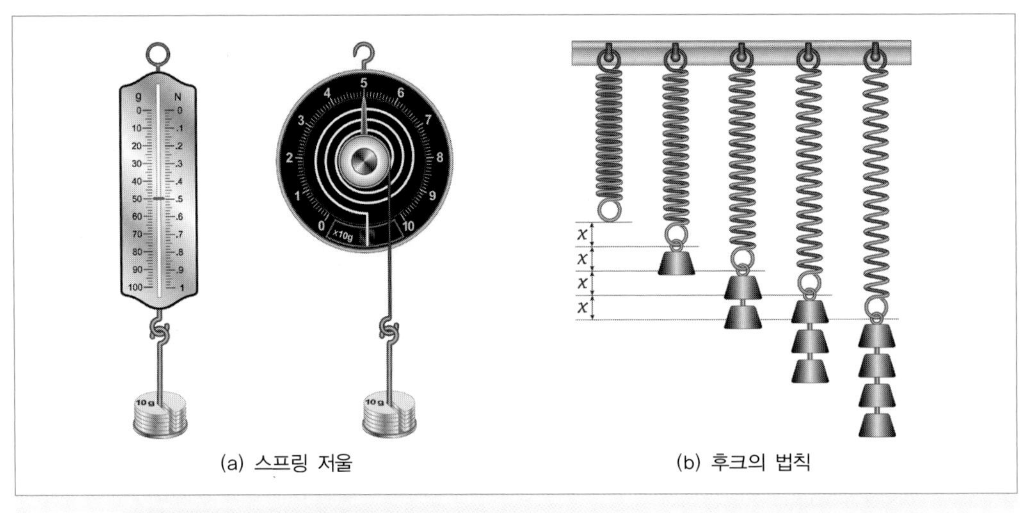

(a) 스프링 저울

(b) 후크의 법칙

그림 1.9 대표적인 탄성 구조물[출처 : Shutterstock]

1.8 고체역학 관련 학문

고체역학에서 학습한 내용만을 가지고 설계할 수 있는 실제 구조물들도 다수 존재하지만 좀 더 정확한 설계를 위해서는 고체역학을 기반으로 다음과 같은 학문들을 추가로 학습하는 것이 좋다. 각각에 대한 상세한 설명은 생략하기로 한다.

- 소성 이론(plasticity theory)
- 점탄성 이론(viscoelasticity theory)
- 점소성 이론(viscoplasticity theory)
- 접촉 역학(contact mechanics)
- 파괴 역학(fracture mechanics)
- 피로 이론(fatigue theory)
- 생체 역학(biomechanics)
- 유한요소해석(finite element analysis, FEA)
- 실험응력해석(experimental stress analysis)

1.9 고체역학 탐험 안내도

처음 방문한 여행지를 짧은 시간 내에 효과적으로 탐험하기 위해서는 [그림 1.10]과 같이 여행지에 대한 간략한 정보를 적어놓은 안내도를 잘 활용하면 된다. 먼저 여행지에 어떤 볼거리들이 있는지 파악하고, 그곳들이 어떻게 연결되어 있으며, 어느 정도의 시간이 소요될 것인지 파악하고 여행하는 것이 효율적이면서도 안전한 방법일 것이다.

고체역학을 처음 학습할 때에는 전체 내용이 어떻게 구성되어 있는지, 해당 장에서 꼭 파악해야 할 내용은 무엇인지, 그리고 핵심적인 용어나 개념은 무엇인지를 잘 생각하면서 학습하는 것이 효율적이다. 이를 위해 이 책에서 다루고 있는 내용들을 정리한 고체역학 탐험 안내도를 [그림 1.11]에 나타내었다. 이 안내도를 염두에 두고 고체역학을 학습한다면 길을 잃지 않고 즐겁고 효율적으로 탐험할 수 있을 것이다.

그림 1.10 여행 안내도[출처 : Shutterstock]

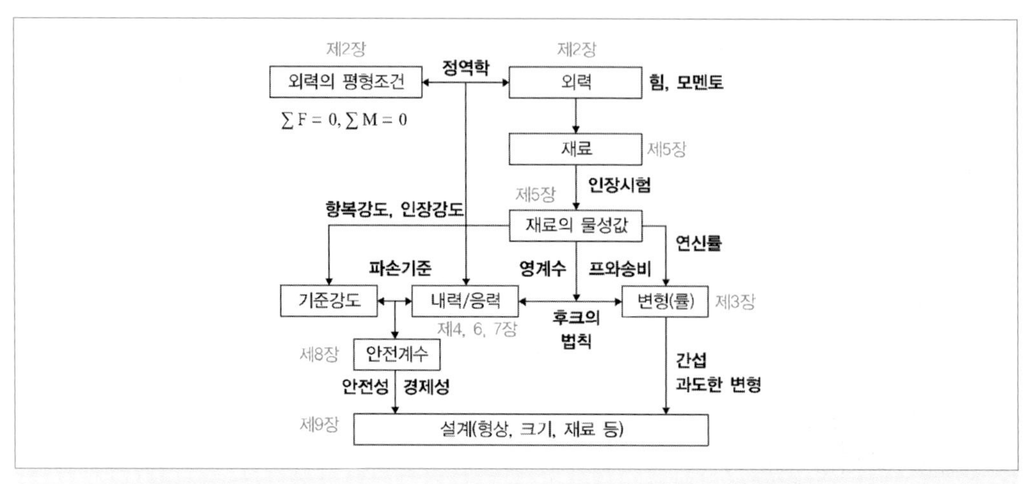

그림 1.11 고체역학 탐험 안내도

제2장

정역학에서 정 떼기

[출처 : Shutterstock]

위의 사진은 미국 유타주에 위치한 아치국립공원에 있는 Balanced Rock으로 이름 붙여진 바위이다. 이를 보면 자연의 위대함을 느낌과 동시에 **균형**(balance)과 **평형**(equilibrium)의 중요성을 다시금 깨닫는다.

학문은 고층 건물을 지을 때와 같이 체계가 중요하다고 생각한다. 먼저 지반을 편평하고 견고하게 한 후 건물을 올려야 하는 것처럼 역학 실력을 향상시키기 위해서는 정역학으로 기반을 다져야 한다.

2.1 왜 그 구조물들은 무너지지 않는가

영국의 공학자 James E. Gordon은 재료과학과 생체역학의 창시자 중의 한 사람이며, 공학을 처음 배우는 학생과 일반인들을 대상으로 세 권의 유명한 저서[1)2)3)]를 남겼다. 그는 우리 주변에서 쉽게 찾아볼 수 있는 다양한 구조물들을 예로 들면서 왜 그 구조물들이 무너지지 않고 있는지(Why things don't fall down)에 대해 쉽고 흥미롭게 서술하였다. 정역학이나 고체역학을 처음 배우는 학생들에게 특히 권하는 책이다.

[그림 2.1] (a)에서 3명의 서커스 단원은 가는 줄 위를 걸으며 공중곡예를 한다. 그들은 왜 줄 위에서 떨어지지 않는 것일까? 또한 그들이 잡고 있는 긴 봉은 어떤 역할을 하는 것일까? 우리가 등산을 하다 보면 [그림 2.1] (b)와 같은 돌무더기들을 쉽게 볼 수 있다. 이 돌들은 왜 제자리에서 움직이지 않고 있는 것일까? 결론부터 말하자면, 이들 구조물들은 **정적 평형**(static equilibrium/balance) 상태에 놓여 있기 때문에 무너지지 않고 제자리를 지킨다고 할 수 있다. 이 장에서는 정적 평형의 개념을 중심으로 정역학의 기본적인 내용들을 살펴보기로 한다.

(a) 서커스 단원들의 공중 줄타기

(b) 평형 상태의 돌들

그림 2.1 평형 상태의 구조물[출처 : Shutterstock]

---

1) *The New Science of Strong Materials or Why You Don't Fall Through the Floor* (ISBN 0-691-02380-8)

2) *Structures: Or Why Things Don't Fall Down* (ISBN 0-306-81283-5)

3) *The Science of Structures and Materials*–Scientific American Library (ISBN 0-7167-5022-8)

2.2 오른손 직각 좌표계와 힘의 성분

역학에서 가장 중요한 하중은 **힘**(force)이다. 힘은 정지해 있는 물체를 움직이게도 하고 물체를 변형시키기도 한다. 힘은 **크기**(magnitude)와 **방향**(direction)이 모두 중요한 **벡터**(vector)량이다. 힘 벡터를 설명하기 위해 **오른손 직각 좌표계**(right hand rectangular coordinate system)를 사용하기로 한다. 오른손을 펼쳤을 때 엄지를 제외한 네 손가락이 가리키는 방향이 x 축이고 [그림 2.2]에서와 같이 y 축이 있는 방향으로 감아쥐었을 때 엄지손가락의 방향과 z 축이 일치하면 오른손 직각 좌표계가 된다.

[그림 2.3]에 힘 벡터와 직각 좌표계상의 성분들을 나타내었다. 고체역학의 경우 2차원(2 dimension, 2D) 문제가 많은 관계로 벡터 표현 대신 해당 좌표계로 투영된 **성분**(components)[4]이 주로 사용된다. (b)에서 힘 벡터 F의 크기 |F|를 F라고 하면 $x-y$ 좌표축으로 투영된 힘 성분들은 식 (2.1)과 같이 나타낼 수 있다.

$$F_x = F\cos\alpha \qquad (2.1)$$

$$F_y = F\sin\alpha$$

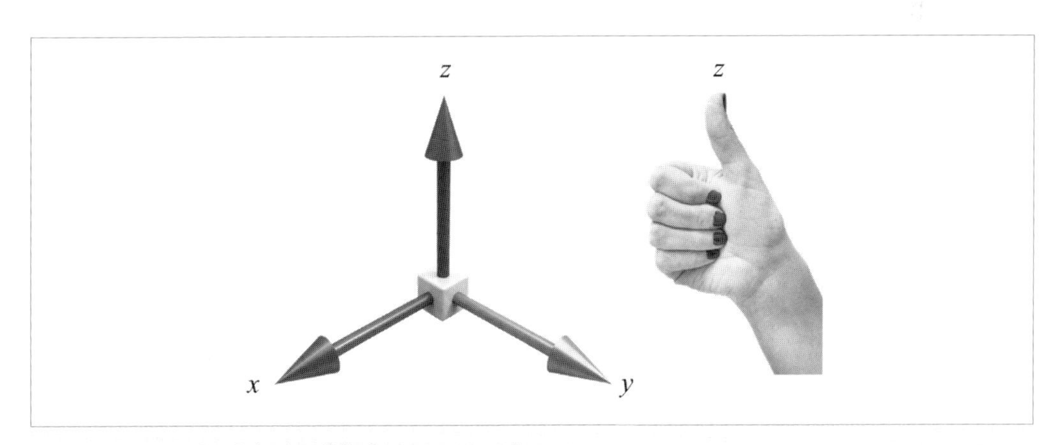

그림 2.2 오른손 직각 좌표계[출처 : Shutterstock]

4) 성분들은 스칼라(scalar) 양인 관계로 표현 및 계산이 용이하다.

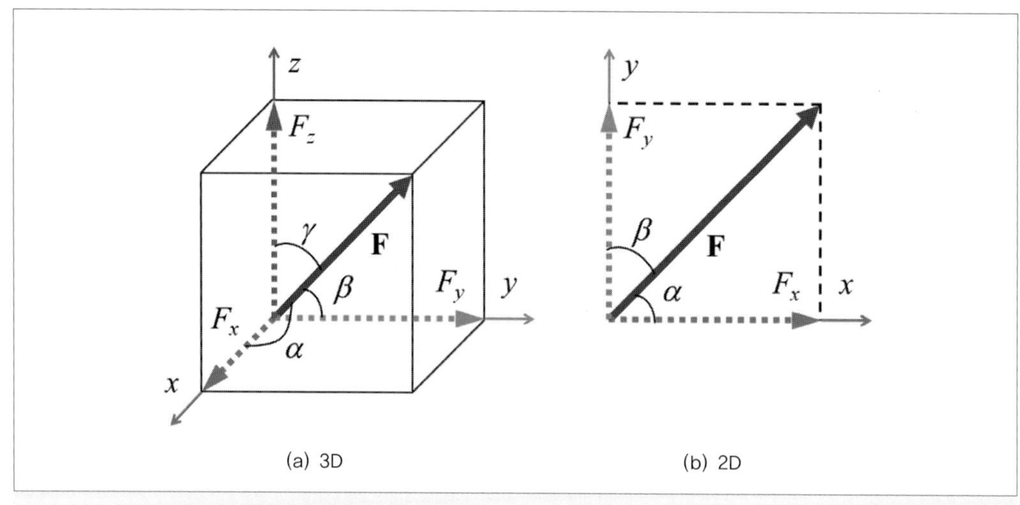

그림 2.3 오른손 직각 좌표계상에서 힘의 분력

2.3 자유물체도

[그림 2.4]에서와 같이 거친 표면에 놓여 있는 무게 W인 나무 상자를 작업자가 끌고 있는 경우 어느 정도의 힘을 가하면 상자가 움직이기 시작할지 생각해 보자. 이때 면과 케이블이 이루는 각도는 30°로 가정하자. 이 경우 우리가 관심을 갖는 물체는 나무 상자이므로 나무 상자만을 떼어내 생각하면 쉽게 문제를 해결할 수 있다. 이와 같이 전체 **계**(system; 나무 상자, 사람, 케이블, 지면)로부터 관심 대상(나무 상자)만을 떼어내 그 물체에 관계된 모든 물리량들을 표현한 것을 **자유물체도**(free body diagram, FBD)라고 한다. [그림 2.4]의 경우를 대상으로 자유물체도를 그려 보기로 하자. 자유물체도를 그리는 순서는 특별히 정해져 있지 않으나, 다음과 같은 CID 과정을 거쳐 그리면 실수를 줄이면서 정확하게 그릴 수 있을 것이다.

① 좌표계 설정(set Coordinate System)
- 일반적으로 직각 좌표계가 많이 사용되지만, 경우에 따라서 극 좌표계(polar CS)나 원통 좌표계(cylindrical CS)를 사용하면 편리한 경우가 있다.
- [그림 2.5]에서는 2D 직각 좌표계로 설정하였다.

그림 2.4 거친 면 위의 나무 상자를 끌고 있는 작업자[출처 : Shutterstock]

② 관심 대상만을 분리하여 그림(Isolate a target object)

- 전체 계에서 관심 대상의 외관만을 근사적으로 그린다. 자나 각도계 등을 활용하면 좋지만 도구가 없을 경우 손으로 그려도 무방하다.
- 전체 모양을 알아볼 수 있도록 그리되 상세하게 그릴 필요는 없다.
- 필요한 경우 보조선이나 참조 대상을 같이 그리되 외곽선과 대비되는 종류의 선(파선, 점선, 이점쇄선 등)으로 그린다.
- [그림 2.5]에 나무상자만을 분리하여 그렸고 무게 중심을 표현하기 위해 내부에 파선으로 대각선을 그려 넣었다.

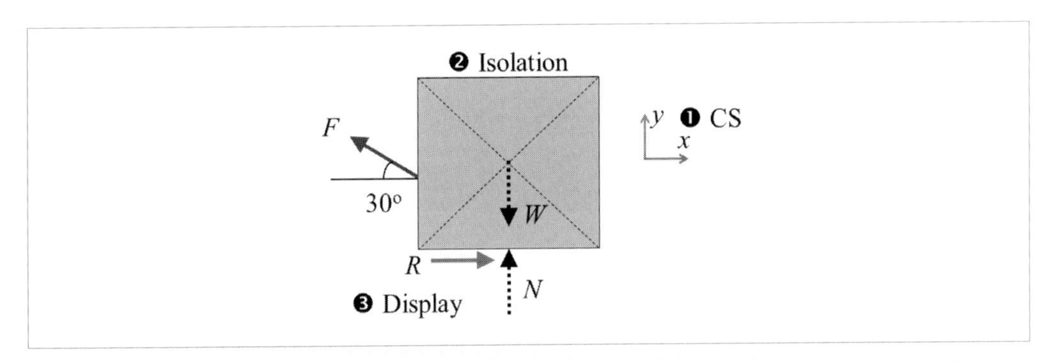

그림 2.5 [그림 2.4]의 나무 상자에 대한 자유물체도

③ 모든 물리량(힘, 치수 등) 표시(Display)

- 크기와 방향 모두 실제와 같게 그리면 좋지만 크기를 모르는 경우가 많기 때문에 근사적으로 그려도 무방하다.
- 방향은 가능한 한 실제와 동일하게 그리되 정확한 방향을 모를 때는 일단 양(+)의 방향으로 표시한다.
- 각각의 물리량에 적당한 기호를 부여한다.

2.4 힘의 종류와 힘 평형

정역학과 고체역학에서는 뉴턴의 세 가지 법칙[5] 중 세 번째 법칙인 **작용과 반작용의 법칙**(law of action and reaction)이 가장 빈번하게 사용된다. [그림 2.5]에서 사람이 끄는 힘(force, F)과 중력에 의한 **자중**(dead weight, W)은 물체에 가해진 **작용력**(applied force) 또는 **외력**(external force)이라고 한다. 이 책에서는 외력으로 나타내기로 한다. 이들 외력이 물체에 가해지면 물체와 계 사이에서 움직임에 저항하는 **반작용력**(reaction force) 또는 간략하게 **반력**이 생긴다. [그림 2.5]에서 지면에 수직 방향으로 작용하는 **수직력**(normal force, N)과 수평 방향 운동에 저항하는 **마찰력**(friction force, R)이 반력에 해당된다.

[그림 2.5]의 나무 상자가 움직이지 않는다면 2.1절에서 언급하였듯이 정적 평형 상태인 것이고, 뉴턴의 제2법칙에서 가속도가 0이 되므로, 2D 문제의 경우 식 (2.2)에서와 같이 **힘 평형식**(force equilibrium equation)이 만족되어야 한다. 또한 식 (2.2)에서 외력인 F와 W를 알고 있다고 가정하고 반력에 대해 정리하면 식 (2.3)과 같이 반력들을 구할 수 있게 된다. 다시 말해서 식 (2.3)이 성립하는 한 [그림 2.5]의 나무 상자는 움직이지 않고 제 자리에 머물러 있게 되는 정적 평형 상태를 유지하게 되는 것이다.

5) 관성의 법칙, 가속도의 법칙, 작용과 반작용의 법칙을 각각 뉴턴의 제1, 2, 3법칙이라고 한다.

$$\Sigma F_x = R - F\cos 30° = 0 \tag{2.2}$$

$$\Sigma F_y = F\sin 30° + N - W = 0$$

$$\Sigma F_z = 0$$

$$R = F\cos 30° \tag{2.3}$$

$$N = W - F\sin 30°$$

정역학에서 많이 나오는 [그림 2.6]과 같은 정지해 있는 **무마찰**(frictionless) **도르래**(pulley) 문제를 살펴보자. 실제로 도르래와 케이블 사이에는 마찰이 있지만 일반적으로 크지 않아 개념 설명의 편의를 위해 무시한다. 또한 도르래, 후크(hook) 및 케이블의 자중도 무시하자. 그림에서 추 1개의 무게를 W라고 하자. 이 경우 3개의 도르래에 대해 자유물체도를 그려 보면 [그림 2.7] (a)와 같게 된다. 그림에서 밑줄 친 무게 $\underline{W}$와 $\underline{4W}$는 문제에서 주어진 외력인 자중이며, 나머지는 무마찰 도르래의 가정[6]과 y 방향 힘 평형식에 의해 구한 반력들이다.[7]

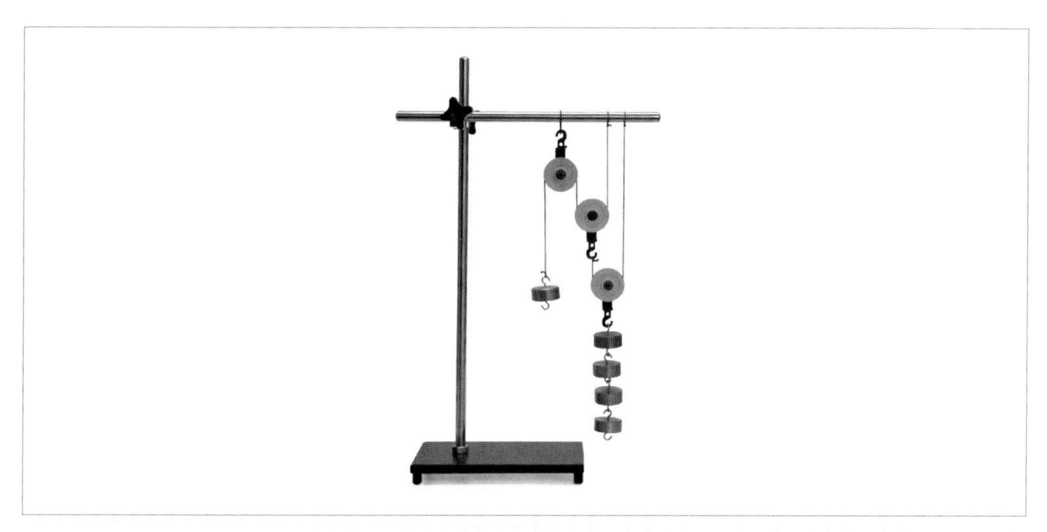

그림 2.6 정적 평형 상태의 도르래[출처 : Shutterstock]

6) 도르래와 케이블 사이의 마찰이 없기 때문에 케이블에 걸리는 힘은 항상 같다.

7) 그중 일부는 내력을 나타내지만 내력도 재료 내부에서 생기는 일종의 반력으로 볼 수 있기 때문에 일단 반력으로 표현하였다.

이해의 편의성을 위해 도르래의 원 위치와 유사하게 자유물체도를 배치하였으며, 화살표의 길이로 힘의 크기를 표시하였다. A 도르래에 $\underline{W}$만 한 힘을 가함으로써 $\underline{4W}$의 무게를 지지하거나 들어올릴 수 있음을 알 수 있다. 이를 **도르래의 원리**(principle of pulley)라고 한다. 정약용의 거중기는 이와 같은 도르래의 원리를 이용해 제작된 기계이다.

다음으로는 도르래와 추를 지탱하고 있는 스탠드에 대해 자유물체도를 그려보자. 편의상 3D 스탠드를 2D로 가정한다. 바닥 베이스의 무게를 W_b로 하고 수직봉, 수평봉 및 이들을 연결하는 클램프의 무게는 무시하고 자유물체도를 그리면 [그림 2.7] (b)와 같이 된다. 이 경우 베이스 좌우에서 떠받치는 힘(R_l, R_r)을 제외한 모든 힘은 이미 알고 있는 외력에 해당된다. 이제 우리가 학습한 힘 평형 조건을 이용해 반력을 구해 보자. 그림에서 알 수 있듯이 x 방향의 힘은 없고 오직 y 방향 힘들만 존재함을 알 수 있다. 이 경우 우리가 적용할 수 있는 유일한 힘 평형식은 y 방향 힘 평형이다.

$$\Sigma F_y = R_l + R_r - W_b - 5W = 0 \tag{2.4}$$

$$R_l + R_r = W_b + 5W$$

식 (2.4)에서 알 수 있듯이 우리가 구해야 할 미지 반력은 2개(R_l과 R_r)이지만 식이 하나밖

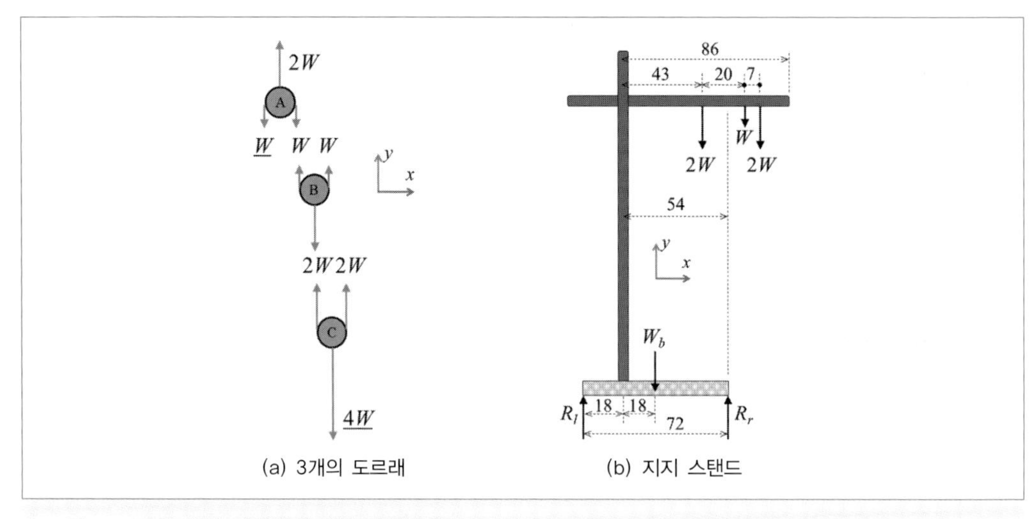

그림 2.7 도르래와 지지물에 대한 자유물체도

에 없어 반력을 결정할 수가 없다. x 방향과 z 방향의 경우 작용하는 힘이 없어 반력도 없게 되는 **자체 평형**(self equilibrium) 상태가 되어 $\Sigma F_x = 0$과 $\Sigma F_z = 0$은 자동으로 만족되기 때문에 추가적인 정보를 주지 못한다. 즉 z 축을 제외한 2D 문제의 경우 2개의 힘 평형식만 가지고는 우리가 원하는 정보를 모두 얻어낼 수 없게 된다.

2.5 모멘트와 모멘트 평형

정원을 정리하다가 [그림 2.8] (a)와 같은 무거운 돌을 옮겨야 할 경우 특별한 장비가 없으면 그림과 같이 지지대나 **지렛목**(fulcrum) 위에 길고 튼튼한 **지렛대**(lever)를 올려놓고 손잡이에 수직 방향으로 힘을 가하면 쉽게 들어올릴 수 있다. 자동차 타이어에 펑크가 나서 휠과 타이어를 새 것으로 교체해야 할 경우 [그림 2.8] (b)와 같은 전용 공구인 십자 렌치가 필요하다. 이 둘의 공통점은 실제 일어나는 효과가 가해 준 힘뿐만 아니라 힘을 가해 준 거리와도 관계된다는 것이다. 예를 들어 그림 (b)에서 동일한 렌치를 사용할 경우 힘이 약한 아이보다는 어른이 더 견고하게 조일 수 있고, 동일한 사람이 조일 경우 안쪽보다는 바깥쪽에 힘을 가할 때 더 세게 조일 수 있다. 이와 같이 어떤 물리량의 크기뿐만 아니라 그 물리량이 가해진

(a) 돌, 나무 받침대, 강 봉

(b) 자동차 휠 너트용 십자 렌치

그림 2.8 거리에 따른 힘의 효과를 보여 주는 구조물[출처 : Shutterstock]

거리와도 관계될 때의 현상이나 양을 **모멘트**(moments)[8]라고 한다.

앞에서 살펴본 예에서 우리가 관심을 갖고 있는 물리량인 힘은 그 자체의 크기뿐만 아니라 그 힘이 가해진 거리에 따라 효과가 다르게 나타남을 알 수 있다. 앞으로 별도의 수식어가 붙지 않는 한 모멘트는 힘과 관련된 양만을 언급하기로 한다.

[그림 2.8] (a)에서 바위가 지면으로부터 떨어지는 순간 지렛대에 대한 자유물체도를 그리면 [그림 2.9]와 같다.[9] 편의상 지렛대의 무게는 무시하고 모든 경계면(boundary)은 매끄러운(또는 마찰이 없는) 면으로 간주한다. 계산의 단순화를 위해 지렛대에 가하는 힘과 바위의 자중에 의한 힘은 그림과 같이 연직 방향으로 작용하는 것으로 한다. 이 경우 x 방향은 자체 평형을 이루고 있어 y 방향의 힘 평형만 고려해주면 된다. 이 경우 식 (2.5)에서와 같이 하나의 식만 얻을 수 있다.

$$\Sigma F_y = R - W_s - F = 0 \tag{2.5}$$

앞서 힘에 관한 모멘트는 힘과 거리에 비례하므로, 지렛목 위치인 A점에 대한 효과를 살펴보면 다음과 같다. 그림상에서 W_s는 지렛대를 반시계 방향(counterclockwise, CCW)으로, F는 시계 방향(clockwise, CW)으로 돌리려고 할 것이다. 앞으로 모멘트 방향은 CCW를 (+)로 약속하기로 한다.[10] 이 경우 **회전축**(axis of rotation)은 z 축이 된다. 또한 R은 A점에서의

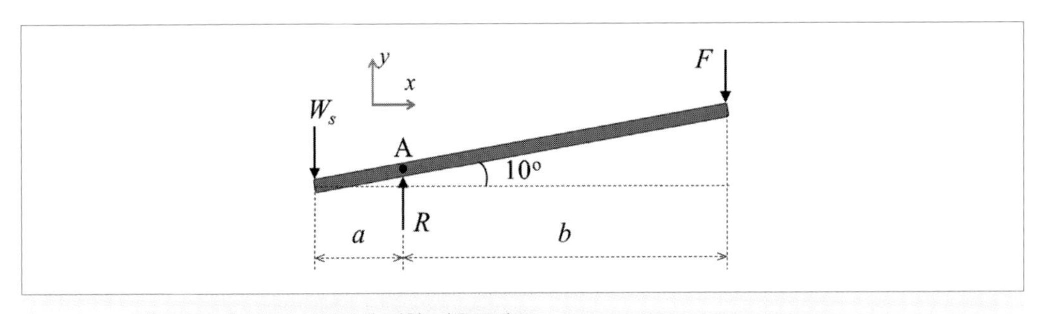

그림 2.9 [그림 2.8] (a)의 지렛대에 대한 자유물체도

8) 모멘트는 역학뿐만 아니라 다양한 분야에서 사용된다. 예를 들어, 수학에서 한 값 c에 관한 연속 함수 $f(x)$의 n차 모멘트는 다음과 같이 정의된다. $\mu_n = \int_{-\infty}^{\infty} (x-c)^n f(x) dx$

9) 지렛대와 지면이 이루는 각도는 10°로 가정하였다.

10) CCW를 반드시 (+)로 해야 하는 것은 아니지만 기계공학을 비롯한 대부분의 경우 CCW를 양으로 하는 경우가 많으므로, 이 책에서도 동일하게 약속하기로 한다.

거리가 0인 관계로 모멘트를 생성시키지 않는다. 정적 평형 상태에서는 물체가 회전을 해서도 안 되기 때문에 모든 모멘트의 합은 0이 되어야 한다. 이로부터 식 (2.6)을 얻을 수 있다. 식에서 알 수 있듯이 바위 무게가 주어질 경우 지렛점에서의 거리 비에 따라 가해 줘야 하는 힘이 변화됨을 알 수 있다. 이론적으로 볼 때 지레비 a/b를 줄이면 최소한의 힘으로 매우 무거운 물체를 들어올릴 수 있게 된다. 이 식 (2.6)이 2D에서의 **모멘트 평형**(moment equilibrium) 식이 된다.

$$\Sigma M_A = a \times W_s - b \times F = 0 \tag{2.6}$$

$$F = \frac{a}{b} W_s$$

[그림 2.8]의 (b)에 대한 자유물체도를 2D 평면에 그리면 [그림 2.10] (a)와 같이 된다. 렌치의 자중은 무시하고 오른손과 왼손이 가하는 힘의 크기와 힘을 가하는 위치는 동일하다고 가정한다. 일단 휠 너트를 조이는 방향을 고려하자. 이 경우 오른손으로는 아래 방향으로, 왼손은 위 방향으로 힘을 가해야 한다. 그림에서 z 축은 종이 면에서 앞으로 향하는 방향이 되며, 이를 ⦿로 표현하였다. 이를 기억하기 쉽도록 그림에 화살 모양을 나타내었다. ⦿는 화살이 여러분들의 눈 쪽으로 날아오는 방향이 되고 ⊗는 반대 방향이 된다. 아래 그림에서 C점에 대한 모멘트 평형을 고려하면 식 (2.7)을 얻을 수 있다. 즉 크기가 같고 방향이 다른 두 힘이 평형 거리 L만큼 떨어져 있을 때 모멘트의 크기는 (거리×힘)이 됨을 알 수 있다.

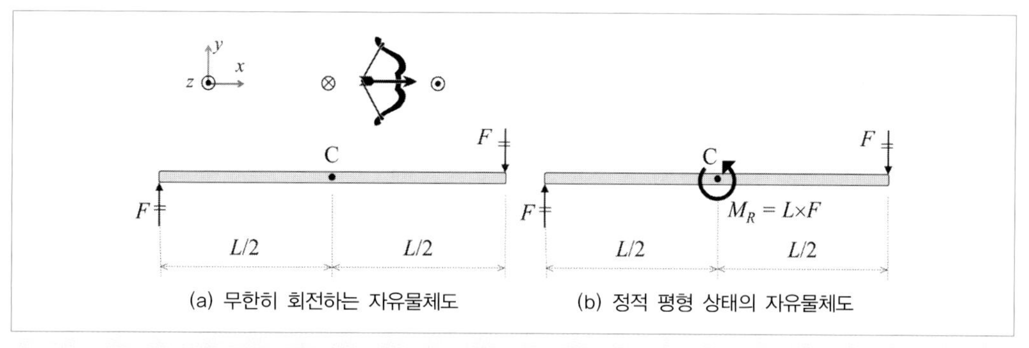

그림 2.10 [그림 2.8]의 십자 렌치에 대한 자유물체도

부호가 (−)인 것은 시계 방향으로 회전함을 나타낸다. 물론 이 경우 힘 평형은 자체 평형 상태가 되어 모두 만족된다. 이와 같이 크기가 같고 방향만 반대인 두 힘은 물체를 회전시키려는 성질을 가지고 있으며, 이를 **짝힘**(偶力, couple)이라고 부른다. 이와 같이 정의되는 짝힘은 모멘트의 부분집합으로 볼 수 있으므로 이 책에서는 편의상 모멘트로 부르기로 한다.

$$\Sigma M_C = (-)\frac{L}{2}\times F - \frac{L}{2}\times F = (-)LF \tag{2.7}$$

[그림 2.11]에서 알 수 있듯이 x 방향으로 작용하는 짝힘에 의한 모멘트(a)와 y 방향으로 작용하는 짝힘에 의한 모멘트(b)는 동일한 효과(z 축에 대한 회전)임을 알 수 있다. 즉 $x-y$ 평면상에 존재하는 모든 힘들은 z 축을 중심으로 회전시키려는 성질인 모멘트 M_z가 됨을 알 수 있다. 이러한 모멘트를 간략하게 나타내기 위해 (c)와 같이 회전축 방향으로 이중 화살표를 사용하거나 더욱 간략하게 회전 방향 표시와 함께 모멘트의 크기를 나타내기도 한다. 이 책에서는 모멘트를 주로 (c)와 같이 나타낼 것이다.

[그림 2.10]의 자유물체도 (a)를 보면 알 수 있듯이 이 물체는 시계 방향으로 계속 회전할 것이다. 따라서 물체가 정적 평형 상태를 유지하기 위해서는 반시계 방향의 모멘트가 C점에 존재해야 하며, 이를 **반작용 모멘트**(resisting moment)라고 한다. 이 반작용 모멘트는 렌치와 휠 너트 사이에서 생기며, 이를 자유물체도 (b)에 나타내었다.

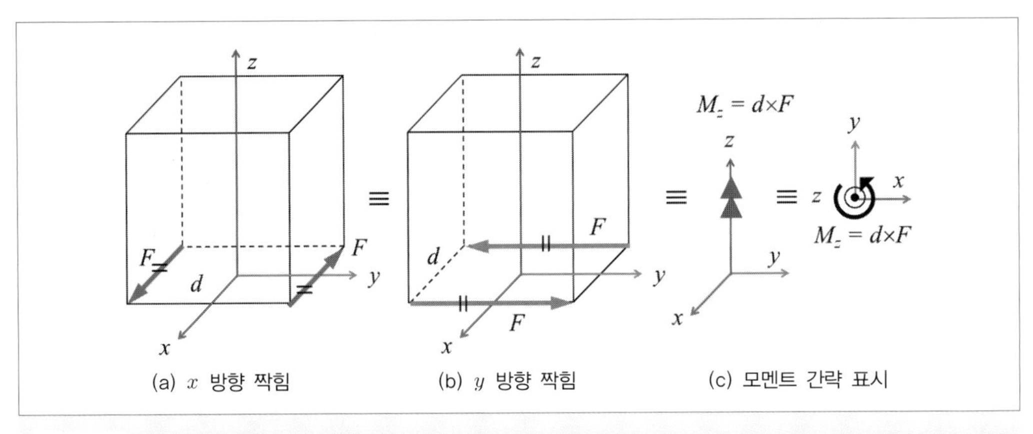

그림 2.11 모멘트의 여러 가지 표현

3차원 물체의 경우 식 (2.2)의 힘 평형과 함께 세 축에 대한 모멘트 평형이 모두 만족되어야 한다. 이를 벡터와 성분으로 나타내면 식 (2.8)과 같다. 모멘트 벡터는 위치 벡터와 힘 벡터의 벡터 곱으로 정의되므로 모멘트 계산 시에는 (힘×거리) 대신 (거리×힘) 형태로 나타낼 것이다.[11]

$$\Sigma \mathbf{M} = \mathbf{r} \times \mathbf{F} = 0 \tag{2.8}$$

$$\Sigma M_x = 0,\ \ \Sigma M_y = 0,\ \ \Sigma M_z = 0$$

이제 다시 [그림 2.7]의 지지 스탠드 문제로 돌아가 보자. 이 문제의 경우 힘 평형 조건만 가지고는 2개의 미지수를 모두 결정할 수 없었다. 이 문제에 모멘트 평형을 적용하면 우리가 원하는 하나의 식을 추가로 얻을 수 있게 된다. 모멘트 평형을 적용하여 미지력을 결정할 때 미지력들이 많이 모여 있는 곳을 모멘트 평형 기준점으로 먼저 잡으면 문제 해결이 쉽다. 이 문제의 경우 베이스 왼쪽이나 오른쪽 끝을 잡으면 좋다. 베이스 오른쪽 끝을 중심으로 모멘트 평형을 잡으면 식 (2.9)를 얻을 수 있고, 이 식과 식 (2.4)를 연립하여 풀면 모든 구하고자 하는 힘들을 결정할 수 있다. 식 (2.9)와 식 (2.10)을 비교해 보았을 때 스탠드 오른쪽에 더 큰 반력이 생기는 것을 알 수 있다. 또한 스탠드 베이스의 무게는 좌우 지지점에서 절반씩 균등하게 분담됨을 알 수 있다.

$$\Sigma M_{z,r} = (-)72R_l + 36\,W_b + 11 \times (2\,W) - 9\,W - 16 \times (2\,W) = 0 \tag{2.9}$$

$$R_l = 0.5\,W_b - \frac{19}{72}\,W$$

$$R_r = (\,W_b + 5\,W) - R_l = (\,W_b + 5\,W) - \left(0.5\,W_b - \frac{19}{72}\,W\right) \tag{2.10}$$

$$= 0.5\,W_b + 5\frac{19}{72}\,W$$

11) 내용 이해에 혼동이 되지 않는 경우 (힘×거리) 표현도 종종 사용할 것이다.

2.6 주요 식 정리

정역학에서 가장 중요한 식은 힘 평형식과 모멘트 평형식이며, 이를 적용하기 위해 자유물체도를 정확하게 그리는 것이 중요하다.

$$\Sigma \mathrm{F} = 0 \tag{2.2}$$

$$\Sigma F_x = 0,\ \ \Sigma F_y = 0,\ \ \Sigma F_z = 0$$

$$\Sigma \mathrm{M} = \mathrm{r} \times \mathrm{F} = 0 \tag{2.8}$$

$$\Sigma M_x = 0,\ \ \Sigma M_y = 0,\ \ \Sigma M_z = 0$$

제3장

변형과 변형률

[출처 : Shutterstock]

줄다리기를 할 때 많은 고체들이 변형을 일으킨다. 줄을 잡아당기는 사람들과 사람들이 착용하고 있는 신발과 옷도 변형된다. 그중에서도 줄은 인장력을 받으며 늘어나게 된다. 이번 장에서는 인장 및 전단 하중 하에서의 **변형**과 **변형률**을 다루고, 이를 측정하기 위한 **변형률 게이지**에 대해서도 소개한다.

고체역학은 **변형역학**이라고 부를 정도로 변형과 밀접한 관계를 갖고 있다. 이제부터 주변에서 쉽게 구할 수 있는 분필, 지우개, 고무, 초콜릿 등의 고체에 다양한 하중을 인가하면서 변형 상황을 유심히 살펴보자.

3.1 정역학에서 고체역학으로

정역학에서는 모든 물체를 강체(rigid body)로 가정한 뒤 문제를 해결하였다. [그림 3.1] (a)에 있는 케이블의 **인장력**(tension)[1]을 정역학적인 방법을 통해 구해 보기로 하자. 그림에서 사각 프레임의 자중을 W로 하고 물체들 사이의 마찰과 케이블의 자중은 무시한다. 케이블은 장력만 받을 수 있는 **두 힘 부재**(two force members)[2]로서, 이에 대한 자유물체도를 그리면 (b)와 같이 나타낼 수 있다. 그림에서 알 수 있듯이 케이블은 좌우 대칭인 관계로 $\Sigma F_x = T\cos 30° - T\cos 30° = 0$이 되어 x 방향의 힘 평형은 자체 평형 상태가 된다. y 방향의 힘 평형을 적용하면 우리가 구하고자 하는 장력 T를 얻을 수 있다.

$$\Sigma F_y = W - 2T\sin 30° = 0 \tag{3.1}$$

$$T = W$$

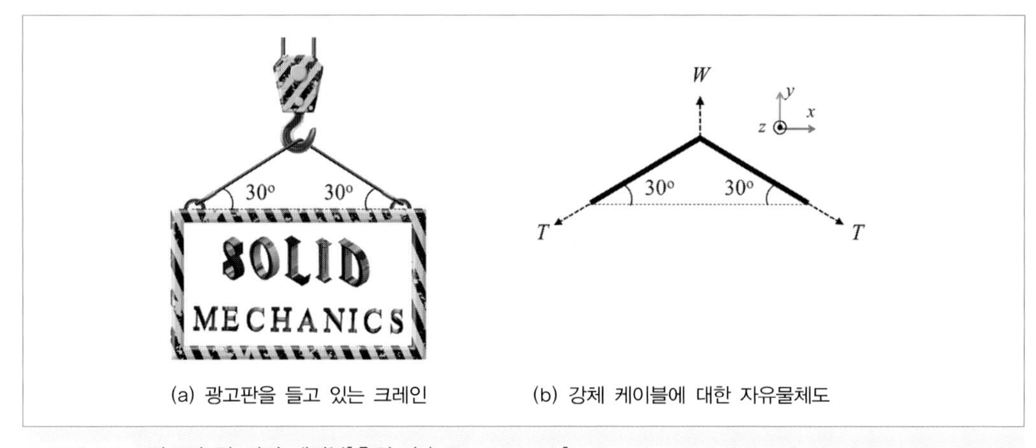

(a) 광고판을 들고 있는 크레인 (b) 강체 케이블에 대한 자유물체도

그림 3.1 광고판 및 지지 케이블[출처 : (a) Shutterstock]

1) 줄여서 장력이라고도 한다. 정확한 명칭은 인장력(tensile force)으로 해야 하지만 공학에서 매우 널리 사용되기 때문에 간략하게 장력(tension)으로 부른다. Surface tension의 경우 표면 장력으로 부른다.

2) 케이블, 체인, 전선, 밧줄 등과 같이 항상 장력만을 지지할 수 있는 구조물들을 일컫는다. 양손으로 고무줄을 당기는 경우 고무줄에는 방향이 서로 다른 장력이 작용하게 되어 두 힘 부재가 된다.

그러나 앞 장에서 언급한 바와 같이 실제로 강체인 구조물은 존재하지 않는다. 즉 모든 물체들은 변형체이다. 따라서 [그림 3.1]의 광고판 케이블에 대한 자유물체도는 [그림 3.1] (b)와 같이 되지 않고 [그림 3.2]와 같이 될 것이다. 여기서 케이블을 제외한 다른 부재들은 공학에서의 상대적 강체 개념에 입각해 모두 강체로 간주한다. 케이블은 강체일 경우와 동일하게 좌우 대칭인 관계로 x 방향의 힘 평형은 자체 평형 상태가 된다. 다음으로 y 방향의 힘 평형을 적용하면 식 (3.2)를 얻을 수 있다.

$$\Sigma F_y = W - 2T\sin(30+\theta)^\circ = 0 \tag{3.2}$$

$$T = \frac{W}{2\sin(30+\theta)^\circ}$$

식 (3.2)의 경우 식 (3.1)과 달리 미지수가 2개(T, θ)인 관계로 문제를 해결할 수 없다. 이 문제의 경우 모든 힘들이 한 점에 작용하는 **공점력계**[3](concurrent force system)인 관계로 모멘트 평형식을 통해 추가적인 식을 얻을 수 없다. 따라서 정역학적인 접근 방법만 가지고는 문제 해결이 불가능하며, 이러한 문제들을 **부정정 문제**(statically indeterminate problem)[4]라고 부른다. 바로 지금이 '**정역학에서 고체역학으로**' 넘어가는 순간이다. 부정정 문제를 해결하기 위해서는 일반적으로 두 가지를 염두에 두어야 한다.

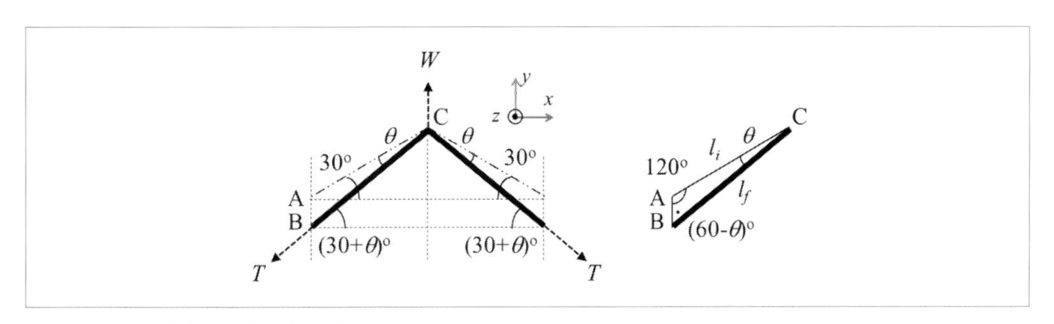

그림 3.2 변형체 케이블에 대한 자유물체도

3) 共點力系 : 모든 힘의 작용선들이 한 점에서 만나는 경우를 일컫는다. 힘들의 교차점에서 힘까지의 거리가 0이 되는 관계로 모멘트로 인한 회전은 발생하지 않는 것이 특징이며, 모멘트 평형은 자체적으로 만족된다.

4) 不靜定 問題 : 靜力學적으로 決定이 不可한 問題를 줄여서 말한다. 반대로 정역학적으로 모든 미지수를 결정할 수 있는 문제들은 정정 문제라고 부른다.

첫 번째는, 구조물을 구성하고 있는 부재들이 기하학적으로 문제가 없어야 한다는 것이다. 이를 **기하학적 적합성**(geometrical compatibility)이라고 부른다. 기하학적 적합성은 문제에서 주어지지 않는 관계로 많은 경험과 연습을 통해 스스로 찾아내야 하며 공학적 **직관력**(intuition)을 기르는 데 있어서 매우 중요하다. [그림 3.2]에서는 변형 전후의 케이블의 길이 변화로 인해 생기는 기하학적 적합성을 찾아내야 한다. 그림에서 프레임을 강체로 가정하였으므로 A점은 B점으로 수직 이동한다. 따라서 변형 전후의 케이블 길이를 각각 l_i와 l_f로 하고, 두 변 사이의 각을 θ라고 하면 삼각형 ABC에 대한 삼각함수에서의 **사인 법칙**(law of sine)[5]에 의해 식 (3.3)을 얻을 수 있다. 아래 식에서 케이블의 초기 길이(known)와 늘어난 최종 길이(unknown) 사이의 관계를 추가로 얻었으나 늘어난 길이와 변화된 각도(angle) 모두를 모르기 때문에 우리가 원하는 케이블의 장력을 구할 수 없다.

$$\frac{l_f}{\sin 120°} = \frac{l_i}{\sin(60-\theta)°} \tag{3.3}$$

따라서 이와 같은 부정정 문제를 해결하기 위해서는 또 다른 조건식이 하나 더 필요하며, 이는 일반적으로 **하중-변형 관계**(load-deformation relationship)로부터 얻어낸다. 여기서 하중은 주로 힘이나 모멘트를 일컬으며, 변형은 변형 길이나 변형 각을 일컫는다. 케이블을 선형 탄성 재료라고 가정하면 1.7절의 후크의 법칙($T=k\delta$)과 식 (3.3)으로부터 식 (3.4)의 관계를 얻어낼 수 있다. 이 식에서 알 수 있듯이 **스프링률**(spring rate)[6] k와 초기 길이 l_i가 주어진다면 장력 T와 각 변화 θ 사이의 관계식을 하나 더 얻게 되고, 이를 식 (3.2)에 대입하면 식 (3.5)를 얻을 수 있다. 식 (3.5)에서 유일한 미지수는 각 θ이며, 이를 수치해석 방법으로 풀면 원하는 각 θ를 얻을 수 있다. 이 각을 식 (3.4)나 식 (3.5)에 대입하면 케이블의 장력을 계산할 수 있게 된다. 이에 대한 실제 계산은 예제를 통해 설명하기로 한다.

---

5) 삼각형의 세 변의 길이를 각각 a, b, c라 하고, 각 변의 대각(마주보는 각)을 각각 A, B, C로 했을 때 다음 식이 성립하는데, 이를 일컫는다. $\frac{a}{\sin A}=\frac{b}{\sin B}=\frac{c}{\sin C}$

6) 선형 탄성 재료의 경우 **스프링 상수**(spring constant)라고도 하지만 일반적인 스프링의 경우 k값이 일정한 상수가 아니고 변형의 함수가 될 수도 있어서 **스프링률**이라고 부른다.

$$T = k\delta = k(l_f - l_i) = kl_i\left[\frac{\sin 120°}{\sin(60-\theta)°} - 1\right] \tag{3.4}$$

$$T = \frac{W}{2\sin(30+\theta)°} = kl_i\left[\frac{\sin 120°}{\sin(60-\theta)°} - 1\right] \tag{3.5}$$

예제 3.1 무게(W)가 1,000 N인 프레임을 지지하고 있는 [그림 3.1]의 케이블에 대해 정역학적인 접근 방법과 고체역학적인 접근 방법에 의한 케이블의 장력 T를 구하고, 이에 대한 표를 작성하여 비교해 보라. 케이블 절반의 초기 길이(l_i)는 1 m, 케이블의 스프링률(k)은 10 N/mm, 100 N/mm, 1,000 N/mm[7]의 세 가지에 대해 계산해 보라.

해법 예 먼저 모든 물체가 강체라고 가정하면 자유물체도는 [그림 3.1] (b)와 같이 되고, 이에 대한 힘 평형 조건을 적용하면 장력은 식 (3.6)과 같이 된다. 이 경우 케이블은 늘어나지 않으므로 [그림 3.2]의 각 $\theta = 0$이 된다.

$$T_{Statics} = W = 1{,}000 \text{ N} \tag{3.6}$$

케이블이 변형체라고 가정하면 먼저 식 (3.5)를 이용해 각을 구할 수 있다. k값은 먼저 중간값인 100 N/mm에 대해 계산한다. 주어진 값들을 식 (3.5)에 대입하면 식 (3.7)에서와 같이 각 θ만의 함수로 이루어진 식을 얻을 수 있으나 각을 쉽게 구하기 어렵다. 이와 같은 식들은 일반적으로 **수치해석**(numerical analysis)을 이용하여 구할 수 있으나 여기서는 MS사의 Excel을 이용한 **목표값 찾기** 기능[8]을 이용하여 구한 결과 $\theta_{100} \approx 0.9424°$가 된다. 이 값을 식 (3.5)에 대입하면 식 (3.7)에서와 같이 $T_{100} \approx 972.4$ N이 된다. 나머지 스프링률에 대한 값도 모두 구해 [표 3.1]에 나타내었다. 표에서 알 수 있듯이 스프링률이 커질수록 각도는 작아지고 장력은 커져 정역학적 접근 방법($k = \infty$)에 의해 구한 장력에 가까워짐을 알 수 있다.

7) 후크의 법칙에서 $F = kx$가 되므로 스프링률 $k = F/x$가 되어 단위는 '힘/길이'가 된다. 1 N/mm의 경우 "길이를 1 mm 늘리는 데 1 N의 힘이 필요하다." 또는 "1 N의 힘을 가하면 1 mm만큼 늘어난다."라는 의미를 가지고 있다.

8) MS Excel 2016 버전 기준으로 '데이터 > 가상분석 > 목표값 찾기'를 이용하면 된다.

표 3.1 여러 가지 스프링률에 따른 각도와 장력 변화

k [N/mm]	θ [°]	T [N]	Difference[9] [%]
10	6.91949	832.37	20.14
100	0.94236	972.43	2.84
1000	0.09870	997.03	0.30
∞	0.00000	1000.00	0.00

$$\frac{W}{2\sin(30+\theta)^\circ} = kl_i\left[\frac{\sin 120^\circ}{\sin(60-\theta)^\circ} - 1\right] \tag{3.7}$$

$$\frac{1000\ \text{N}}{2\sin(30+\theta)^\circ} = \left(100\ \frac{\text{N}}{\text{mm}}\right)(1000\ \text{mm})\left[\frac{\sin 120^\circ}{\sin(60-\theta)^\circ} - 1\right]$$

$$f(\theta) = \frac{1}{\sin(30+\theta)^\circ} - \frac{200\sin 120^\circ}{\sin(60-\theta)^\circ} + 200 = 0$$

$$T_{100} = \frac{1000}{2\sin(30+0.9424)^\circ} = 972.4\ \text{N}$$

3.2 고체역학에서의 문제 해결 과정

앞 절에서 우리는 정역학과 고체역학 접근 방식의 차이에 대해 살펴보았다. 정역학의 경우 모든 물체를 강체로 간주하므로 반력이나 각종 계산이 상대적으로 매우 수월하다. 실제로 [그림 3.1]과 같은 구조물은 우리가 일상생활이나 산업 현장에서 맞닥뜨리는 실제 문제들에 비해 매우 단순한 형상이다. 또한 [그림 3.1]과 같은 구조물의 경우 아래 사각 프레임, 프레임과 케이블 연결용 고리, 케이블을 들어올리는 후크 등의 모든 구조물이 강체가 아니고 변형체이다. 따라서 [그림 3.1]의 단순한 구조물을 엄밀하게 해석하는 것은 매우 어려운 문제가 된다. 사실상 매우 단순해 보이는 〈예제 3.1〉을 해결하는 과정에서도 상당한 STEM[10] 지식이

9) 정역학적인 해와의 비교를 위해 Difference[%]를 $\frac{|T_{Statics} - T_{Solid}|}{T_{Solid}} \times 100$ 식에 의해 구하였다.

10) 과학(Science), 기술(Technology), 공학(Engineering), 그리고 수학(Mathematics)의 알파벳 머리글자를 따서 만든 용어

표 3.2 강체 역학과 변형체 역학의 비교

Body	Rigid	Deformable
Difficulty	Easy	Difficult
Situation	Hypothetical	Real
Solid Mechanics	Equilibrium	Deformation

필요했음을 알 수 있다. 뉴턴의 운동 법칙(과학)을 알아야 하고, 케이블의 특징인 두 힘 부재(기술)에 대한 개념이 필요하며, 후크의 법칙(공학)도 알아야 하고, 문제에 대한 답을 얻어내기 위해 삼각함수와 수치해석(수학)도 필요하다. 문제 해결에 있어서 강체 역학과 변형체 역학의 장점과 단점을 [표 3.2]에 비교 정리하였다.

이제 우리 앞에는 두 가지 선택지가 놓여 있다. 정역학에 더하여 STEM 지식까지 필요해 너무 어려워 보이는 고체역학을 포기하거나 뭔가 문제를 쉽게 해결할 수 있는 절충안을 만들어 내야 한다. 이와 관련하여 [표 3.1]은 우리에게 많은 암시와 힌트를 주고 있다. [표 3.1]에서 구조물의 스프링률이 1,000 N/mm일 경우 강체 해와 0.3%밖에 차이가 나지 않고, 스프링률이 100 N/mm인 경우에도 3% 미만의 차이를 보이고 있다. [그림 1.3]에 보인 타워 크레인용 케이블의 경우 스프링률은 대략 200 N/mm 내외이고, 사람의 대퇴골의 길이방향 스프링률도 750 N/mm 정도이다. 이와 같이 (100~1,000) N/mm 정도의 스프링률을 갖는 구조물들을 우리 주위에서 쉽게 찾아볼 수 있다. 더군다나 기계공학에서 많이 사용되는 금속 구조물들의 경우 축 방향 스프링률은 1,000 N/mm 이상인 것이 많다. 그러므로 고체역학에서는 [표 3.2]에서와 같은 절충 과정을 거쳐 문제를 해결한다. 즉 힘(또는 모멘트) 평형을 적용할 때는 정역학적인 해석을 하고, 실제 변형을 구할 때는 고체역학에서의 하중-변형 관계를 적용하는 것이다. 다시 말해 [그림 3.1]과 같은 구조물에서 케이블의 장력은 [그림 3.1] (b)와 같은 정역학적인 자유물체도를 거쳐 구하고, 이를 이용해 케이블의 변형을 계산해 각 θ를 구한 다음, 이를 이용해 장력을 다시 계산하는 것이다. 이 방법을 **절충법**(hybrid method)[11]으로 명명하기로 하자. 절충법은 다음과 같은 3단계 과정을 거쳐 수행한다.

- 1단계 : 정역학적인 힘(또는 모멘트) 평형 적용을 통해 구조물의 반력(또는 반작용 모멘

11) 두 종류의 연료(예 : 화석 연료 + 전기)를 이용하는 엔진을 구비한 차를 하이브리드 자동차라고 하는 것과 같다.

트)을 구한다.

- 2단계 : 구조물의 힘-변형 관계를 적용하여 변형을 구한다.
- 3단계 : 변형을 고려하여 구조물의 반력을 다시 구한다.

예제 3.2 〈예제 3.1〉을 절충법으로 풀어 보고 이전 결과와 비교해 보라.

해법 예 1단계 : [그림 3.1] (b)와 같은 자유물체도와 y 방향 힘 평형식을 적용한다.

$T = W = 1{,}000$ N

2단계 : 세 가지 스프링률을 힘-변형 관계식 $T = k\delta = k(l_f - l_i)$에 대입하여 최종 길이($l_f$)를 구한다. 케이블의 초기 및 최종 길이와 식 (3.3)의 사인 법칙을 이용하여 [그림 3.2] 우측 삼각형 ABC의 각 θ를 계산하여 [표 3.3]에 나타내었다.

3단계 : 앞에서 구한 각 θ를 식 (3.5)에 대입하여 케이블의 장력을 다시 계산한 뒤 [표 3.4]에 나타내었다.

표 3.3 여러 가지 스프링률에 따른 각도 변화 : 절충법(A) *vs.* 엄밀해(B)

k[N/mm]	l_f[mm]	θ_A[°]	θ_B[°]	Difference[12] [%]
10	1100	8.06649	6.91949	16.58
100	1010	0.96844	0.94236	2.77
1000	1001	0.09899	0.09870	0.30

표 3.4 여러 가지 스프링률에 따른 장력 변화 : 절충법(A) *vs.* 엄밀해(B)

k[N/mm]	l_f[mm]	T_A[N]	T_B[N]	Difference[13] [%]
10	1100	810.93	832.37	2.58
100	1010	971.70	972.43	0.08
1000	1001	997.02	997.03	0.00

12) 고체역학적 엄밀해와의 비교를 위해 Difference[%]를 $\frac{|\theta_A - \theta_B|}{\theta_B} \times 100$ 식에 의해 구하였다.

13) 고체역학적 엄밀해와의 비교를 위해 Difference[%]를 $\frac{|T_A - T_B|}{T_B} \times 100$ 식에 의해 구하였다.

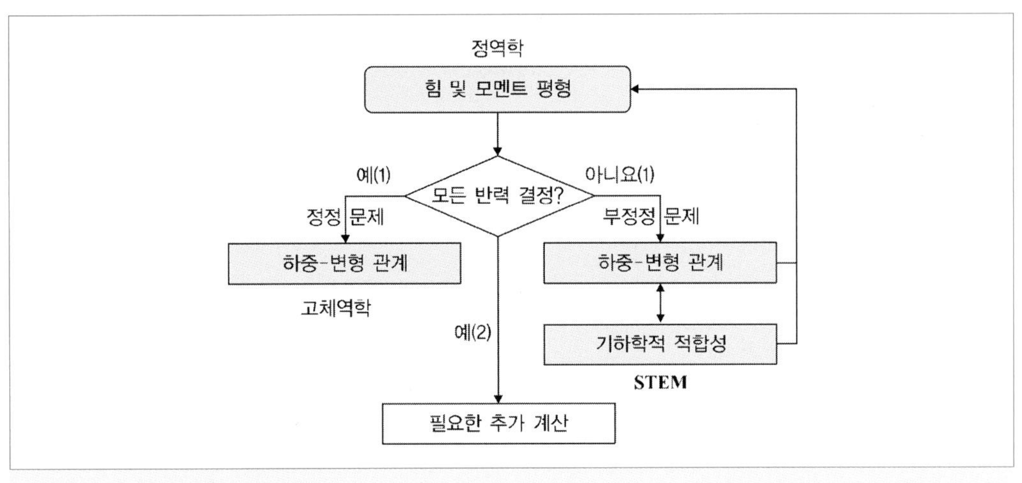

그림 3.3 고체역학 문제 해결 과정

추가 검토 [표 3.3]에서 알 수 있듯이 절충법과 변형역학에 기초한 엄밀해와의 각도 차이는 0.3~17% 정도임을 알 수 있다. 장력에 대한 비교인 [표 3.4]를 보면 스프링률이 매우 낮은 경우($k=10$ N/mm)에서조차 3% 내외의 차이만을 보임을 알 수 있다. 또한 해법 과정을 보면 알 수 있듯이 엄밀해를 구하는 과정에 비해 매우 단순함을 알 수 있다. 그러므로 정역학과 변형역학을 조합한 절충법은 충분한 정확성을 가지고 있음을 알 수 있다. 고체역학에서의 일반적인 문제 해결 과정을 [그림 3.3]에 나타내었다.

3.3 축 하중하에서의 변형

제1장에서 하중은 구조물을 파손에 이르게 하는 것으로 설명하였으며, 구조물의 형상과 힘의 방향에 따라 **축 하중**, **전단 하중**, **굽힘 하중**으로 분류하였다. 이 중에서 먼저 축 하중하에서의 변형을 살펴보자. [그림 3.4] (a)에서 케이블카가 매달려 있는 케이블은 멀리서 보면 굽힘을 받고 있는 듯이 보이지만 실제로는 줄다리기 할 때와 같은 축 하중을 받는 대표적인 구조물이다. 물론 [그림 3.4] (b)에서와 같이 권선용 롤러에 감길 때는 축 하중과 함께 굽힘 하중도

(a) 케이블 카(대둔산) (b) 케이블 권선기

그림 3.4 축 하중을 받는 케이블[출처 : (b) Shutterstock]

받는다. 축 하중은 그림에서와 같이 구조물의 길이 방향으로 힘이 작용할 때를 일컫는다.

[그림 3.5]에서와 같이 Solid 군과 Mechanics 양이 줄다리기를 하고 있으며 움직이지 않는 상태(정적 평형 상태)로 가정하자. 이 경우 줄은 두 힘 부재이므로 줄의 일부분에 대한 자유물체도를 그리면 그림 상단에 삽입되어 있는 것과 같이 될 것이다. 줄을 당기기 전 길이가 l_i인 AB가 양쪽에서의 장력 T에 의해 길이가 l_f인 A′B′이 될 것이다. 양손으로 고무줄을 잡아당기는 것과 동일한 상황이 된다. 이때 늘어난 길이는 최종 길이에서 초기 길이를 빼서 구할 수 있으며, 이를 **인장 변형**(tensile deformation)이라고 한다. 반대로 [그림 3.6]과 같이 부재의 길이 방향으로 힘을 받으면 길이 방향으로 줄어들게 되며, 이를 **압축 변형**(compressive

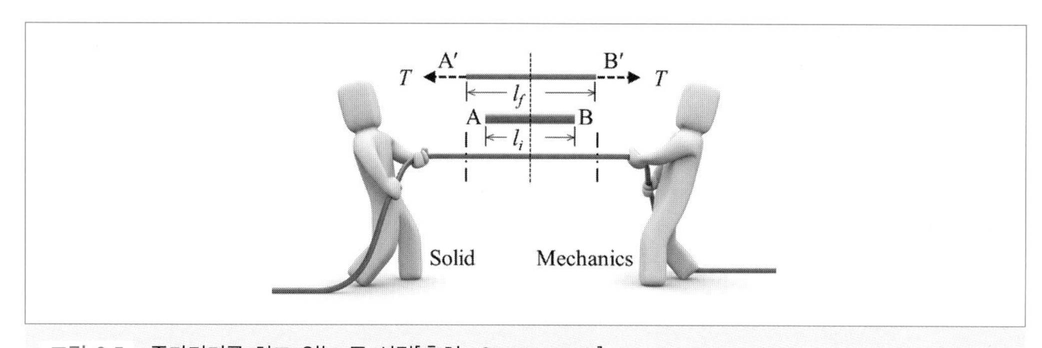

그림 3.5 줄다리기를 하고 있는 두 사람[출처 : Shutterstock]

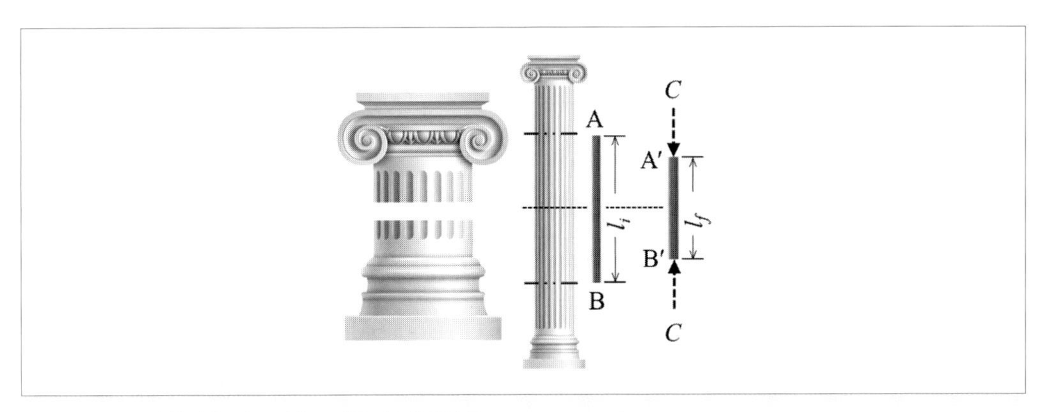

그림 3.6 압축력을 받고 있는 건물의 기둥[출처 : Shutterstock]

deformation)이라고 한다. 변형은 주로 δ로 표기하며 식 (3.8)과 같이 나타낸다. 즉 인장력은 인장 변형을, 압축력은 압축 변형을 일으킨다.

$$\delta_T = l_f - l_i \quad (> 0) \tag{3.8}$$

$$\delta_C = l_f - l_i \quad (< 0)$$

[그림 3.7]에서와 같이 재료(material), 길이(length), 단면적(cross-sectional area)이 서로 다른 여덟 가지 축 하중 부재의 길이 방향(y 방향)으로 동일한 힘 F를 가했을 때 길이 방향 변형을 생각해 보자.[14] 편의상 동일한 힘을 가했을 때 알루미늄 재료는 강 재료보다 3배 더 늘어난다고 가정하자.[15] 만약 동일한 재료라고 가정하면 초기 길이가 길수록 그리고 단면적이 작을수록 길이방향 변형이 커질 것이다. 따라서 알루미늄 재료의 경우 변형은 ❶이 가장 크고 ❹가 가장 적다. ❷와 ❸은 같은 변형을 보인다. 강재의 경우에도 ❺>❻=❼>❽의 관계가 성립된다. 또한 동일한 형상인 경우 알루미늄 재료로 만들어진 부재가 강재 부재보다 더 늘어난다(예 : ❶>❺).[16] 지금까지 살펴본 거동을 정리해 보면 축 하중 부재의 변형은 길이에 비례하고, 단면적에 반비례하며, 재료의 종류에 관계된다는 것을 알 수 있다. 이 관계

14) 고무줄이나 지우개 같은 도구를 이용해 실제 실험을 해 볼 것을 권장한다. 축력 F를 손으로 가힐 경우 가한 힘의 크기를 정확히 알 수 없으므로 무게를 알고 있는 추를 매달고 늘어나는 변형을 재보면 좋을 것이다.

15) 이렇게 되는 이유는 제5장을 통해 알게 될 것이다.

16) 이러한 거동을 당연한 것처럼 기술하였으나 실제로는 수많은 연구자들의 오랜 연구의 결과물들이다.

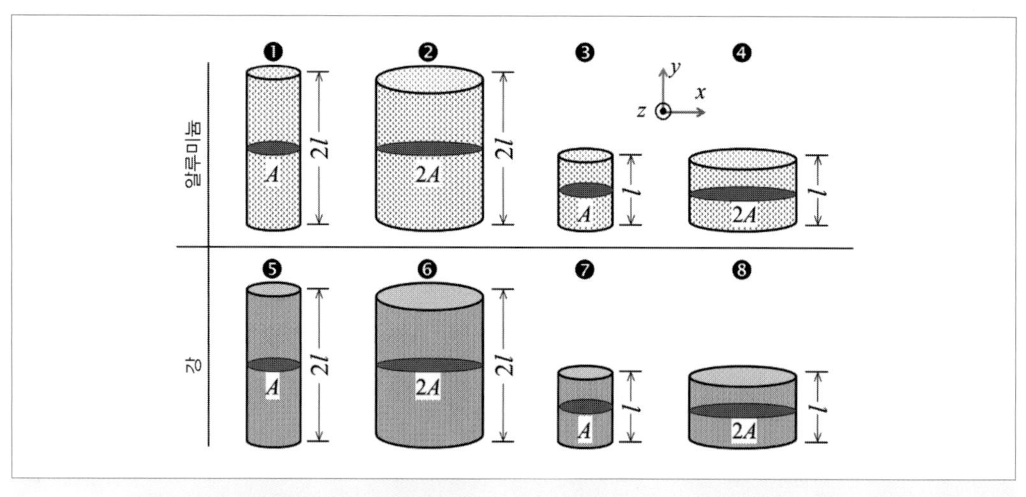

그림 3.7 재료, 길이, 단면적이 서로 다른 부재

를 1.7절에서 소개했던 후크의 법칙에 대입하면 식 (3.9)와 같이 된다. [그림 3.7]의 부재들은 실제 스프링은 아니지만 힘과 변형과의 관계에서는 하나의 스프링으로 간주할 수 있다. 후크의 법칙에서 스프링률 k에 해당하는 k_A를 **축 강성**(axial stiffness)이라고 부른다.

$$F = k_A \delta = \left(k_0 \frac{A}{l} \right) \delta \tag{3.9}$$

$$\delta = \frac{l}{k_0 A} F$$

이제 앞의 축 강성식을 활용하여 [그림 3.7]에 나타낸 모든 경우의 수에 대해 축 강성을 계산하여 [표 3.5]에 나타내었다. 표로부터 알 수 있듯이 동일한 축력을 인가했을 때 발생하는 변형의 크기는 ❶ > ❷ = ❸ > ❺ > ❹ > ❻ = ❼ > ❽이 됨을 알 수 있다.

3.4 변형과 변형률

앞 절에서 살펴보았듯이 동일한 재료인 경우에도 축 하중하에서의 힘-변형 관계는 길이와

표 3.5 [그림 3.7]에 나타낸 축 하중 부재의 축 강성 비교$\left[k_A^* = k_0 \frac{A}{l}\right]$

Material	Case	Property	Length	Area	Axial Stiffness, $\times k_A^*$
알루미늄	❶	k_0	$2l$	A	0.5
	❷		$2l$	$2A$	1.0
	❸		l	A	1.0
	❹		l	$2A$	2.0
강	❺	$3k_0$	$2l$	A	1.5
	❻		$2l$	$2A$	3.0
	❼		l	A	3.0
	❽		l	$2A$	6.0

면적의 함수가 된다. [표 3.5]에서 알루미늄의 경우만을 [그림 3.8]에 나타내었다. 그래프상에서 힘과 변형 사이의 관계를 살펴보기 위해서는 둘 중 하나를 일정하게 했을 때 다른 양의 변화를 보는 것이 좋다. [그림 3.8]에서는 힘이 일정한 경우 변형의 변화를 살펴보기 위해 $F = 1.0$ 선을 표시하였다. 그래프상에서 쉽게 알 수 있듯이 축강성은 ❶<❷=❸<❹의 순

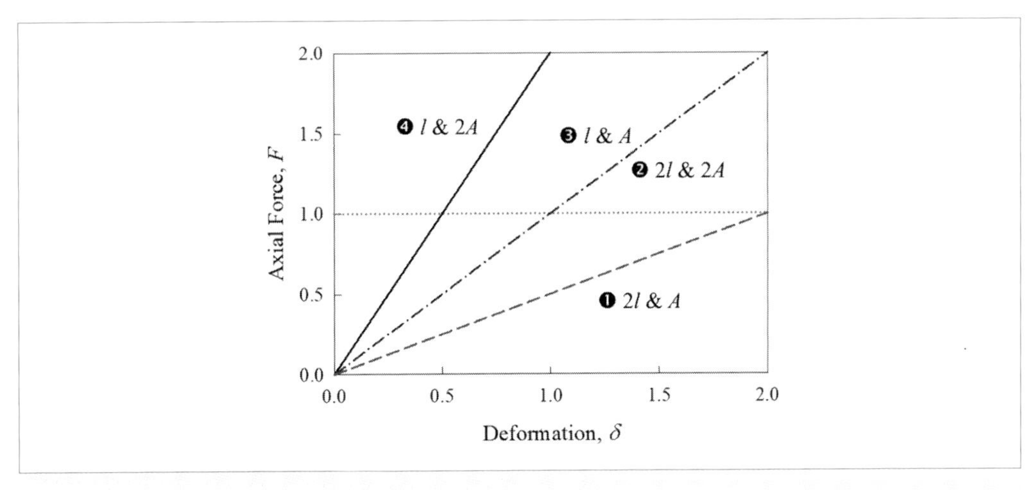

그림 3.8 축 하중하에서의 힘-변형 관계

서로 된다.[17] 이와 같이 강성은 동일한 재료임에도 불구하고 길이와 단면적의 함수가 되므로 해당 재료의 고유한 특성을 나타낸다고 볼 수 없다. 그래프에서는 힘과 변형의 상대적인 크기만을 비교하기 위해 단위 없이 숫자만을 가지고 나타내었다.

식 (3.9)의 힘-변형 관계식에서 변형(δ)을 변형 전의 초기 길이(l_0)로 나눈 양을 **변형률**(strain)[18]이라고 정의한다. 축 하중하에서의 변형은 단면에 수직한 방향으로 생기기 때문에 이로 인해 생기는 변형률을 **수직 변형률**(normal strain)이라고 하고 기호 ϵ[19]으로 나타낸다. 또한 이 변형률은 초기 길이에 대한 평균값이 되고, 계산이 편리해 공학적으로 많이 사용되며, 별도의 언급이 없는 한 일반적으로 불리는 변형률인 관계로 수직 변형률 앞에 **평균**(average), **공학**(engineering), 또는 **공칭**(nominal) 중의 하나를 붙여 사용하기도 한다(예 : 평균 수직 변형률). 식 (3.10)에서 알 수 있듯이 힘-변형률 관계로 나타내면 둘 사이의 관계에서 초기 길이와는 무관하게 재료 상수(k_0)와 초기 단면적(A)만의 함수로 바뀌게 된다. 이와 같은 정의를 통해 [그림 3.8]의 관계를 힘-변형률 관계 그래프로 바꾸면 [그림 3.9]와 같이 되며, 힘-변형률 관계는 단면적만의 함수가 됨을 알 수 있다. 변형률은 변형을 초기 길이로 나눔으로써 변형 정도[20]를 파악할 수 있다. 또한 길이에 따른 영향을 배제시킬 수 있어 제품 설계 시 매우 유용하다.

$$F = k_A \delta = k_0 A \frac{\delta}{l_0} = k_0 A \epsilon \tag{3.10}$$

$$\epsilon \equiv \frac{\delta}{l_0}$$

지금까지는 변형과 변형률에 대한 개념 소개를 위해 단위 없이 설명하였으나 공학 문제에 있어서 단위는 매우 중요하다. 힘에 대해서는 정역학 부분에서 많이 다루었으므로, 변형과

17) 변형(수평축)-하중(수직축) 그래프에서 기울기가 클수록(가파를수록) 강성이 큰 것이다.

18) 초기 길이에 대한 변형의 정도를 나타내기 때문에 영어로는 'deformation rate'로 나타낼 수 있으나 공학에서 매우 많이 사용되는 관계로 'strain'이라는 하나의 단어로 나타내고 있다.

19) 그리스어 중 하나로서 'epsilon'으로 읽는다.

20) 기업의 외적 신장 정도를 나타내기 위해 사용하는 매출액증가율(%)을 $\frac{\text{당기 매출액} - \text{전기 매출액}}{\text{전기 매출액}} \times 100$의 식을 이용해 구하는 것과 같은 원리이다. 이와 같은 매출액증가율을 사용하면 매출액에서 큰 차이를 보이는 대기업과 중소기업의 분기별 성장 정도를 손쉽게 비교 파악할 수 있다.

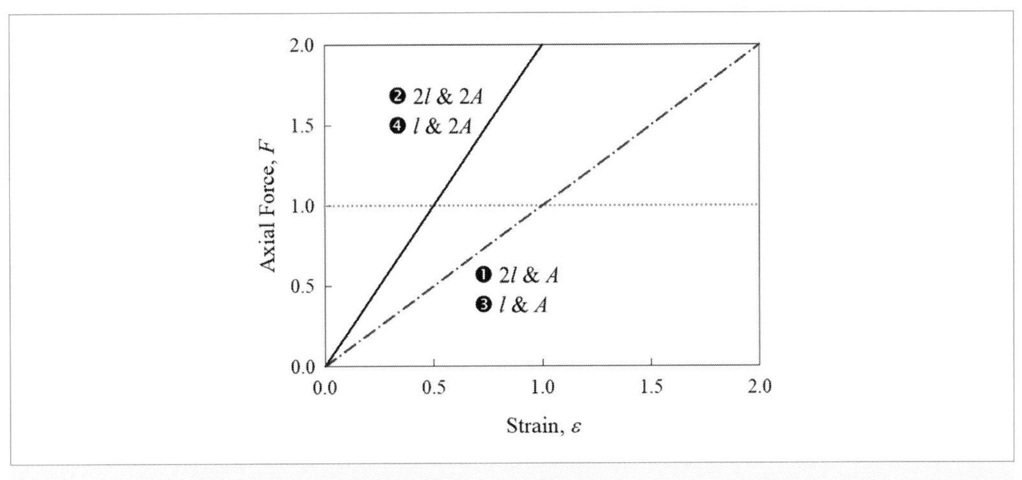

그림 3.9 축 하중하에서의 힘-변형률 관계

변형률에 대한 단위를 소개한다. **단위**(unit)는 어떤 물리량의 크기 비교를 위해 국제적으로 한 약속이며, 기본적으로 그 물리량의 정의에 따라 결정된다. 먼저 변형(량)은 식 (3.8)에서 정의한 바와 같이 최종 길이에서 초기 길이를 뺀 양($\delta = l_f - l_i$)이므로 길이와 동일한 단위(mm, inch 등)를 사용하면 된다. 다음으로 수직 변형률은 식 (3.10)에서 정의한 바와 같이 변형을 초기 길이로 나눈 양($\epsilon = \delta / l_0$)이므로 무차원(dimensionless)량이 된다. 그러나 어떤 물리량을 단위 없이 숫자만으로 나타낼 경우 일반적인 수치들과 혼동될 우려가 크기 때문에 변형률을 나타내기 위해 숫자 뒤에 [ε]을 붙여 나타낸다.[21] 예를 들어 초기 길이 1 m인 봉에 축력을 인가해 1 mm가 늘어난 경우 $\epsilon = (1\text{ mm})/(1{,}000\text{ mm}) = 0.001$ ε[22]으로 나타낸다. 많은 공학 부재의 경우 금속을 많이 사용하는 관계로 초기 길이 1 m인 축력 구조물의 경우 최대 변형이 수십 μm에서 수백 μm 정도밖에 안 생기는 경우도 많다. 예를 들어 초기 길이 1 m인 부재가 10 μm 늘어난 경우 변형률은 0.00001 ε이 된다. 이 경우 소수점 이하 다섯째 자리까지 사용해야 하는 관계로 매우 번거롭게 된다. 따라서 변형이 상대적으로 작을 경우에는 단위 앞에 접두어 마이크로(μ)를 붙여 사용한다. 앞서 예를 들었던 0.00001 ε을 10 με으로 나타내

21) 실제로는 단위가 없지만 있는 것처럼 나타내는 것이다. 일종의 유령 단위로 보면 된다.

22) 기호를 나타내는 ϵ과 단위를 나타내기 위해 사용하는 ε의 혼동을 피하기 위해 기호는 이탤릭체를 사용한다. "모든 기호는 기울인다."라고 생각하고 있으면 좋다. 수직력의 경우 $N = 100$ N이라고 나타내는 경우, 앞의 N은 기호를 뒤의 N은 단위 Newton임을 명심하자. 숫자와 단위 사이에는 공백을 넣어 명확히 구분되도록 한다.

표 3.6 길이, 변형과 변형률의 단위

단위계	SI[23]	US
길이	m	inch
변형	mm	inch
변형률	m/m mm/mm	inch/inch ft/ft
	ε, με, %ε	
	0.01 ε=10,000 με=1 %ε	

는 것이다. 반대로 변형이 상대적으로 큰 경우, 가령 초기 길이 100 mm인 부재가 1 mm 늘어나는 경우 0.01 ε이나 10,000 με으로 나타내는 것보다 백분율인 1 %ε으로 나타내는 것이 편한 경우가 많다. 따라서 고분자를 제외한 많은 구조물들의 경우 변형률의 단위로 [με]이나 [%ε]을 주로 사용한다. 변형과 변형률에 관한 기본적인 단위를 정리하여 [표 3.6]에 나타내었다.

3.5 미소 변형과 수직 변형률의 정의

공학 설계 시 변형률을 사용할 경우 길이의 영향을 별도로 고려할 필요가 없기 때문에 유용하지만 실제 구조물은 단순한 봉(rod) 형상인 경우가 드물어 식 (3.10)의 정의를 이용해 변형률을 계산하기 어렵다. 배와 같은 거대 구조물을 끌거나 고정할 때 사용하는 체인에 축 하중이 작용할 경우 유한요소해석에 의한 변형률 분포를 [그림 3.10]에 나타내었다. 그러나 유한요소해석을 이용해 계산한 변형률 또한 참값은 아니고 근삿값이라는 점을 잊지 말아야 한다. 그림에 나타낸 명암은 변형률값의 차이를 보여주는데, 그 값은 그림에 보이는 사각형 격자 내의 평균값을 나타내고 있기 때문이다. 따라서 변형률에 대한 보다 일반적인 정의가 필요하다.

[그림 3.11]에서와 같이 변형 전 길이가 l인 부재에 축력을 인가하여 **미소 변형**(infinitesimally small deformation, dl)이 발생한 경우를 고려한다. 미소 변형은 수학적으로 매우 적은 양을

23) 국제 표준 단위(International Standard Unit)에 해당하는 프랑스어 Système International (SI) d'unités의 약칭이다. 전세계적으로 도량형 등의 표준화가 거의 진행되지 않았을 때 프랑스가 중심이 되어 표준화를 진행했기 때문에 현재도 많은 국제 표준 문서의 경우 프랑스어로 번역하여 출판되는 경우가 많다.

그림 3.10 체인의 변형률 분포[출처 : Shutterstock]

가리키며 0은 아니지만 0에 근사한 값을 일컫는다. 물리적으로 생각해 본다면 길이 l이 1 m일 경우 변형이 1 nm나 1 pm[24] 정도 발생하면 이에 근사하다고 할 수 있다. 이와 같이 미소 변형이 발생하면 이를 기초로 미소 변형률을 식 (3.11)과 같이 정의할 수 있다. 식에서 새롭게 정의된 변형률을 ϵ_T로 나타내고, 이를 공칭 변형률과 구분하기 위해 **진 변형률**(true strain)[25]이라고 부른다.

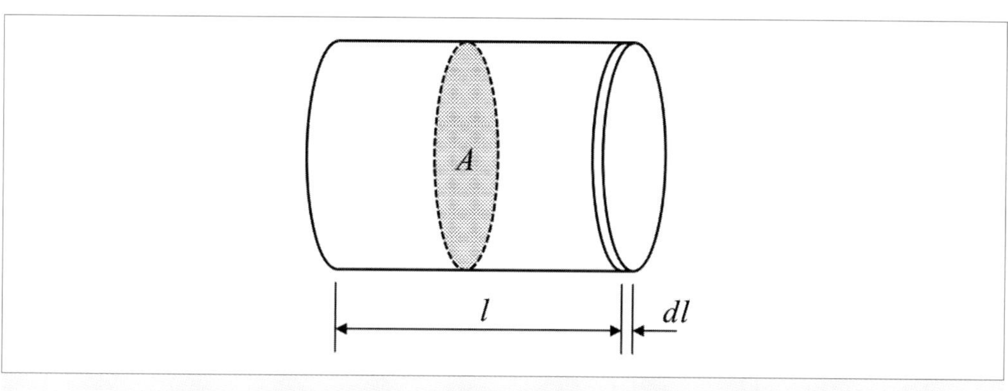

그림 3.11 미소 변형

24) $1\ \text{nm} = 10^{-9}\ \text{m}, 1\ \text{pm} = 10^{-12}\ \text{m}$

25) 이론 고체역학에서는 주로 진 변형률이 많이 사용되지만 기초 고체역학과 설계에서는 사용의 편의성 때문에 공칭 변형률을 더 많이 사용한다.

$$d\epsilon_T \equiv \frac{dl}{l} \tag{3.11}$$

식 (3.11)은 수학적으로 미분량에 해당되므로 변형률은 가상으로 한 점에서 정의[26]된다고 볼 수 있다. 미분량을 실제로 측정 가능한 양으로 나타내기 위해서 위 식의 양변을 초기 길이에서 최종 길이까지 정적분하면 식 (3.12)를 얻을 수 있다. 공칭 변형률의 경우 초기 길이에 대한 변형을 보기 때문에 측정이 수월하다. 따라서 측정한 공칭 변형률을 식 (3.12)에 대입하여 진 변형률을 계산하는 방법이 많이 사용된다.

$$\epsilon_T = \int d\epsilon_T = \int_{l_i}^{l_f} \frac{dl}{l} = \ln l \Big|_{l=l_i}^{l=l_f} = \ln l_f - \ln l_i \tag{3.12}$$

$$= \ln\frac{l_f}{l_i} = \ln\frac{l_i+\delta}{l_i} = \ln\left(1+\frac{\delta}{l_i}\right) = \ln(1+\epsilon)$$

$$\epsilon_T = \ln(1+\epsilon)$$

3.6 수직 변형률 측정법

자동차, 항공기, 반도체 생산 장비 등의 설계에 있어서 유한요소해석이 많이 활용되고 있으나 여러 가지 원인으로 인해 실제와 동떨어진 결과를 얻기 쉽다. 따라서 해석 결과의 정확성을 담보하기 위해서는 변형률에 대한 계산 결과를 실제 측정한 실험 결과와 비교해 가면서 모델링 및 계산을 수행하는 것이 좋다. 이러한 일련의 과정을 **변형률 검증**(strain survey)이라고 부른다. 식 (3.10)에서 알 수 있듯이 공칭 수직 변형률은 초기 길이와 늘어나는 길이를 측정하면 쉽게 구할 수 있다. 따라서 길이를 잴 수 있는 모든 방법은 수직 변형률 측정법으로 볼 수 있다. [그림 3.12]에 다양한 길이 측정기들을 나타내었다. 그러나 이러한 길이 측정기들은 크기도 크고 원하는 곳에 설치하기도 어려운 관계로 이들을 이용하여 실제 구조물의 변형률을 측정하는 것은 어렵다.

---

26) 한 점의 변형률 측정은 불가능하다. 그러나 정의식에 의해 초기 대상 길이를 작게 하면 할수록 참값에 가까워진다.

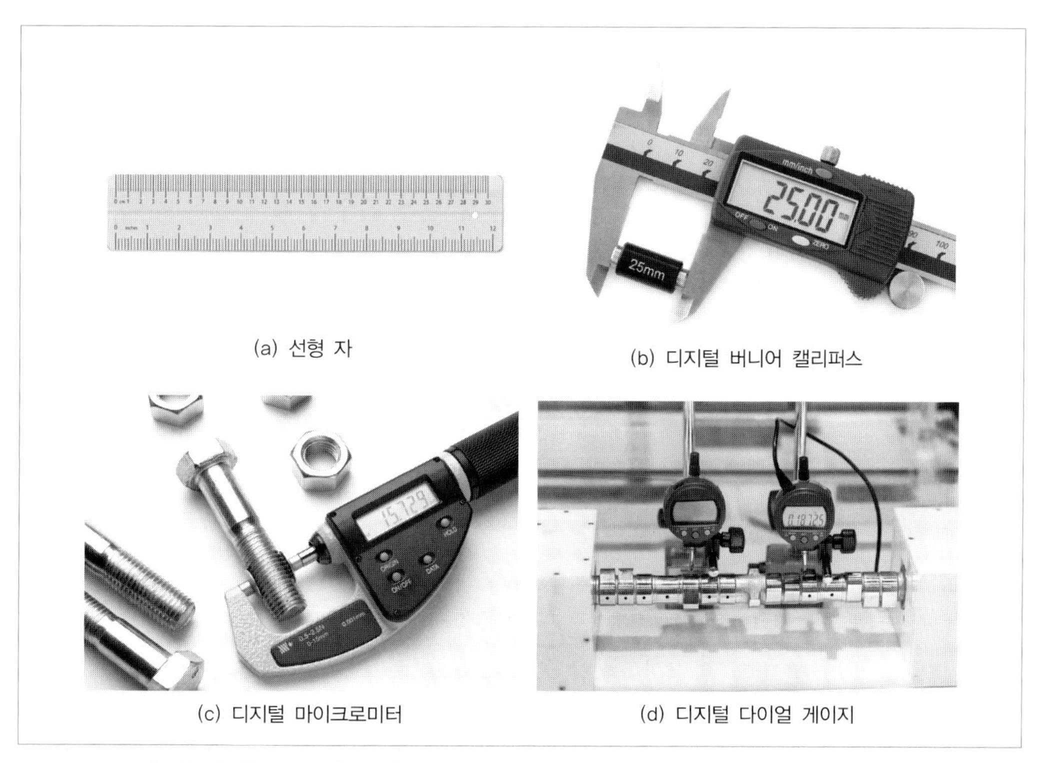

(a) 선형 자

(b) 디지털 버니어 캘리퍼스

(c) 디지털 마이크로미터

(d) 디지털 다이얼 게이지

그림 3.12 각종 변형률(길이) 측정기[출처 : Shutterstock]

컴퓨터와 화상 처리 기술의 발전에 따라 디지털 카메라가 사람 눈을 대신할 수 있게 되었다. 사람의 눈만으로는 눈에서 150 mm 정도 떨어져 있을 경우를 기준으로 약 26 μm 크기의 물체를 식별할 수 있으나 각종 현미경을 이용할 경우 매우 작은 크기까지 볼 수 있게 된다. 가장 일반적으로 사용되는 고배율 광학 현미경을 이용할 경우 0.2 μm까지의 물체까지 식별 가능하므로 구조물에 식별 가능한 무늬(speckles)를 입히고 현미경과 디지털 카메라를 이용해 찍은 이미지들을 이용해 변형 전후를 비교하면 물체의 변위와 변형률을 측정할 수 있다. 이 방법을 **디지털 화상 상관법**(digital image correlation, DIC)이라고 한다. 변형 전후의 이미지 예를 [그림 3.13]에 나타내었다. 재료의 상단을 고정하고 아랫부분에 인장력을 가해 약 20%의 변형률이 발생한 경우이다. 이와 같이 변형 전후의 이미지들을 이용하면 구조물에서 관심을 갖는 전 영역에서의 **전체 변형률**(full field strain)을 측정할 수 있는 장점을 갖고 있다. 일반적으로 이러한 계산은 각종 수치해석 소프트웨어나 상용 프로그램을 이용하여 수행한다.

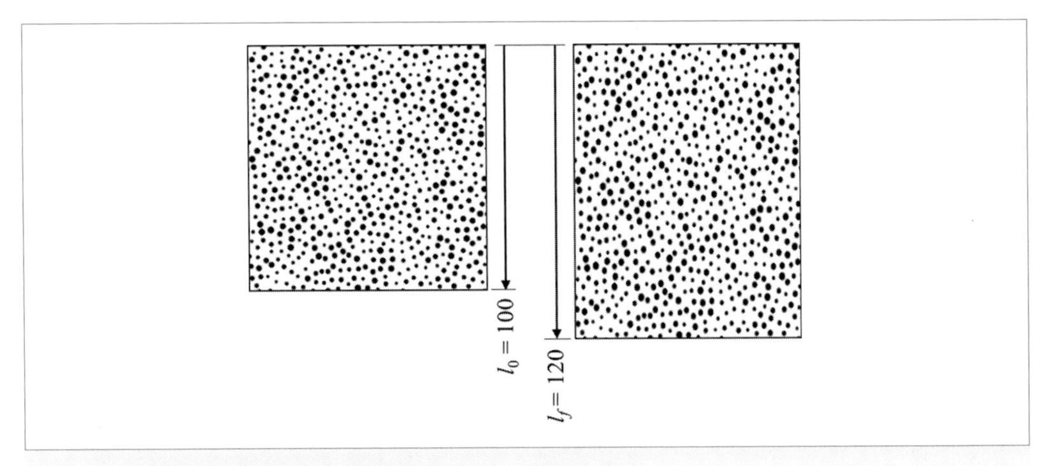

그림 3.13 변형 전후의 디지털 이미지 변화

MATLAB[27] 프로그램으로 작성하여 코드를 공개(open source)한 프로그램[28]도 다수 존재한다.

3.7 변형률 게이지

앞 절에서 설명한 각종 변형률 측정법들은 사람의 손이 닿거나 눈에 보여야 하지만 실제 산업현장에서는 눈에 보이지 않는 부분의 국부적인 변형률을 측정해야 할 경우가 많다. 이 경우에 가장 널리 사용되는 방법이 [그림 3.14]에 나타낸 것과 같은 **변형률 게이지**(strain gauge)[29]를 이용하는 방법이다. 변형률 게이지는 고분자 재료와 같은 얇은 절연막 위에 전기 저항(electrical resistance) 변화가 큰 금속 합금이나 반도체 재료를 입혀 제작한다. 그림에서 'L'로 나타낸 부분은 게이지를 측정체에 부착할 때 길이(longitudinal) 방향 정렬용으로, 'T'는 길이 방향에 수직한(transverse) 방향으로, '45'는 45° 방향으로 정렬 시 사용하기 위한 마크이며, 'P'는 게이지와 측정기를 전선으로 연결하기 위한 패드를 나타낸다. 그림에서 '$L_{0,\,G}$'는 **게이지 길이**(gauge length)라고 하며 게이지 선택 시 가장 중요한 부분이다. 실제 측정 시

27) https://www.mathworks.com/products/matlab.html
28) http://www.ncorr.com
29) 외래어인 관계로 스트레인 게이지로 부르는 경우도 많다.

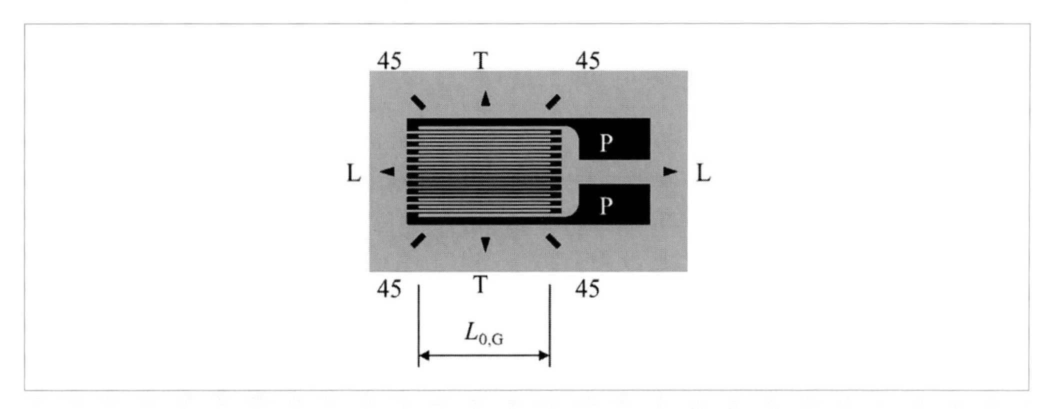

그림 3.14 변형률 게이지

저항 변화는 주로 게이지 길이 내에서 발생되며, 측정되는 양은 게이지 길이 내의 평균값이 되므로 원칙적으로 게이지 길이 내에서는 변형률의 변화가 없는 것이(또는 변형률 구배가 0인 것이) 이상적이다.

변형률 게이지를 이용한 측정 원리는 다음과 같다. 먼저 [그림 3.15] (a)와 같이 변형률 게이지를 부하가 작용되기 전에 측정체(object, 또는 structures)에 접착제를 이용해 부착한 뒤 저항(예 : 120.000 Ω)을 측정한다.[30] 측정체에 부하가 작용하면 (b)와 같이 측정체는 늘어

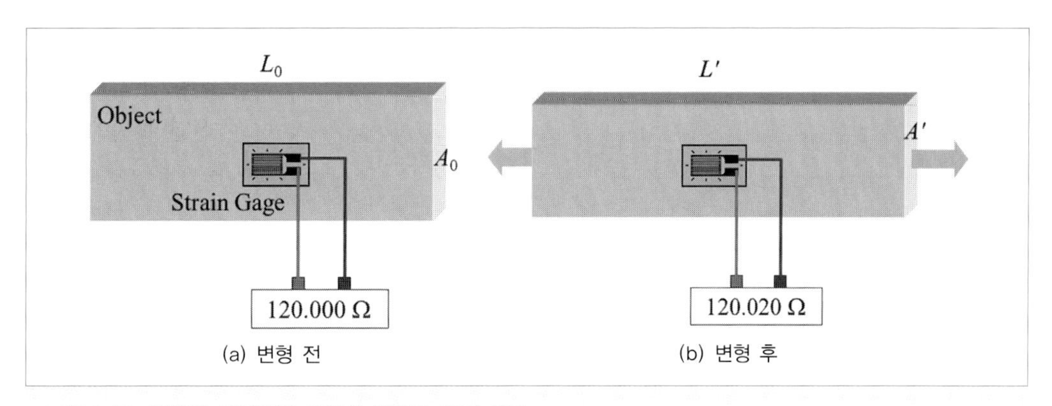

그림 3.15 변형률 게이지를 이용한 변형률 측정 원리

30) 실제 측정 시에는 저항 변화를 전압 변화로 변환하여 측정한다.

나게 되고 단면적은 줄어들게 된다.[31] 이때 변형률 게이지도 같이 늘어나게 되며 이로 인해 저항값이 증가하게 된다(예 : 120.020 Ω). 변형률 게이지 제작회사에서는 저항 변화(예 : 0.020 Ω)와 변형률값 사이의 관계를 나타내는 식 (3.13)과 같은 **게이지 팩터**(gauge factor, K)값[32]을 제공하므로, 초기 저항값(R)과 저항 변화(ΔR)로부터 변형률을 측정할 수 있게 된다.

$$K = \frac{\Delta R/R}{\epsilon} \tag{3.13}$$

$$\epsilon = \frac{\Delta R/R}{K}$$

3.8 전단 하중하에서의 변형과 변형률

지금까지는 설명 및 이해가 상대적으로 용이한 축 하중하에서의 변형과 변형률에 대해 살펴보았으나 1.4절에서 설명하였듯이 하중에는 축 하중 이외에 전단 하중이 존재한다. [그림 3.16]과 같이 한 고체의 상·하면을 강체로 연결하고 하단을 고정한 상태에서 상단에 전단

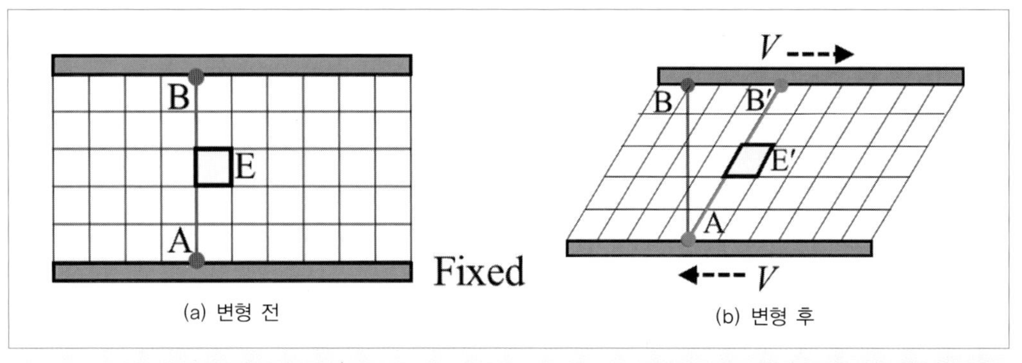

그림 3.16 전단 하중하에서의 변형

31) 단면적이 줄어드는 대신 늘어나는 재료가 있으나 매우 특별한 경우이므로 이 책에서는 다루지 않기로 한다.
32) 금속 합금을 이용한 변형률 게이지의 경우 게이지 팩터는 2.0 내외의 값이 된다.

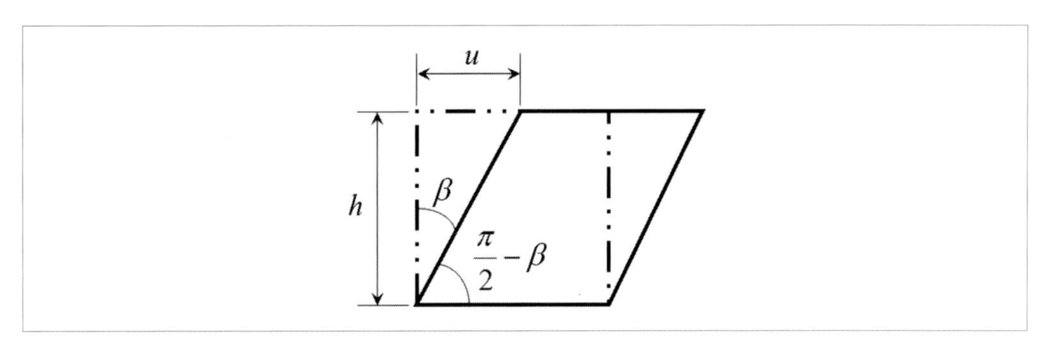

그림 3.17 전단 하중하에서의 변형 : 요소 E(이점쇄선) → 요소 E′(실선)

하중을 가하는 경우를 생각해 보자. 편의상 변형 전의 물체(a)에 정사각형 격자를 그려 넣었다. 전단력(V)이 가해진 후의 자유물체도와 변형 상태를 (b)에 나타내었다.[33] 그림에서 볼 수 있듯이 축 하중하에서와는 완전히 다른 거동을 보이고 있음을 알 수 있다. 즉 축 하중하에서는 변형이 주로 길이 변화로 나타났으나 전단 하중하에서는 길이 변화에 비해 각 변화가 두드러지게 나타남을 알 수 있다. 그림에서 변형 전 수직선 AB는 변형 후 AB′으로 바뀌게 된다. 또한 물체 내의 정사각형 요소 E는 변형 후 마름모 형태의 요소 E′으로 된다.

변형 전후의 상황을 대별할 수 있다고 생각되는 두 요소의 변형 전후 모양을 [그림 3.17]에 확대하여 나타내었다. 변형 전 정사각형(직각) 형태의 요소 E가 전단력을 받아 마름모 형태의 요소 E′이 되었고, 이 과정에서 길이 변화보다 각 변화가 크게 생기고 있음을 알 수 있다.[34] 즉 왼쪽 하단 모서리의 초기 각이 90°($=\pi/2$ Rad)에서 ($\pi/2-\beta$) [Rad]으로 감소함을 알 수 있다. 이때 각 변화 β는 식 (3.14)에서와 같이 초기 높이(h)와 수평 방향 변위(u)로부터 구할 수 있다. 식에서 $\tan\beta$를 **미소각 가정**(small angle approximation)[35]에 의해 β로 근사하였다. 이와 같은 각 변화는 식에서 볼 수 있듯이 무차원화되어 변형률과 같은 단위가 된다. 따라서 전단 하중이 작용하는 경우의 평균 변형률은 식 (3.14)와 같이 각 변화[36]로 정의하고 주로

33) 실제 변형 상황은 양 끝단에서 그림에 보인 변형 상황보다 더 복잡한 형상(end effect)을 보이지만 편의상 모든 부분에서 동일한 변형이라고 가정하였다.

34) 실제 길이 변화도 발생하지만 크기가 작기 때문에 무시한다.

35) 각이 작을 경우 $\sin\beta \approx \beta$, $\cos\beta \approx 1$, $\tan\beta \approx \beta$로 가정할 수 있다.

예를 들어, $\sin 1.8^\circ = \sin\dfrac{\pi}{100} = 0.03141059\cdots$

$\approx \dfrac{\pi}{100} = 0.03141592\cdots$

γ_{avg}로 나타낸다. 전단 변형률도 한 점에 가깝게 정의되는 값이어야 하므로 식 (3.15)와 같이 정의된다. 전단 변형률의 단위는 **라디안**(radian)으로 나타내어도 무방하지만 수직 변형률 단위와 일치시키기 위해 ε, %ε, με 등을 사용한다.

$$\tan\beta \approx \beta = \frac{u}{h} = \gamma_{avg} \tag{3.14}$$

$$\gamma = \lim_{dh \to 0} \frac{du}{dh} \tag{3.15}$$

3.9 주요 식 정리

길이 변화로부터 생긴 변형(3.8)과 이를 초기 길이로 나눠 무차원화한 수직 변형률의 정의식(3.10)이 가장 기본이 된다. 이를 이용해 힘-변형 관계를 힘-변형률 관계(3.10)로 바꿈으로써 고체의 길이에 무관한 관계식을 얻게 되었다. 또한 공칭 수직 변형률 측정을 통해 진 변형률(3.11)을 계산할 수 있는 관계식(3.12)도 많이 사용된다. 고체의 각 변화는 전단 변형률을 나타내며 한 점에 가까운 값으로 정의(3.15)된다.

$$\delta = l_f - l_i \tag{3.8}$$

$$F = k_A \delta = k_0 A \frac{\delta}{l_0} = k_0 A \epsilon \tag{3.10}$$

$$\epsilon \equiv \frac{\delta}{l_0}$$

$$d\epsilon_T \equiv \frac{dl}{l} \tag{3.11}$$

36) 주의 : 각 변화는 반드시 Degree가 아닌 Radian으로 나타내야 한다.

$$\epsilon_T = \ln(1+\epsilon) \tag{3.12}$$

$$\gamma = \lim_{dh \to 0} \frac{du}{dh} \tag{3.15}$$

제4장

내력과 응력

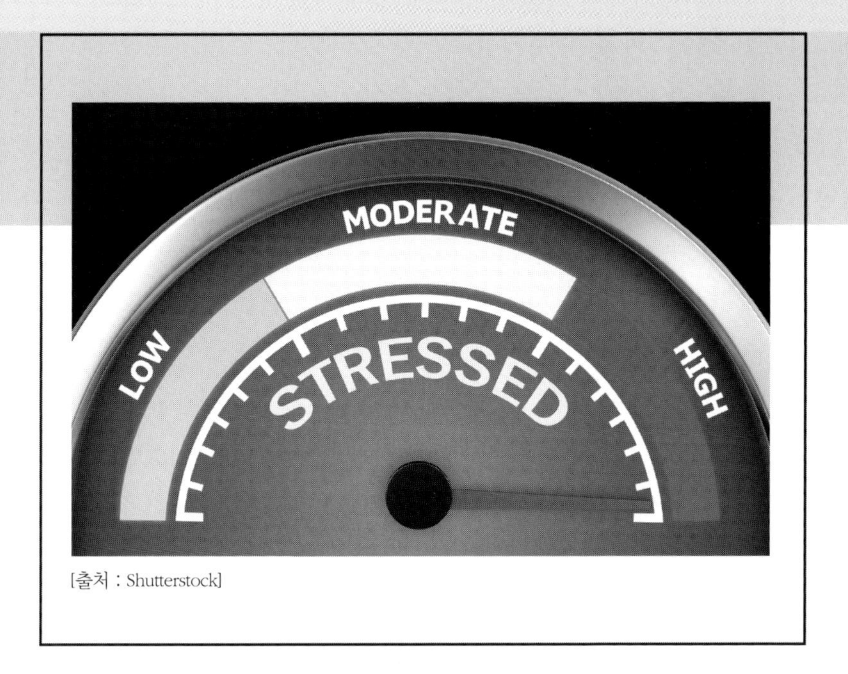

[출처 : Shutterstock]

우리 주변에 질소와 산소가 있다는 것을 믿는다면 고체에 하중이 작용될 때 내부에 응력이 발생한다는 것도 믿을 수 있을 것이다. **내력**에 기초한 **응력**의 개념은 이해가 쉽지 않지만 한번 이해하고 나면 기계공학자에게 먹거리를 제공할 것이다.

스트레스로 인해 스트레스를 받고 있다면 치료법은 단 한 가지밖에 없을 것이다. **스트레스**에 대한 이해도를 높여 스트레스는 낮추고 연봉은 올려야 한다.

4.1 내력과 저항 모멘트

어떤 고체에 외력이 작용하면 고체를 지지하고 있는 부분(또는 경계)에서 반력이 발생함을 2.4절에서 살펴보았다. [그림 4.1] (a)에서와 같이 무게 W의 진자가 매달려 있는 케이블의 경우 두 힘 부재인 관계로 자유물체도는 (b)와 같이 된다. 이때 추의 자중 W가 외력이 되고, 케이블과 손 사이의 경계에서 반력 $R(=W)$이 존재하게 된다.

[그림 4.1]의 케이블 중앙을 자르면 어떻게 될까? 가위 등을 이용해 실제로 자르면 케이블은 더 이상 추를 지지하지 못할 것이다. 따라서 지금부터는 가상의 개념을 도입하기로 한다. 즉 케이블을 실제로 자르는 대신 가상(또는 상상)으로 케이블의 일부분을 절단해 보는 것이다. 이를 일명 **가상 절단법**(virtual cutting method)이라고 한다. [그림 4.1] (b)의 가상 선 A-A를 따라 케이블을 가상으로 자르면 [그림 4.2]에서와 같이 두 부분으로 나뉠 것이다. 먼저 케이블의 윗부분(a)에서 가상 절단면 A-A에는 수직 방향의 힘 평형을 위해 반력 R에 저항하는 힘(I_1)이 존재해야 하며, 두 힘 부재인 관계로 그 크기는 반력의 크기와 같게 된다. 마찬가지로 [그림 4.2] (b)의 가상 절단면에는 외력 W에 저항하는 힘(I_2)이 존재해야 하며, 그 크기는 외력과 같아야 한다. 따라서 식 (4.1)과 같이 모든 힘의 크기는 같다. 이 경우 실제로 자른 것은 아니기 때문에 (a)와 (b)를 합치게 되면 I_1과 I_2는 상쇄되어 [그림 4.1] (b)와 같아진다.

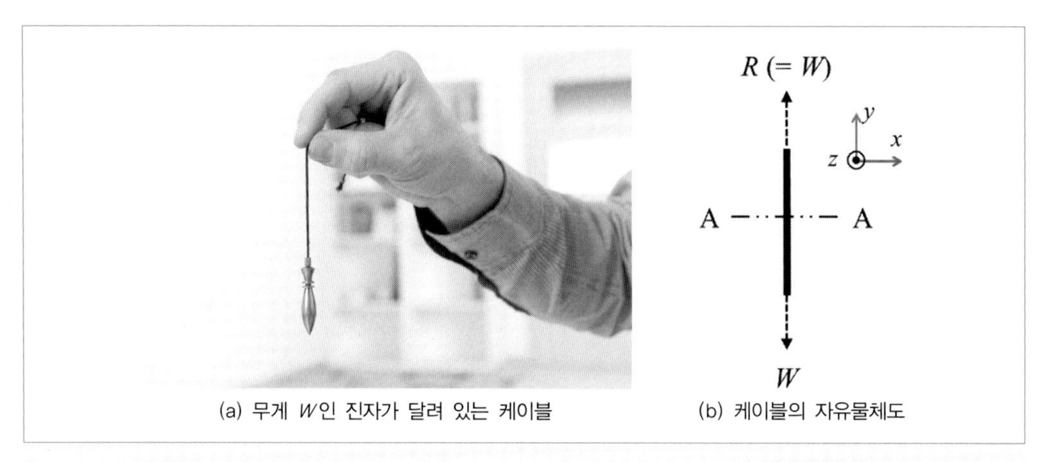

그림 4.1 케이블에 작용하는 외력과 반력[출처 : (a) Shutterstock]

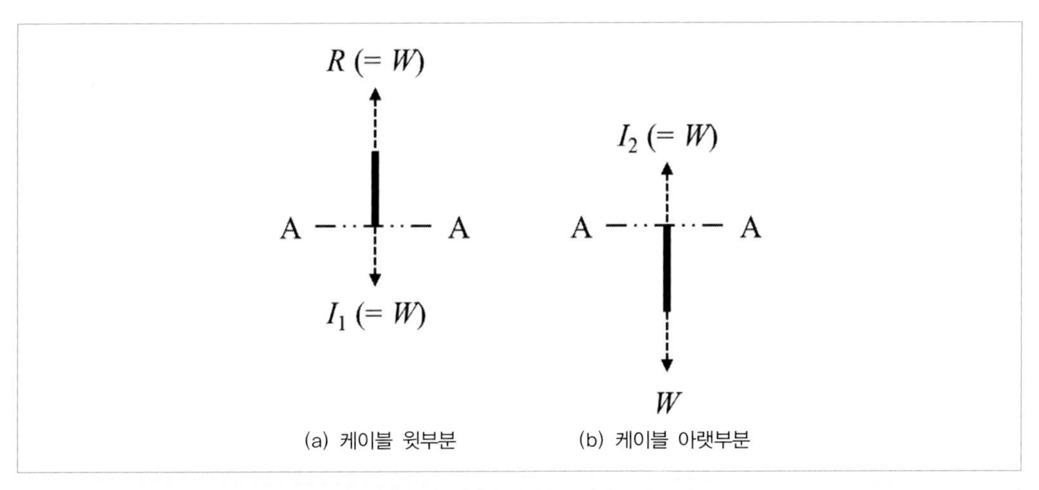

그림 4.2 케이블의 외력, 반력 및 내력

이때 I_1과 I_2는 고체 내부에 발생하는 가상의 힘인 관계로 **내력**(internal force)이라고 한다. 다시 말해 내력이란 "외력에 저항하는 물체 내부의 반력"이라고 생각하면 된다. 내력의 개념을 이용하면 고체 내의 임의의 점에서의 힘을 알 수 있게 되고, 이를 통해 파손 지점을 예측할 수 있게 된다.

$$I_1 = I_2 = R = W \tag{4.1}$$

케이블은 두 힘 부재인 관계로 가상 절단 부분에 대한 자유물체도를 통해 내력을 쉽게 구할 수 있었다. 이번에는 두 힘 부재가 아닌 [그림 1.2]의 갈릴레오 보에 대해 살펴보기로 한다. 갈릴레오 보의 경우 폭 방향으로는 큰 변화가 없기 때문에 [그림 4.3] (a)와 같이 2차원으로 나타내었다. 보에 대한 자유물체도를 그린 다음 힘 평형 및 모멘트 평형식을 적용하면 (b)와 같이 반력과 저항 모멘트를 쉽게 구할 수 있다. 내력을 구하기 위해서는 가상 절단이 필요하기 때문에 좌측 지지점에서 x만큼 떨어진 지점을 가상 선 A-A를 따라 가상 절단하면 (c) 및 (d)와 같이 2개의 가상 보로 나뉘게 된다. 그러나 이 경우 두 부분 모두 평형 상태가 되지 않는다. 따라서 가상 절단면에는 기존 외력, 반력 등과 평형을 이루기 위한 힘이나 모멘트가 존재해야 한다.

갈릴레오 보에 대한 내력과 저항 모멘트를 구하기보다 앞서서 먼저 해야 할 부호에 대한

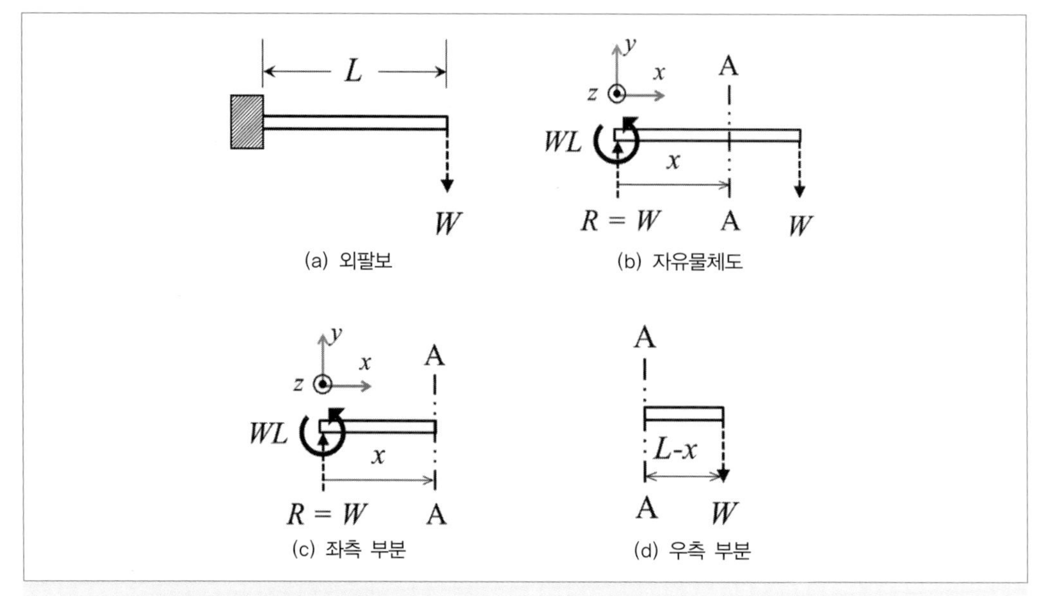

그림 4.3 외팔보의 자유물체도, 반력, 저항 모멘트 및 가상 절단

약속[1)]이 있다. [그림 4.3] (c)와 (d)를 살펴보면 평형식을 적용했을 때 단면에는 전단력과 굽힘 모멘트가 생기는 것을 알 수 있을 것이다. 금속 판재나 철근을 절단할 때 [그림 4.4] (a)에 보인 금속 전단기를 사용한다. 또한 금속 판재를 굽혀 원하는 형상을 만들기 위해 (b)와 같은 금속 절곡기도 사용된다. 따라서 고체 내부에 생기는 내력과 저항 모멘트의 양의 방향(positive directions)을 [그림 4.4]를 참조하여 [그림 4.5]와 같이 약속하기로 한다. [그림 4.5] (a)에서 해당 면에 수직으로 깃발을 꽂는다고 가정했을 때, 깃발의 방향과 양의 좌표축(x축)이 일치하면 양의 면, 그렇지 않을 경우 음의 면으로 한다. 내력(저항 전단력)과 저항 굽힘 모멘트는 각각 (b)와 (c)처럼 약속한다. 양의 면과 음의 면에서 (+)로 약속한 힘과 모멘트의 방향은 정반대임을 잊지 말아야 한다. 왜냐하면 2개의 가상 단면을 합하면 상쇄되어 처음 상태로 환원되어야 하기 때문이다.

[그림 4.5]의 약속에 따라 [그림 4.3]의 불완전한 자유물체도 (c)와 (d)에 (전단)내력과 저항 모멘트를 더하면 [그림 4.6]과 같다. 먼저 (a)의 자유물체도에 대해 y 방향의 힘 평형과 가상

1) 약속은 법칙이 아니라 약속일뿐이다. 실제로 다른 학문 분야(예 : 토목공학)에서는 다른 부호 약속을 사용하므로 주의해야 한다. 가장 중요한 것은 한번 한 약속을 계속 지켜나가는 것이다.

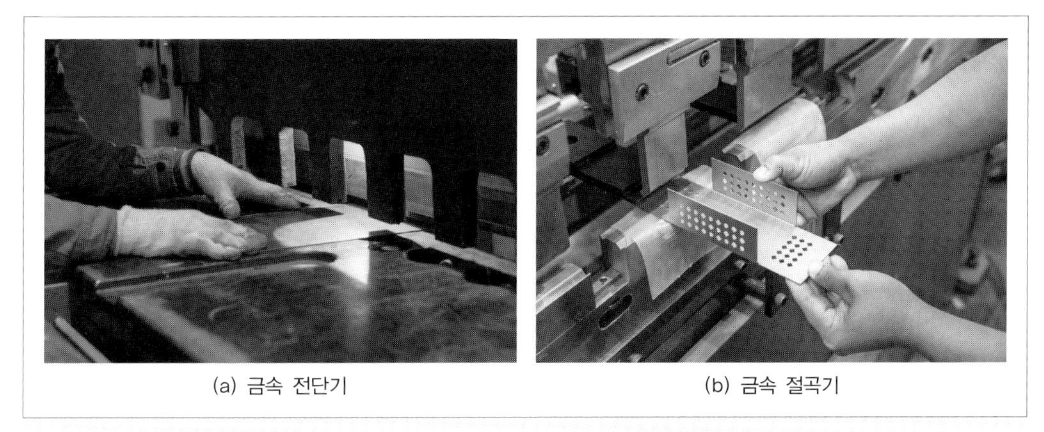
(a) 금속 전단기 (b) 금속 절곡기

그림 4.4 전단력과 굽힘 모멘트를 이용한 금속 가공기[출처 : Shutterstock]

절단부의 오른쪽 끝단점[2)]에 대한 모멘트 평형을 적용하면 식 (4.2)와 (4.3)을 얻을 수 있다. 그다음 (b)의 자유물체도에 대해 동일한 과정을 거치면 식 (4.4)와 (4.5)를 얻을 수 있다. 식 (4.2)와 (4.4), (4.3)과 (4.5)를 비교해 보면 결과가 동일함을 알 수 있다. 따라서 내력이나 저항 모멘트를 구할 때는 값을 구하기 용이한 가상 절단부를 자유롭게 선택하여 사용하면 된다.

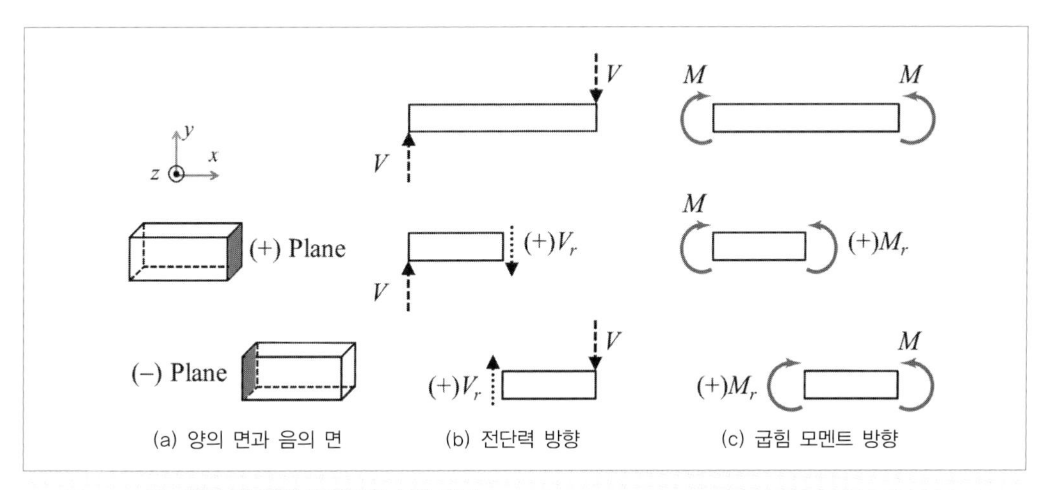

(a) 양의 면과 음의 면 (b) 전단력 방향 (c) 굽힘 모멘트 방향

그림 4.5 면, 내력 및 저항 모멘트의 부호 약속

2) 모멘트 평형을 적용할 때 가능하면 미지수나 힘이 많이 작용하는 점을 기준으로 하면 고려해야 할 힘들이 적어져 식을 적용하기 간편하다. 하지만 모멘트 평형은 임의의 점에 대해 만족해야 한다.

$$\Sigma F_y = (-)V_r + W = 0 \tag{4.2}$$

$$V_r = W$$

$$\Sigma M_R = M_r + WL - xW = 0 \tag{4.3}$$

$$M_r = (x - L)W$$

$$\Sigma F_y = V_r - W = 0 \tag{4.4}$$

$$V_r = W$$

$$\Sigma M_L = (-)M_r - (L - x)W = 0 \tag{4.5}$$

$$M_r = (x - L)W$$

[그림 4.3] (b)에서 볼 수 있듯이 보의 어느 부분을 가상 절단하더라도 동일한 2개의 식 (4.2)와 (4.3)을 얻게 된다. 외팔보의 임의의 위치 x에서의 내력(전단력)과 저항 굽힘 모멘트의 변화를 그림으로 나타내면 [그림 4.7]과 같이 된다. [그림 4.7] (a)의 경우 보의 길이 방향 위치에 따른 전단력의 변화를 나타내며 **전단력 선도**(shear force diagram, SFD)라고 한다. 전단력은 위치에 무관하게 $(+)W$로 일정함을 알 수 있다. 반면에 굽힘 모멘트는 $x=0$일 때 $(-)WL$이 되고 계속 증가하여 $x=L$에서 0이 되는 일차 함수가 되며, 이와 같은 선도를 **굽힘 모멘트 선도**(bending moment diagram, BMD)라고 부른다. 보의 경우 SFD와 BMD를 그려 놓으

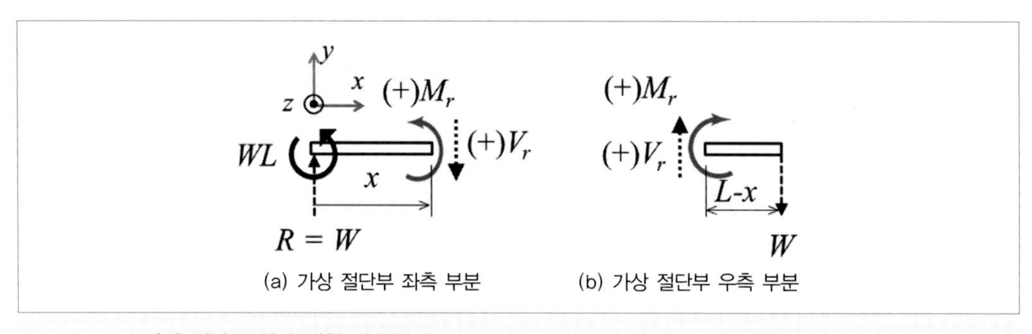

그림 4.6 가상 절단 부위에 대한 자유물체도

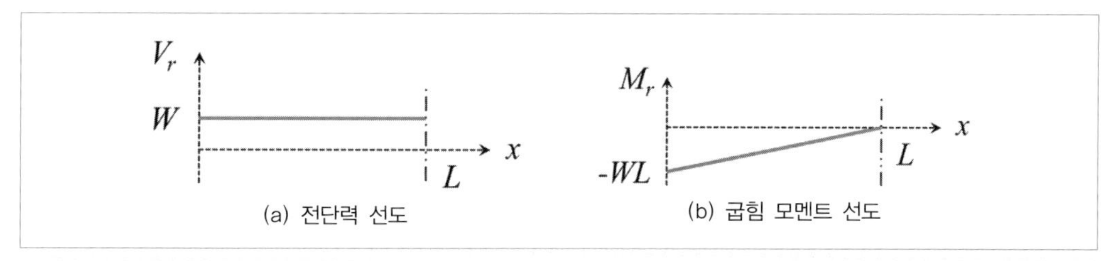

그림 4.7 갈릴레이 보(외팔보)에 대한 SFD와 BMD

면 어느 부분에서 부하가 크게 걸리는지 쉽게 파악할 수 있어 설계에 있어서 많은 도움이 된다.

고체 구조물의 내력과 저항 모멘트를 구하는 과정을 정리해 보면 다음과 같다. 일차적으로 내력과 저항 모멘트를 구하고자 하는 위치에서 가상 절단을 한 뒤 기존 외력, 반력 등과 함께 내력과 저항 모멘트를 양의 방향으로 나타낸다. 이때 가능한 고려해야 하는 힘이나 모멘트가 적은 부분을 대상으로 한다. [그림 4.5]에는 나타내지 않았으나 내력 중 축력은 단면에서 바깥 방향으로 향하는 힘을 (+)로 약속한다. 다음으로 모든 힘과 모멘트들을 고려하여 평형 조건을 적용하여 내력과 저항 모멘트를 구하면 된다.

예제 4.1 전체 길이가 L인 보의 아래에 자유롭게 회전할 수 있는 롤러 2개를 거리 S만큼 떨어지게 놓은 다음 보의 위에 또 다른 2개의 롤러로 힘을 가하는 시험 장면을 [그림 4.8] (a)에 보여 주고 있다. 이 경우 보에는 네 지점을 통해 힘이 전달되기 때문에 **4점 굽힘 시험**(4 point bending, 4PB)이라고 부른다. 전체 보를 길이 S인 보로 간주하여 간략화한 개략도를 [그림 4.8] (b)에 나타내었다. 이와 같은 4PB

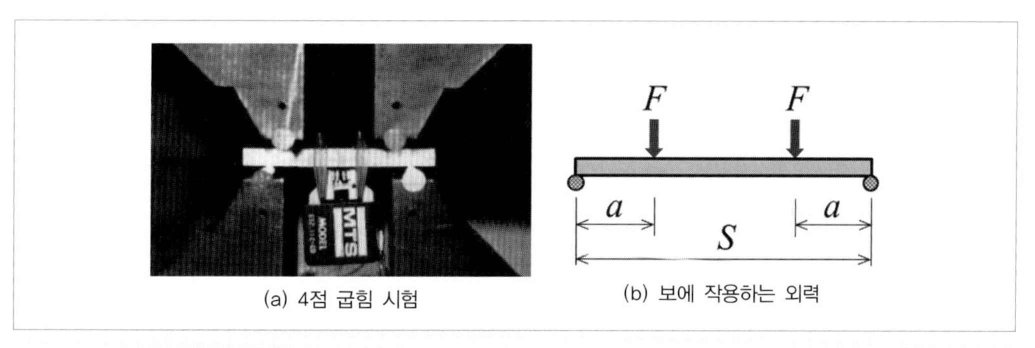

그림 4.8 4점 굽힘을 받는 보

보의 내력과 저항 모멘트를 구한 뒤 SFD와 BMD를 그려 보라.

해법 예 보의 지지점에서의 반력을 구하기 위해 보에 대한 자유물체도를 그리면 [그림 4.9]와 같다. 보 전체에 대한 힘 평형과 모멘트 평형을 적용하면(또는 좌우의 대칭성을 이용하면) 그림과 같이 반력(R)의 크기는 외력(F)과 같아짐을 알 수 있다.[3] 지지점에서 저항 모멘트가 없는 것은 롤러의 경우 자유롭게 회전할 수 있으므로 저항 모멘트가 생길 수 없기 때문이다.

이제 내력과 저항 모멘트를 구하기 위해 가상 절단을 해야 한다. 그러나 4점 굽힘보의 경우 갈릴레이 보에 비해 외력이 하나 더 작용하며, 모든 외력들이 끝단이 아닌 중간에 작용하는 관계로 [그림 4.9]에서와 같이 가상 절단을 3회 수행해야 한다. 먼저 $0 < x < a$ 구간에 대한 FBD를 그리면 [그림 4.10] (a)와 같이 되며, 이에 대해 평형식을 적용하면 식 (4.6)과 같이 된다. 다음으로 $a < x < S-a$ 구간에 대한 FBD를 그리면 (b)와 같이 되며, 평형식을 적용하면 식 (4.7)과 같이 된다. 평형식을 쓰지 않은 이유는 결과가 어느 정도 자명하기 때문이다. 보에 작용하는 y 방향 힘의 경우 외력($-F$)과 반력($+F$)이 이미 평형을 이루고 있어 V_r은 0이 될 수밖에 없고, 모멘트의 경우 앞의 외력과 반력이 시계 방향의 짝힘을 이루고 있어 이와 동일한 크기이면서 반시계 방향의 모멘트가 있어야 되기 때문이다. 마지막으로 C-C를 따라 가상 절단한 경우에는 좌측 부분보다 힘이나 모멘트가 적은 우측 부분을 고려하는 것이 편리하다. 이에 대해 힘 평형을 적용하면 식 (4.8)과 같이 된다.

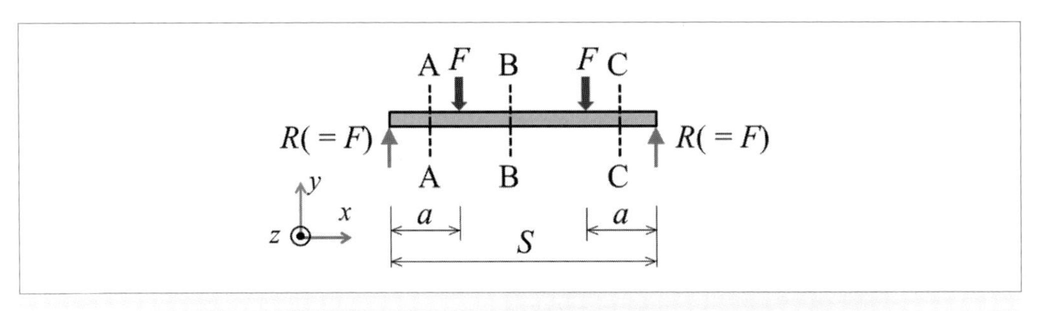

그림 4.9 4점 굽힘 보의 자유물체도

3) 반력을 구하는 상세 과정은 생략한다. 상세 과정은 제2장을 참고하여 구하면 된다.

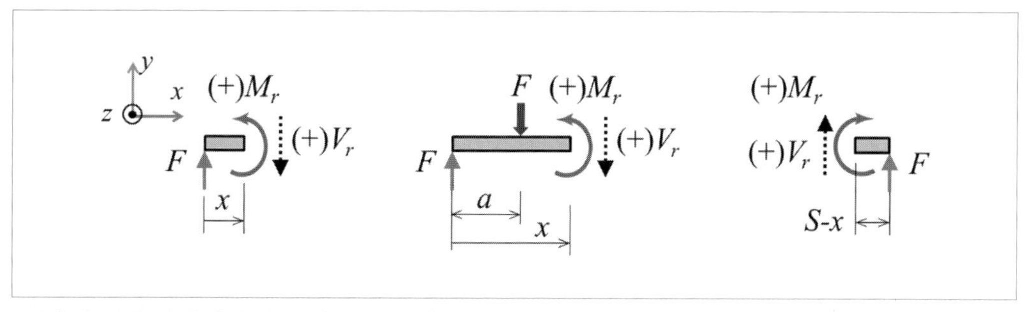

그림 4.10 4점 굽힘 보의 자유물체도

$$\begin{aligned} V_r &= F \\ M_r &= xF \end{aligned} \quad \text{for } 0 < x < a \tag{4.6}$$

$$\begin{aligned} V_r &= 0 \\ M_r &= aF \end{aligned} \quad \text{for } a < x < S - a \tag{4.7}$$

$$\begin{aligned} V_r &= (-)F \\ M_r &= (S-x)F \end{aligned} \quad \text{for } S - a < x < S \tag{4.8}$$

식 (4.6)부터 식 (4.8)까지의 결과를 그림으로 나타내면 SFD와 BMD는 [그림 4.11]과 같이 된다. 여기서 눈여겨볼 부분은 4PB의 경우 중심 부분, 즉 $a < x < S - a$ 구간에서는 전단력

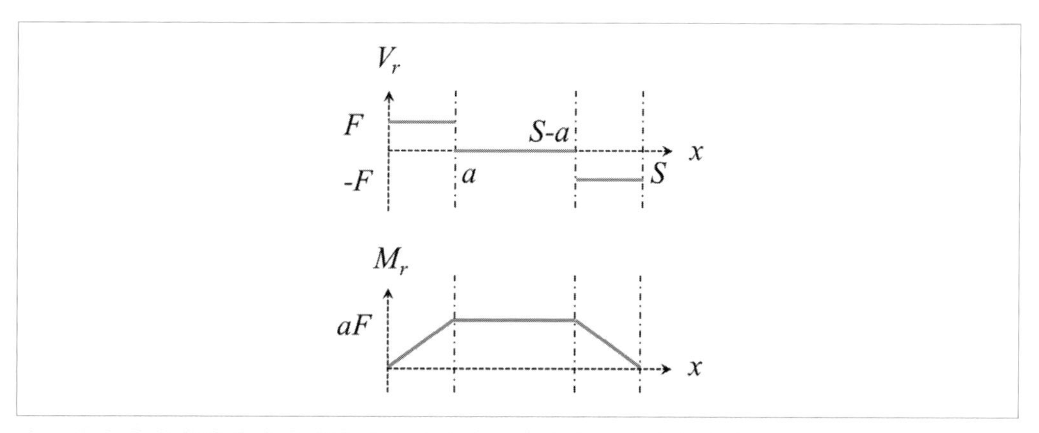

그림 4.11 4점 굽힘 보의 SFD와 BMD

이 0이 되며, 모멘트가 일정하다는 점이다. 다시 말해서 중심 부분에서는 오직 굽힘 모멘트만 존재하게 된다. 이러한 이유로 중심 부분을 **순수 굽힘**(pure bending) 상태라고 부른다. 이 부분은 제7장에서 굽힘에 관련된 중요한 식들을 유도하는 데 많이 사용된다. 또한 여러 시험소와 산업체에서 재료나 부품 시험에도 광범위하게 사용되고 있다.

4.2 응력의 정의와 특성

축 하중을 받는 부재의 힘-변형 관계(식 3.9)에서 변형을 초기 길이로 나눈 변형률의 개념을 도입함으로써 초기 길이의 영향을 제거하여 식 (3.10)을 유도하였으며 이를 [그림 3.9]에서 살펴보았다. 즉 힘-변형률 관계에서는 초기 길이와 무관하게 재료 상수(k_0)와 초기 단면적(A_0)만의 함수로 바뀌었다. 이제 식 (3.10)의 양변을 초기 단면적으로 나누게 되면 식 (4.9)와 같이 되면서 초기 단면적의 영향이 없어지게 된다. 식 (4.9)에서 힘(F)을 변형 전의 초기 단면적(A_0)으로 나눈 양을 **응력**(stress)이라고 한다. 축 하중하에서의 내력은 단면에 수직한 방향으로 발생되기 때문에 이로 인해 생기는 응력을 **수직 응력**(normal stress)이라고 하고 기호 σ[4]로 나타낸다. 또한 이 응력은 초기 단면적에 대한 평균값이 되고, 계산이 편리해 공학적으로 많이 사용되며, 별도의 언급이 없는 한 일반적으로 불리는 응력인 관계로 수직 변형률에서와 같이 수직 응력 앞에 **평균**(average), **공학**(engineering), 또는 **공칭**(nominal) 중의 하나를 붙여 사용하기도 한다(예 : 공칭 수직 응력). 이로부터 식 (4.9)를 단축 하중하에서의 **응력-변형률 관계식**(stress-strain relation)이라고 부른다.

$$\frac{F}{A_0} = \sigma = k_0 \epsilon \tag{4.9}$$

$$\sigma \equiv \frac{F}{A_0}$$

식 (4.9)를 이용하여 [그림 3.7]의 모든 경우에 대해 응력-변형률 관계를 살펴보면 알루미늄

4) 그리스어 중 하나로서 '시그마(sigma)'로 읽는다.

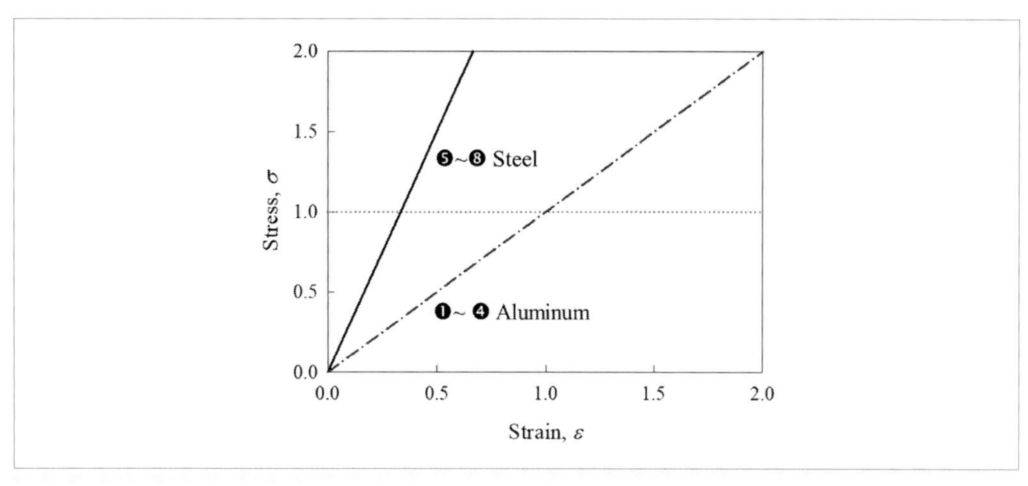

그림 4.12 재료, 길이, 단면적이 서로 다른 부재의 응력-변형률 관계

의 경우 $\sigma = k_0 \epsilon$, 강의 경우 $\sigma = 3\ k_0 \epsilon$으로 된다. 이를 그래프로 나타내면 [그림 4.12]와 같게 된다. 즉 동일한 재료에 대해서는 하나의 곡선으로 표현이 가능하며, 재료가 다를 경우 응력과 변형률 관계식에서의 기울기만 바뀜을 알 수 있다. 이는 공학 설계에 있어서 매우 중요한 의미를 갖게 된다. 우리가 설계하고자 하는 고체의 응력-변형률 관계를 사전에 얻어 놓으면 구조물의 형상(길이, 단면적)에 무관한 설계가 가능하기 때문이다. 앞에서 예를 든 것처럼 응력과 변형률이 선형 관계일 때 임의의 재료에 대해 식 (4.10)과 같이 나타낼 수 있으며 응력과 변형률의 기울기를 나타내는 E를 **Young 계수**(Young's modulus)[5]라고 하며, 구조물 설계 시 매우 중요한 **물성값**(material properties)[6] 중 하나이다.

$$\sigma = E\epsilon \tag{4.10}$$

5) 영국의 물리학자 Thomas Young이 1807년에 탄성 재료의 거동을 설명할 때 사용하였으며, 그의 저서인 *Course of Lectures on Natural Philosophy and the Mechanical Art*에서 다수 언급된 개념으로, 그를 기리기 위해 Young 계수라고 한다.

6) 고체 재료의 형상 등에 무관한 재료 고유의 값을 일컫는다.

4.3 전단 응력

제1장에서 살펴보았듯이 하중은 크게 수직 하중과 전단 하중으로 나뉜다. 앞 절에서는 그 중에서 수직(또는 축) 하중을 받는 고체의 응력에 대해 먼저 살펴보았다. [그림 4.13]에서 (a)는 금속 판재에 원하는 구멍을 내는 펀칭 기계이고, (b)는 종이에 묶음용 구멍을 내는 2공 펀치이다. 두 경우 모두 축 하중과는 다른 하중이 작용하고 있음을 알 수 있다. 이 중 종이 펀치를 예로 들어 설명해 보자. 펀치에 가하는 힘을 $2V$라고 하면 개별 펀치에는 각각 V의 힘이 작용하게 될 것이다. 펀칭되어 나오는 [그림 4.13] (b)의 원형 종이의 두께를 t, 직경을 d라고 했을 때 종이가 받는 하중은 [그림 4.14]와 같이 된다.[7] 즉 종이 둘레 면적에 평행하게 힘이 작용하므로 전단력이 된다.

만약 전단력이 종이 둘레 면적에 균일하게 분포된다고 가정하면, 응력은 식 (4.11)과 같이 정의되며, 이를 **전단 응력**(shear stress)이라고 한다. 쉽게 말해 전단 응력은 전단력에 의해 야기된 응력이라고 생각하면 된다. 앞에서 전단력이 해당 면적에 걸쳐 균일하게 작용한다고 가정했기 때문에, 이를 특히 **공칭 전단 응력**(nominal shear stress), **평균 전단 응력**(average shear stress), 또는 **공학 전단 응력**(engineering shear stress)이라고 하고 기호 τ[8]로 나타낸다.

(a) 회전형 CNC 펀칭 기계　　(b) 종이 천공기

그림 4.13 전단 응력을 받는 구조물의 예[출처 : Shutterstock]

7) 설명의 편의를 위해 직경에 비해 두께를 과장시켜 그렸다. 일반적으로 많이 사용되는 사무용 종이 펀치의 경우 d는 약 6 mm이고 종이 두께 t는 (0.1~0.2) mm 정도이다.

8) 그리스어 중 하나로서 '타우(tau)'로 읽는다.

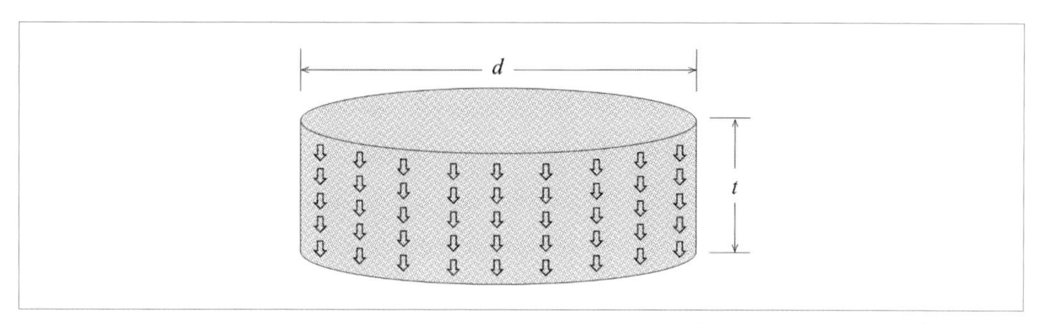

그림 4.14 전단 응력의 예

$$\tau = \frac{V}{A_0} = \frac{V}{\pi d t} \tag{4.11}$$

전단 응력의 또 다른 예를 들어보자. [그림 4.15]에서 클레비스에 끼워져 있는 짧은 핀이 받는 하중을 개략적으로 그려보면 [그림 4.16]과 같다. 클레비스 핀 전체에 대한 간략한 자유물체도를 (a)에 나타내었으며 핀에 가해지는 힘을 기준으로 편의상 세 부분으로 나눠놓았다. 실제로 클레비스와 핀의 접촉은 그림에서처럼 일부에서만 발생한다. 다음으로 핀을 (b)와 같이 가상 절단하면 절단면에는 그림과 같이 전단력이 작용하게 된다. 이 경우 절단면의 초기 면적을 A_0라고 하면 절단면의 전단 응력은 식 (4.11)과 같이 $\tau = V/A_0$가 된다. 이와 같은 상태를 **2면 전단**(double shear)이라고 한다.

(a) 클레비스와 핀

(b) 공기압 실린더의 클레비스 막대

그림 4.15 2면 전단 예[출처 : Shutterstock]

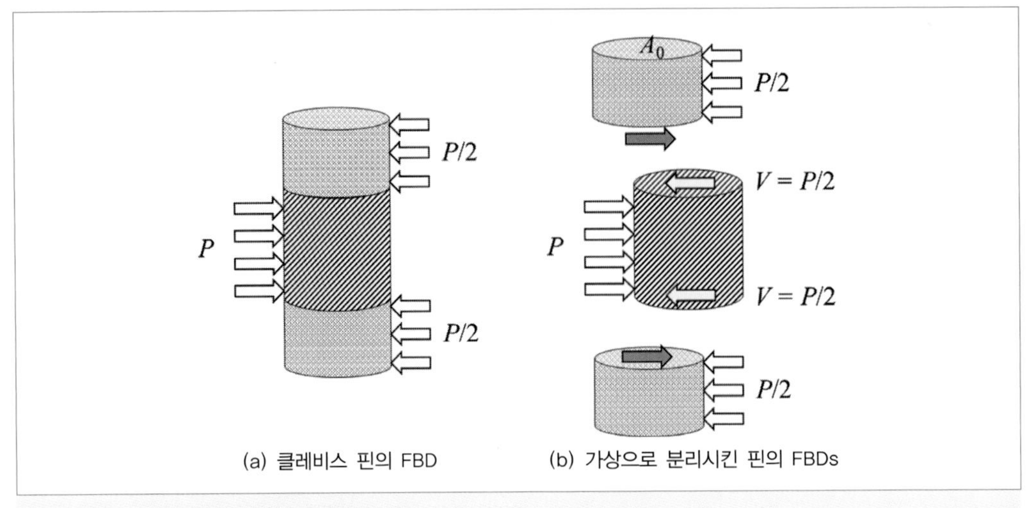

그림 4.16 2면 전단 핀의 자유물체도

선형 탄성인 고체에 전단력이 가해지면 전단 응력과 전단 변형률이 발생되고, 이들 간에는 식 (4.10)과 유사하게 식 (4.12)와 같은 응력-변형률 관계가 성립한다. 식에서 G는 전단 응력과 전단 변형률을 연관지어 주는 상수로서 **전단 계수**(shear modulus)라고 한다.

$$\tau = G\gamma \tag{4.12}$$

4.4 응력의 단위

식 (4.9)와 식 (4.11)에서 알 수 있듯이 응력은 힘을 면적으로 나눈 물리량이므로 단위는 [표 4.1]과 같이 된다. SI 단위계에서 1 Pa은 단면적이 1 m^2인 고체에 수직 또는 수평 방향으로 1 N의 힘이 작용할 때의 응력이므로, 매우 작은 값임을 알 수 있다. 따라서 이의 백만 배인 [MPa] 단위가 많이 사용된다. US 단위계에서 1 psi는 단면적이 1 in^2(약 6.45 cm^2)인 고체에 수직 또는 수평 방향으로 1 lbf(약 4.45 N)의 힘이 작용할 때의 응력, 즉 역시 작은 값이므로 이의 1,000배인 [kpsi] 또는 간략화하여 [ksi] 단위가 많이 사용된다. 한국에서는 kgf/mm^2 단위가 많이 사용되는데, 단면적이 (1 mm)×(1 mm)인 정사각형 단면에 1 kgf(약 9.81 N)의 힘이

표 4.1 힘, 면적 및 응력의 단위

Unit System	SI	US	Korea
Force	N	lbf	kgf
Area	m^2	in^2	mm^2
Stress	$Pa \equiv N/m^2$	$psi \equiv lbf/in^2$	kgf/mm^2
General Unit	MPa	kpsi = ksi	kgf/mm^2
Relations	1 ksi ≒ 6.9 MPa, 1 kgf/mm^2 = 9.81 MPa		

가해지는 경우이므로 큰 응력 상태가 된다.

식 (4.10)과 식 (4.12)에서 수직 변형률(ϵ)과 전단 변형률(γ) 모두 무차원 양인 관계로 Young 계수(E)와 전단 계수(G)는 응력과 같은 단위를 갖게 된다. 또한 응력의 단위는 압력[9]의 단위와 같게 된다. 이와 같이 단위가 같은 관계로 응력과 압력을 혼동하는 경우가 많다. 하지만 두 가지 물리량 사이에는 많은 차이가 있다. 하중의 관점에서 압력은 고체에 가해지는 외력의 일종인 반면, 응력은 압력과 같은 부하에 의해 내부에 생기는 내력에 의해 발생한다. 또한 압력은 방향에 관계없이 항상 일정한 스칼라[10]양인 반면, 응력은 방향뿐만 아니라 대상 면적에도 관계되는 2차 텐서[11]양이다. 압력은 항상 고체 표면에만 작용되는 반면, 응력은 표면을 포함하여 고체 전체에서 발생한다. 다시 말해 압력은 입력, 응력은 그로 인해 발생되는 출력인 셈이다.[12]

4.5 응력의 정의

식 (4.9)와 식 (4.11)에서 평균 응력을 정의하였으나, 실제 응력은 위치에 따라 변하는 경우가 대부분이다. 따라서 응력을 좀 더 정확하게 정의하기 위해서는 새로운 정의가 필요하다. [그

9) 단위면적당 작용하는 힘의 크기로 정의되므로 응력과 같은 단위인 Pa을 사용한다.

10) 압력(pressure), 온도(temperature), 속력(speed)과 같이 방향에 관계없이 크기만 중요한 양을 스칼라(0차 텐서라고도 함)양이라고 한다. 반면 변위(displacement), 속도(velocity), 힘(force) 등과 같이 방향까지 중요한 양을 벡터(1차 텐서라고도 함)양이라고 한다.

11) 텐서에 대해서는 추후 설명할 것이다.

12) 열심히 공부하라고 채근하는 교수자의 압력(입력)으로 인해 스트레스(출력)를 받는 것과 같은 원리이다.

림 4.17] (a)는 1866년 미국 신시내티에 건설된 현수교로서 제작 당시 세계에서 가장 긴 현수교였다. 이러한 현수교들은 수많은 케이블에 의해 큰 부하를 견디게 설계되어 있으며, 이 케이블 중의 하나를 가상 절단하여 나타내면 [그림 4.17] (b)와 같이 된다. 이때 미소 면적 ΔA에 작용하는 힘을 ΔF라고 하면 수직 응력은 식 (4.13)과 같이 정의된다. 공사 현장에서 전단기를 이용해 철근을 자르는 경우를 [그림 4.18]에 나타내었다. 이때 미소 면적 ΔA에 작용하는 힘을 ΔV라고 하면 전단 응력은 식 (4.14)와 같이 정의된다. 즉 응력은 변형률과 마찬가지로 수학적으로는 한 점에 가깝게 정의되는 값이다.

$$\sigma \equiv \lim_{\Delta A \to 0} \frac{\Delta F}{\Delta A} \tag{4.13}$$

$$\tau \equiv \lim_{\Delta A \to 0} \frac{\Delta V}{\Delta A} \tag{4.14}$$

지금까지는 모든 응력을 **단축 하중**(uniaxial loading)인 경우만 살펴보았다. 즉 4.2절에서는 단축 수직 응력, 4.3절에서는 단축 전단 응력을 정의하였다. 그러나 실제 구조물들은 단축 대신 **다축 하중**(multi-axial loading)인 경우가 대부분이다. 이제 단축(1D) 응력을 다축(3D)으로 확장해 보자. 앞서 내력을 설명하면서 양의 면에 대해 잠시 언급하였으나 응력을 정의하기

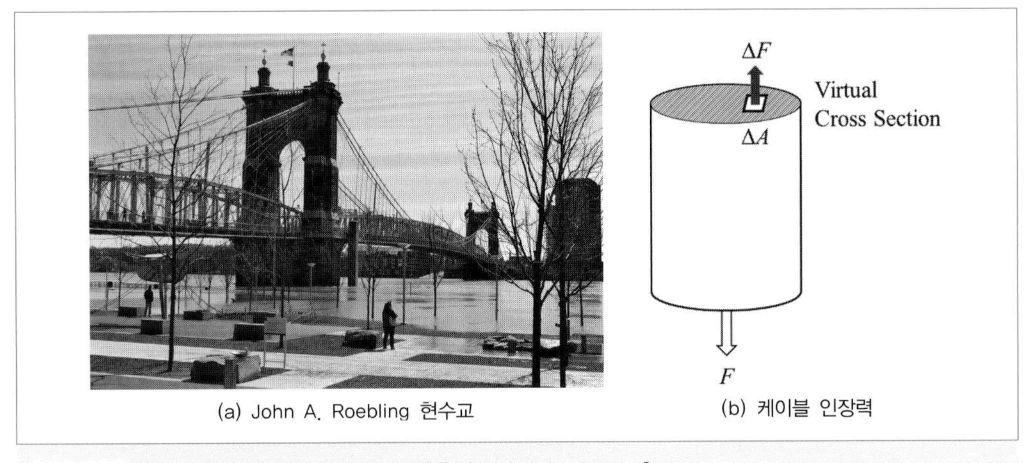

(a) John A. Roebling 현수교
(b) 케이블 인장력

그림 4.17 현수교 및 케이블에 작용하는 힘[출처 : (a) Shutterstock]

(a) 철근을 절단 중인 작업자

(b) 철근에 작용하는 전단력

그림 4.18 철근 절단 시 철근에 작용하는 힘[출처 : (a) Shutterstock]

위해 [그림 4.19] (a)에 양의 면들을 나타내었다. 자연스럽게 그림에 나타낸 반대면들은 음의 면들이 된다. 이와 같이 정의된 양의 면에 양의 방향 힘이 작용할 때 생기는 모든 응력 성분들은 양의 응력으로 정의한다. 예를 들어 (+) x면에 (+) x 방향으로 작용하는 힘(수직력)에 의해 생기는 응력을 σ_{xx}로 나타낸다. 마찬가지로 σ_{yy}와 σ_{zz}도 정의되며, 이들을 [그림 4.19] (b)에 나타내었다. 이들 세 응력 성분은 4.2절에서 설명한 수직 응력에 해당된다. 그림에는 지면 관계상 양의 면만을 대상으로 응력 성분들을 나타내었다. 음의 면에 대해서도 동일한 방법으로 응력 성분들이 정의된다. 예를 들어 (−) x면에 (−) x 방향의 힘(수직력)에 의해

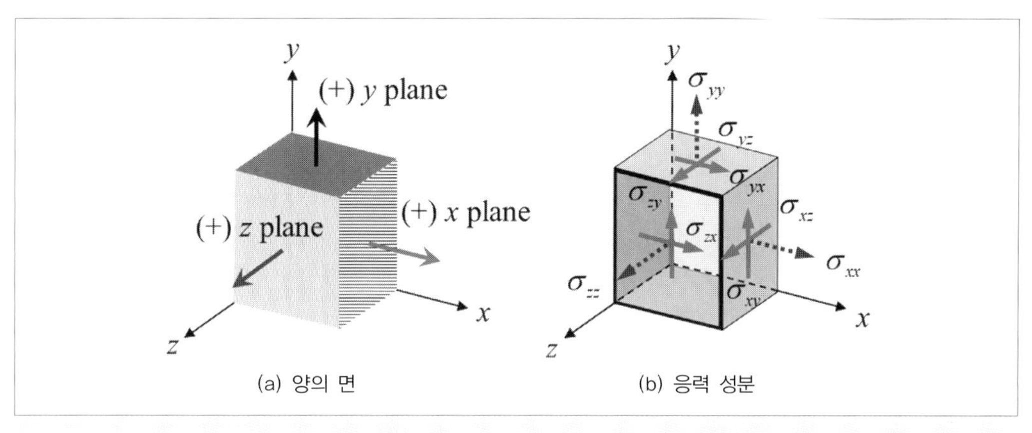

(a) 양의 면

(b) 응력 성분

그림 4.19 양의 면의 정의와 3차원 응력 성분

생기는 응력이 σ_{xx}가 된다. 반면 모든 양의 면에 평행하게 작용하는 (+) 힘에 의해 생기는 응력들은 전단 응력이 된다. 예를 들어 (+) x면에 (+) y 방향으로 작용하는 힘(전단력)에 의해 생기는 응력을 σ_{xy}로 나타낸다. 같은 원리로 나머지 다섯 성분의 전단 응력들이 [그림 4.19] (b)와 같이 정의된다. 그림에 정의된 방향과 반대되는 방향은 모두 (−) 응력으로 생각하면 된다.

지금까지 정의된 모든 응력 성분들을 행렬(matrix) 형태로 나타내면 식 (4.15)와 같이 된다. 식의 σ_{ij}에서 첫 번째 아래 첨자 i는 하중이 작용하는 면을, 두 번째 아래 첨자 j는 힘의 방향을 나타낸다. 이와 같이 2개의 첨자를 가지고 모든 성분을 나타낼 수 있을 때 2차 텐서라고 한다. 이전 절들에서 설명하였듯이 수직 응력과 전단 응력은 성질이 다르다. 가장 큰 차이점은 수직 응력은 길이 변화를, 전단 응력은 각 변화를 야기한다는 점이다. 따라서 공학자들은 수직 응력과 전단 응력 표기를 구분하기를 원하였고 전단 응력은 아래 식의 두 번째 행렬에서처럼 σ 대신 τ로 많이 나타낸다.[13] 이에 덧붙여 공학자들은 수직 응력(σ_{xx}, σ_{yy}, σ_{zz})을 나타낼 때 반복되는 동일한 2개의 첨자 대신 하나의 첨자로 간편하게 나타내기를 원하였고 이를 통해 많은 고체역학 관련 서적들에서는 아래 식의 세 번째 행렬과 같이 응력 성분들을 나타내고 있다.

$$\sigma_{ij} = \begin{pmatrix} \sigma_{xx} & \sigma_{xy} & \sigma_{xz} \\ \sigma_{yx} & \sigma_{yy} & \sigma_{yz} \\ \sigma_{zx} & \sigma_{zy} & \sigma_{zz} \end{pmatrix} \rightarrow \begin{pmatrix} \sigma_{xx} & \tau_{xy} & \tau_{xz} \\ \tau_{yx} & \sigma_{yy} & \tau_{yz} \\ \tau_{zx} & \tau_{zy} & \sigma_{zz} \end{pmatrix} \rightarrow \begin{pmatrix} \sigma_{x} & \tau_{xy} & \tau_{xz} \\ \tau_{yx} & \sigma_{y} & \tau_{yz} \\ \tau_{zx} & \tau_{zy} & \sigma_{z} \end{pmatrix} \tag{4.15}$$

4.6 평면 응력

앞서 실제 구조물들은 대부분 3D 응력 상태임을 언급하였다. 여기서 한 가지 생각해 볼 것은 응력을 측정할 수 있는가이다. 결론부터 말하자면 기본적으로 응력은 내력에 기초하고 있기 때문에 측정할 수 없다. 즉 응력은 가상 절단을 통해서만 개념적으로 알 수 있을 뿐 측정은 불가능하다. 하지만 응력을 계산 또는 해석할 수는 있다. 만약 변형률과 응력 간의 관계를

13) 이론 역학이나 물리학에서는 응력을 σ_{ij}로만 나타내는 경우가 대부분이다.

사전에 알고 있다면 제3장에서 살펴본 변형률을 측정한 다음, 이를 응력으로 바꿀 수 있기 때문이다.[14] 결국 변형률 측정이 가능한 곳은 눈에 보이거나 센서를 부착할 수 있는 곳인 물체의 표면이라는 결론을 얻을 수 있다. 여기서 고체 표면의 응력 상태를 살펴보자. 모든 고체의 표면은 **자유 표면**(free surface)이므로 [그림 4.19] (b)에서 굵은 실선으로 나타낸 표면(수직한 방향이 z 방향)의 경우 z 방향 성분의 힘은 가해질 수 없다. 다시 말해 해당 면에는 F_z는 작용할 수 없다. 이 경우 해당 면에 생길 수 있는 응력 성분은 σ_x, σ_y, τ_{xy}뿐이다. 이와 같이 어느 한 축과 관련된 응력 성분들이 모두 0이거나 무시할 수 있을 만큼 작을 때의 응력 상태를 **평면 응력**(plane stress) 상태 또는 **2차원 응력**(2D stress) 상태라고 부른다. 예를 들어 $x-y$ 평면상에서의 평면 응력 상태를 [그림 4.20] (a)에 나타내었다. 그림에서 이해의 편의성을 위해 모든 응력은 양의 방향으로 나타내었다.

[그림 4.20] (a)의 평면 응력 상태에 대해 자유물체도를 고려해 보자. 이때 주의할 것은 자유물체도를 그릴 때는 항상 힘이나 모멘트로 나타내야 하는 것이다. 따라서 (a)에 나타낸 응력 상태에 각각의 미소 면적을 곱해 힘으로 나타내면 [그림 4.20] (b)와 같이 된다.[15] 이 자유물체도에 대해 힘 평형식을 적용하면 이미 자체 평형 상태임을 알 수 있다. 왜냐하면 x 및 y 방향의 경우 크기가 같고 방향이 서로 다른 두 힘이 작용하고 있으며, z 방향의

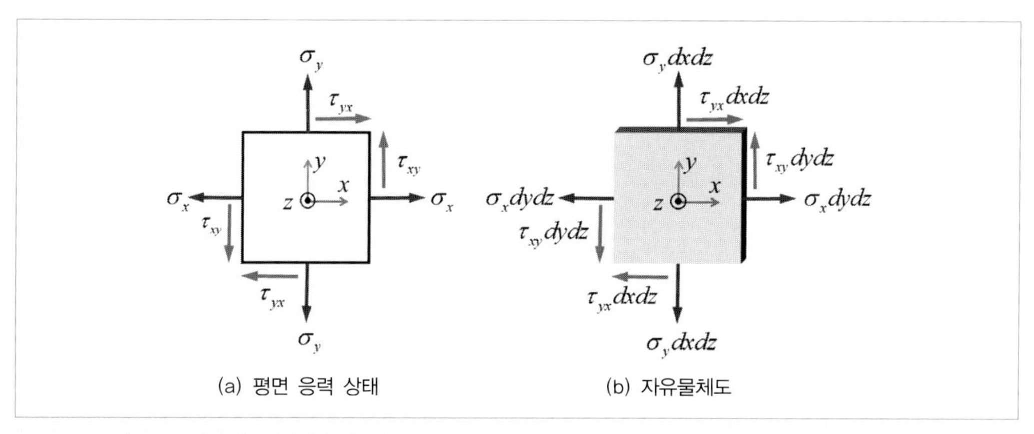

그림 4.20 $x-y$ 평면상에서의 평면 응력 상태와 자유물체도

14) 이 과정은 제5장에서 자세히 설명할 것이다.

15) 그림의 명확성을 위해 나타내지 않았으나 x, y, z 방향의 길이가 각각 dx, dy, dz인 미소 요소이다.

힘은 없기 때문이다. 다음으로 모멘트 평형식을 적용한다. 편의상 미소 요소의 좌측 아래 모서리에 대해 모멘트 평형을 고려하면 식 (4.16)과 같이 된다. 즉 전단 응력의 경우 아래 첨자의 순서를 맞바꿔도 무방하다. 따라서 이후로는 τ_{yx} 대신 τ_{xy}로 나타낼 것이다. 결론적으로 x-y 평면상에서의 평면 응력 상태의 경우 독립적인 응력 성분은 총 3개(σ_x, σ_y, τ_{xy})가 됨을 알 수 있다.

$$\Sigma M_z = (\tau_{xy} dydz)dx - (\tau_{yx} dxdz)dy = 0 \tag{4.16}$$

$$\tau_{xy} = \tau_{yx}$$

4.7 평면 응력 상태에서의 응력 변환

[그림 4.21] (a)에서와 같이 x-y 평면상의 한 점 $P(1,\ 1)$를 고려해 보자. 이 점은 x축에서 반시계 방향으로 45° 회전시킨 새로운 직각 좌표계인 n-t 좌표계상에서는 $P'(\sqrt{2},\ 0)$가 된다. 그러나 이 점은 공간상에서 이동한 것이 아니고 그 점을 바라보는 기준만 변경된 것이다. 즉 공간상에서 동일한 점이지만 이를 기술하는 좌표계가 바뀌면 좌표 성분들이 바뀌게 됨을 알 수 있다. 이를 **좌표 변환**(coordinate transformation)이라고 한다.

응력도 좌표계를 변경할 경우 응력 성분들이 바뀌게 된다. 앞 절에서 살펴본 평면 응력 상태에 대해 좌표 변환에 따른 응력 성분 변화를 유도해 보자. [그림 4.20] (a)에 나타낸 평면 응력 상태를 새로운 좌표계(n-t)와 함께 [그림 4.22] (a)에 나타내었다. 그림에 나타낸 가상선

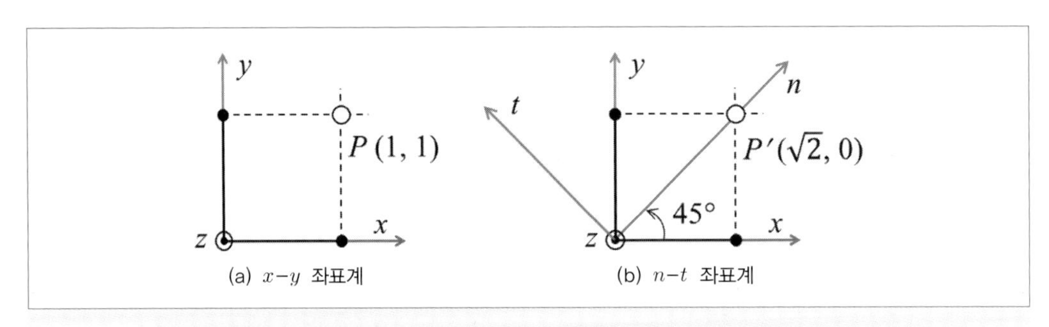

그림 4.21 좌표계 변환에 따른 공간상의 성분 변화

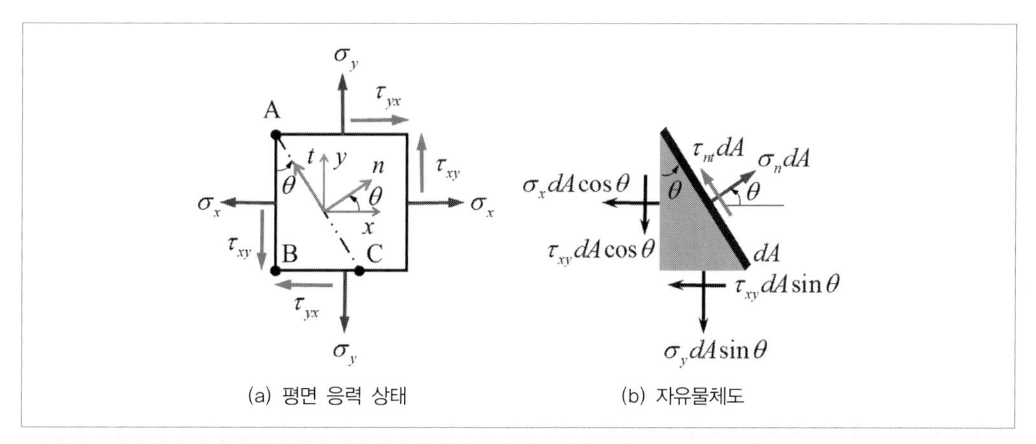

그림 4.22 $x-y$ 및 $n-t$ 평면상에서의 평면 응력 상태와 자유물체도

(이점쇄선)은 x면(또는 y-z면)을 반시계 방향으로 θ만큼 회전시킨 면이고, 이 면에 수직한(normal) 축을 n, 면에 접하는(tangential) 축을 t로 설정한다. 이 경우 삼각형 미소 요소에 대해 자유물체도를 그리면 [그림 4.22] (b)와 같이 된다. 여기서는 [그림 4.20] (b)에서와 달리 경사면의 면적을 편의상 dA로 설정하였다.[16)]

다음으로 n 방향과 t 방향으로의 힘 평형을 고려하기 위해 x-y 방향의 힘 성분을 n-t 방향의 성분으로 나타낸다. 이를 위해서 삼각형의 각도와 삼각함수에 대한 기본적인 지식이 필요하다. 먼저 n 방향으로의 힘 성분(또는 분력)만을 나타내면 [그림 4.23]과 같다. 그림에서 원래 힘들은 파선으로 나타내었고 힘 성분들은 실선으로 표시하였다. [그림 4.23]에서 힘 성분을 보다 명확히 나타내기 위해 전단력을 일부러 오른쪽과 위쪽으로 옮겨 표시하였다. 그림에서 θ와 같은 크기의 각을 점(•)으로 나타내었다. 이 자유물체도에 대해 n 방향의 힘 평형을 적용하면 식 (4.17)과 같이 되고, 이 식의 양변을 0이 아닌 미소 면적 dA로 나누어 정리하면 식 (4.18)을 얻을 수 있다. 다음으로 t 방향으로의 힘 성분(또는 분력)만을 나타내면 [그림 4.24]와 같다. 이 자유물체도에 대해 t 방향의 힘 평형을 적용하면 식 (4.19)와 같이 되고, 이 식의 양변을 0이 아닌 미소 면적 dA로 나누고 동류항끼리 묶어 간단하게 정리하면 식 (4.20)을 얻을 수 있다. 식 (4.18)과 식 (4.20)을 평면 응력 상태에서의 **응력변환식**(stress transformation equation)이라고 부른다.

16) 미소 면적 대신 미소 길이를 설정한 뒤, 두께를 고려하여 식을 전개하면 동일한 결과를 얻게 된다.

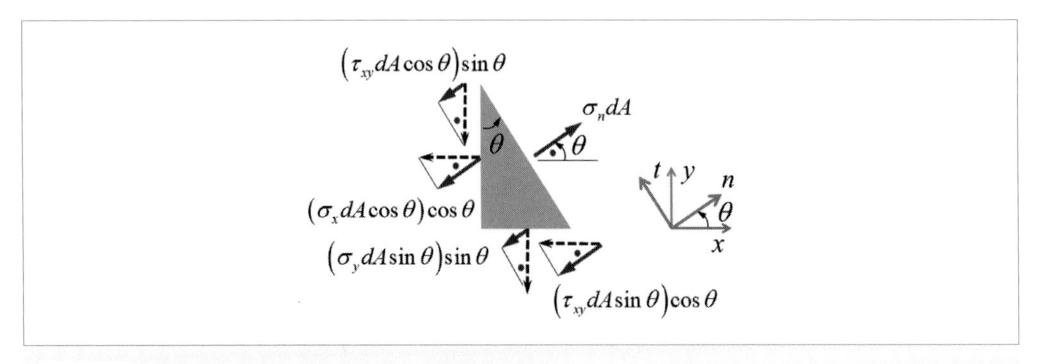

그림 4.23 평면 응력 상태 미소 요소의 n 방향 힘 성분

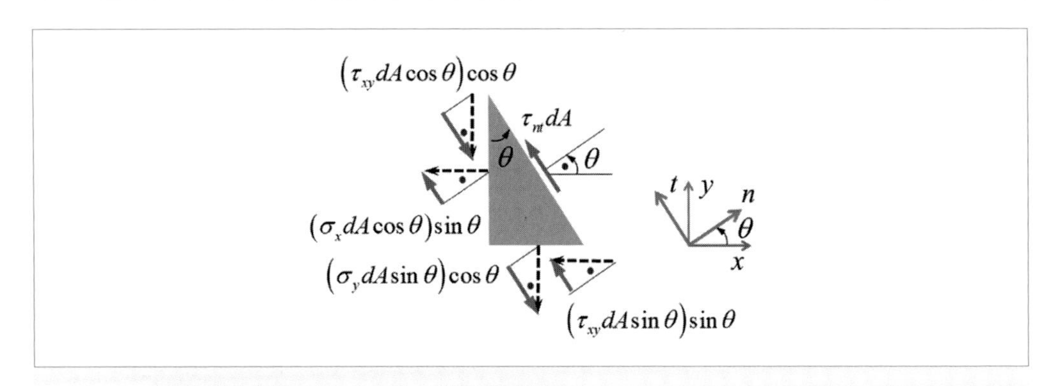

그림 4.24 평면 응력 상태 미소 요소의 t 방향 힘 성분

$$\Sigma F_n = \sigma_n dA - \sigma_x \cos^2\theta dA - \sigma_y \sin^2\theta dA - 2\tau_{xy}\sin\theta\cos\theta dA = 0 \tag{4.17}$$

$$\sigma_n = \sigma_x \cos^2\theta + \sigma_y \sin^2\theta + 2\tau_{xy}\sin\theta\cos\theta \tag{4.18}$$

$$\Sigma F_t = \tau_{nt} dA + (\sigma_x - \sigma_y)\sin\theta\cos\theta dA + \tau_{xy}(\sin^2\theta - \cos^2\theta) dA = 0 \tag{4.19}$$

$$\tau_{nt} = (-)(\sigma_x - \sigma_y)\sin\theta\cos\theta + \tau_{xy}(\cos^2\theta - \sin^2\theta) \tag{4.20}$$

예제 4.2 단면적 A_0인 봉에 축 하중 P가 작용하는 경우 수직면과 45° 경사면에서의 응력 성분을 구해 보라. 모든 결과를 외력(P)과 수직 단면적(A_0)의 함수로 나타내라.

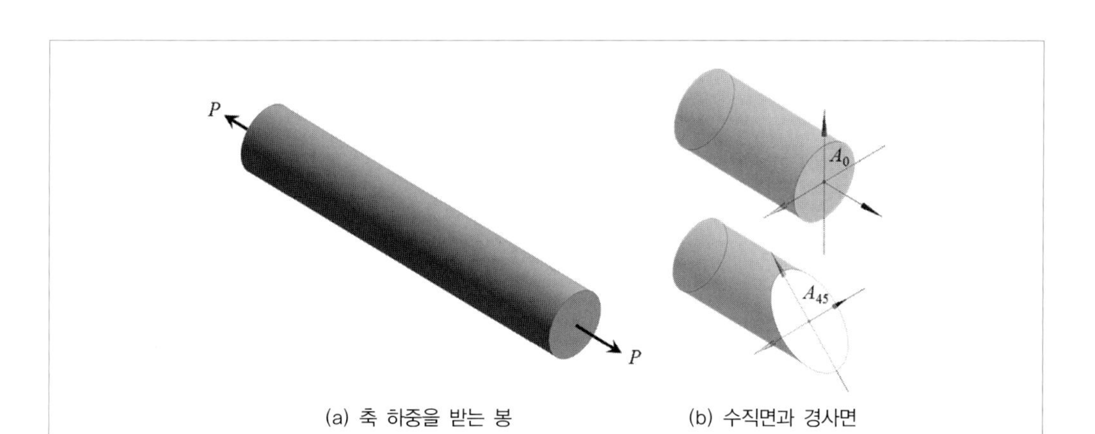

그림 4.25 축 하중을 받는 봉

해법 예 1 FBD 방법

수직 단면에서의 응력 성분(σ_0)은 공칭 응력의 정의에 따라 $\sigma_0 = P/A_0$가 된다. 경사면에서의 응력 성분을 구하기 위해 [그림 4.26] (a)와 같이 경사면을 가상 절단하여 FBD를 나타내었다. 그림에서 알 수 있듯이 경사면에는 외력 P와 같은 크기의 내력 $F(=P)$가 존재한다. 이 경사면의 단면적은 [그림 4.26] (b)에서와 같이 더 넓어지게 된다. 경사면의 내력을 경사면에 수직한 방향과 평행한 방향으로 분력을 잡으면 [그림 4.26] (c)와 같다. 이 경우 [그림 4.22]에서 설정한 좌표와 비교해 볼 때 N은 양의 방향, V는 음의 방향임을 알 수 있다. 따라서 경사면에서의 응력 성분을 계산하면 다음과 같다.

$$\sigma_{45} = \frac{N}{A_{45}} = \frac{P\cos 45°}{A_0/\cos 45°} = \frac{P}{A_0}\cos^2 45° = \frac{P}{2A_0} = \frac{\sigma_0}{2} \tag{4.21}$$

$$\tau_{45} = (-)\frac{V}{A_{45}} = (-)\frac{P\sin 45°}{A_0/\cos 45°} \tag{4.22}$$

$$= (-)\frac{P}{A_0}\sin 45°\cos 45° = (-)\frac{\sigma_0}{2}$$

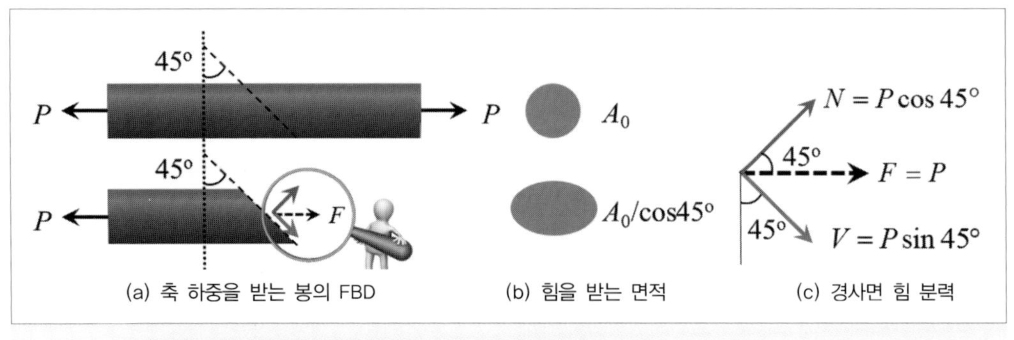

그림 4.26 자유물체도를 이용한 경사면에서의 응력 성분 계산

해법 예 2 응력변환식을 이용하는 방법

문제에서 주어진 조건들을 응력변환식에 대입하면 된다. 이때 주의할 것은 좌표와 각도이다. [그림 4.22]에서는 좌표축을 기준으로 양의 각도를 약속하였다. 면의 경우 좌표축에 수직한 면을 기준으로 각도를 잡으면 된다. 따라서 [그림 4.26] (a)의 경사면의 경우 각도 θ는 (+) 45°가 된다. 즉 수직 단면을 반시계 방향으로 45° 회전시키면 우리가 대상으로 하는 경사면이 됨을 알 수 있다. 수평축을 x 축으로 설정한 뒤 $\theta = 45°$를 식 (4.18)과 식 (4.20)에 대입하면 식 (4.23)과 식 (4.24)와 같은 결과를 얻게 된다. 식에서 $\sigma_x = \sigma_0$ 이외의 모든 응력 성분들은 모두 0이다. 앞의 해법 예 1과 동일한 결과를 얻게 되며 훨씬 수월하게 응력 성분들을 계산할 수 있다.

$$\begin{aligned}\sigma_{45} &= \sigma_x \cos^2\theta + \sigma_y \sin^2\theta + 2\tau_{xy}\sin\theta\cos\theta\big|_{\theta=45°} \\ &= \sigma_0 \cos^2 45° = \sigma_0/2\end{aligned} \tag{4.23}$$

$$\begin{aligned}\tau_{45} &= (-)(\sigma_x - \sigma_y)\sin\theta\cos\theta + \tau_{xy}(\cos^2\theta - \sin^2\theta)\big|_{\theta=45°} \\ &= (-)\sigma_0 \sin 45° \cos 45° = (-)\sigma_0/2\end{aligned} \tag{4.24}$$

추가 검토 각도에 따른 응력 성분 변화

앞의 문제에서는 특정 각($\theta=45°$)에 대한 수직 응력과 전단 응력 성분들을 계산해 보았다. 여기서는 임의의 각(θ)에 대한 두 응력 성분의 변화를 살펴본다. 이 경우 식 (4.25)와 식 (4.26)을 얻게 된다. 식에서 삼각함수의 배각 공식[17](또는 제곱 공식)을 활용하여 마지막 두 식을 유도하였다. 편의상 σ_0를 2 MPa로 두고 각 변화에 따른 응력 성분 변화를 계산해 그래프로 나타내면 [그림 4.27]과 같게 된다.

$$\sigma_n(\theta) = \sigma_x\cos^2\theta + \sigma_y\sin^2\theta + 2\tau_{xy}\sin\theta\cos\theta \tag{4.25}$$

$$= \sigma_0\cos^2\theta = \sigma_0\frac{1+\cos2\theta}{2}$$

$$\tau_{nt}(\theta) = (-)(\sigma_x - \sigma_y)\sin\theta\cos\theta + \tau_{xy}(\cos^2\theta - \sin^2\theta) \tag{4.26}$$

$$= (-)\sigma_0\sin\theta\cos\theta = (-)\sigma_0\frac{\sin2\theta}{2}$$

[그림 4.27]의 그래프로부터 다음과 같은 사항들을 관찰할 수 있다.

- 축 하중에 의해 발생된 응력 상태는 그대로이지만 각도에 따라 응력 성분이 바뀐다.
- 응력 변화는 $180°(=\pi)$를 주기로 동일한 양상이 반복된다.
- 수직 응력과 전단 응력 모두 최댓값과 최솟값이 존재한다.
- 전단 응력이 0이 되는 각도에서 수직 응력은 최대 또는 최소가 된다.
- 최대 전단 응력값(=1)은 최대 수직 응력값(=2)의 절반이다.
- 각도가 90°일 때(봉의 표면에 해당됨) 두 응력 모두 0이 된다.
- 0°와 180°에서 수직 응력은 최대가 된다.
- 전단 응력은 45°와 135°에서 최소 또는 최대가 된다.

17) 동일한 각을 2배로 했을 때 기존 삼각함수로 어떻게 표현되는지를 알려준다. 이 공식은 Sine과 Cosine의 덧셈 공식으로부터 유도할 수 있다.
$\sin(2\theta) = 2\sin\theta\cos\theta$
$\cos(2\theta) = \cos^2\theta - \sin^2\theta = 2\cos^2\theta - 1 = 1 - 2\sin^2\theta$

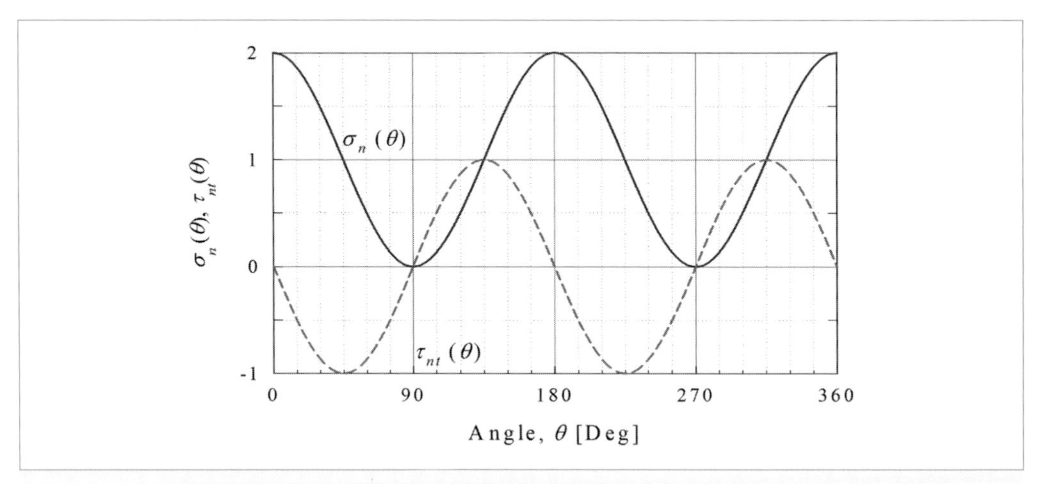

그림 4.27 각 변화에 따른 수직 응력과 전단 응력 변화

4.8 평면 응력 상태에서의 주응력과 최대 전단 응력

앞 절에서 축 하중을 받는 부재에 대해 각도에 따른 응력 성분 변화를 살펴보았다. 축 하중 부재의 경우 축 방향 응력 이외의 모든 응력은 모두 0이 되어 응력 변화를 쉽게 계산 및 관찰할 수 있었다. 하지만 축 하중 부재가 아닌 경우 다른 응력 성분들이 존재하기 때문에 응력 변화를 쉽게 알기 어려우며, 응력 성분 변화를 관찰하기 위해 항상 [그림 4.27]과 같은 그래프를 그리는 것도 매우 번거로운 일이다.

일반적으로 응력기반 설계에서는 최대 응력에 관심이 많다. 우리 주변에서 쉽게 구할 수 있는 분필을 잡아당기거나(인장) 굽히는 경우 [그림 4.28]의 위쪽 그림과 같이 0°면에서 파손되며, 누르거나(압축) 비트는 경우 아래쪽 그림과 같이 45°면에서 파손되는 경우가 많다. 0° 방향은 [그림 4.27]에서 알 수 있듯이 최대 수직 응력이 발생하는 면이며, 45° 방향은 최대(또는 최소) 전단 응력이 발생하는 면이다. 이로부터 최대 수직 응력이나 최대 전단 응력과 파손은 밀접한 관계가 있음을 간접적으로 알 수 있다. 파손에 대해서는 제8장에서 상세하게 다룰 것이다.

주어진 평면 응력 상태(σ_x, σ_y, τ_{xy})에서 최대 수직 응력과 최대 전단 응력을 구하는 방법

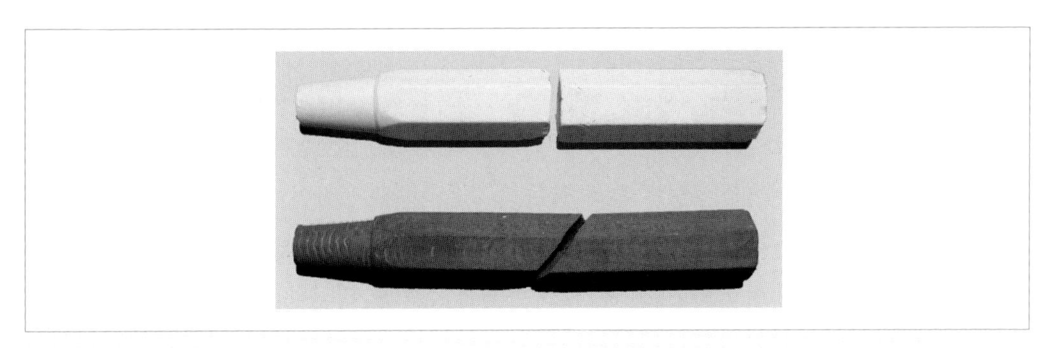

그림 4.28 **분필 파손 예**

을 알아보자. 먼저 삼각함수의 배각(또는 제곱) 공식을 활용하여 수직 응력 변환식 (4.18)을 변경하면 식 (4.27)과 같이 된다. 식에 있는 3개의 식은 모두 같은 식이다. 이 경우 주어진 응력 상태에서 최대(또는 최소) 수직 응력이 발생하는 각도를 찾으려면 식 (4.27)을 각 θ에 대해 1회 미분하여 도함수가 0이 되는 각을 찾으면 된다. 이 과정을 통해 식 (4.28)을 얻게 되며, 이 각도를 최대 수직 응력각 또는 줄여서 **주응력각**(principal angle)이라고 하며, 첨자 'p'를 붙여 나타내기로 한다.

$$\begin{aligned}\sigma_n(\theta) &= \sigma_x \cos^2\theta + \sigma_y \sin^2\theta + 2\tau_{xy}\sin\theta\cos\theta \\ &= \sigma_x \frac{1+\cos 2\theta}{2} + \sigma_y \frac{1-\cos 2\theta}{2} + \tau_{xy}\sin 2\theta \\ &= \frac{\sigma_x+\sigma_y}{2} + \frac{\sigma_x-\sigma_y}{2}\cos 2\theta + \tau_{xy}\sin 2\theta\end{aligned} \tag{4.27}$$

$$\frac{d\sigma_n(\theta)}{d\theta} = (-)2\frac{\sigma_x-\sigma_y}{2}\sin 2\theta + 2\tau_{xy}\cos 2\theta = 0 \tag{4.28}$$

$$\frac{\sigma_x-\sigma_y}{2}\sin 2\theta = \tau_{xy}\cos 2\theta$$

$$\tan 2\theta_p = \frac{\tau_{xy}}{(\sigma_x-\sigma_y)/2}$$

최대(최소) 수직 응력이 발생하는 각(주응력각)을 알게 되었으므로, 이를 식 (4.27)에 대입하면 최대(최소) 수직 응력값을 구할 수 있게 된다. 그러나 식 (4.27)의 경우 Cosine 함수와 Sine 함수로 되어 있는 반면, 식 (4.28)은 Tangent 함수로 되어 있어 삼각함수의 정의를 활용한 변환이 필요하다. 이를 위해 [그림 4.29]와 같은 직각삼각형을 통하여 우리가 원하는 삼각함수 값들을 얻어 대입한다. 그림으로부터 $\cos 2\theta_p$와 $\sin 2\theta_p$ 값을 쉽게 얻을 수 있다. 이를 통해 식 (4.29)를 얻을 수 있다. [그림 4.27]에서 최댓값과 최솟값은 90°의 차이가 있으므로 각에 θ_p 대신 $\theta_p + 90°$를 대입하면 식 (4.29)와 형태가 같고 근호 앞의 부호가 음이 되는 식을 얻게 된다. 이를 식 (4.30)에 나타내었고, 이 식을 통해 최대 수직 응력과 최소 수직 응력값을 계산할 수 있다. 이와 같은 과정을 통해 얻은 수직 응력값들을 **주응력**(principal stress)이라고 한다.

$$\sigma_n(\theta_p) = \frac{\sigma_x + \sigma_y}{2} + \frac{\sigma_x - \sigma_y}{2}\cos 2\theta_p + \tau_{xy}\sin 2\theta_p \tag{4.29}$$

$$= \frac{\sigma_x + \sigma_y}{2} + \frac{\sigma_x - \sigma_y}{2}\frac{\frac{\sigma_x - \sigma_y}{2}}{R} + \tau_{xy}\frac{\tau_{xy}}{R}$$

$$= \frac{\sigma_x + \sigma_y}{2} + \sqrt{\left(\frac{\sigma_x - \sigma_y}{2}\right)^2 + \tau_{xy}^2}$$

$$\sigma_{p1,p2} = \frac{\sigma_x + \sigma_y}{2} \pm \sqrt{\left(\frac{\sigma_x - \sigma_y}{2}\right)^2 + \tau_{xy}^2} \tag{4.30}$$

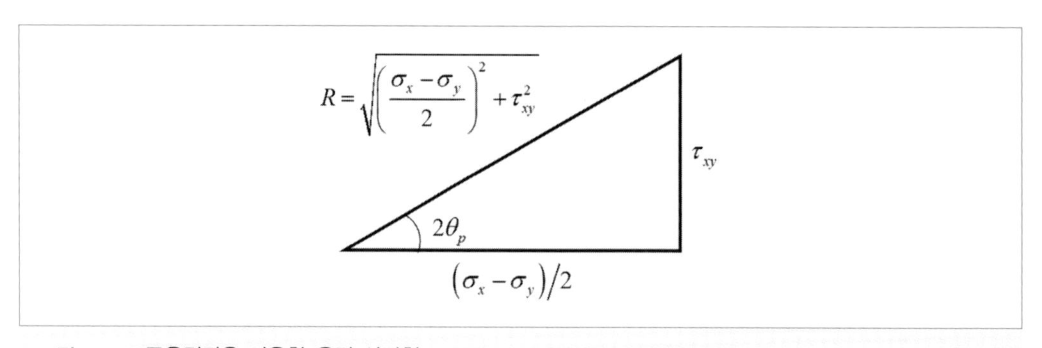

그림 4.29 주응력각을 이용한 응력 삼각형

다음으로 최대 전단 응력을 구할 수 있는 식을 유도해 본다. 삼각함수의 배각(또는 제곱) 공식을 활용하여 전단 응력 변환식 (4.20)을 변경하면 식 (4.31)과 같이 된다. 이 식은 식 (4.28)의 첫 번째 식과 같은 형태임을 알 수 있다. 이로부터 전단 응력이 0인 각에서 수직 응력은 최대(또는 최소)가 됨을 알 수 있다. 식 (4.31)을 이용하여 주응력을 구할 때와 동일한 과정을 거치면 식 (4.32)를 얻을 수 있다. 이 과정을 통해 얻은 전단 응력을 **최대(최소) 전단 응력**이라고 하며, 식 (4.30)의 우측 두 번째 항과 같음을 알 수 있다.

$$\begin{aligned}\tau_{nt} &= (-)(\sigma_x - \sigma_y)\sin\theta\cos\theta + \tau_{xy}(\cos^2\theta - \sin^2\theta) \\ &= (-)\frac{\sigma_x - \sigma_y}{2}\sin 2\theta + \tau_{xy}\cos 2\theta\end{aligned} \tag{4.31}$$

$$\tau_{p1,p2} = \pm\sqrt{\left(\frac{\sigma_x - \sigma_y}{2}\right)^2 + \tau_{xy}^2} = \pm R \tag{4.32}$$

예제 4.3 [그림 4.30]과 같은 평면 응력 상태를 갖는 한 점에서의 주응력들(σ_1, σ_2, σ_3)[18]을 모두 구하고, 최대 주응력(σ_1)과 최대 주응력각(θ_p), 그리고 최대 전단 응력($\tau_{\max}$)을 구하라.

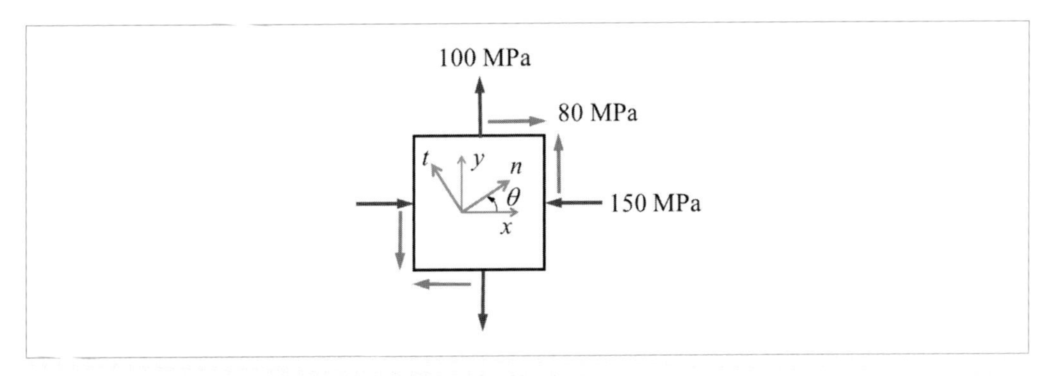

그림 4.30 평면 응력 상태의 예

18) 3개의 주응력을 크기에 상관없이 나열할 때는 σ_{p1}, σ_{p2}, σ_{p3}와 같이 나타내고, 대수적인 크기까지 고려해 나타낼 때는 $\sigma_1 \geqq \sigma_2 \geqq \sigma_3$로 나타내기로 약속한다. 또한 주응력은 항상 3개임을 잊지 말자.

해법 예 문제에서 주어진 값들을 이 절에서 유도한 해당 식들에 대입하면 된다. 이때 주의할 것은 응력 상태를 정확하게 표현해야 하는 것이다. 즉 [그림 4.30]의 응력 상태를 값으로 표현하면 식 (4.33)과 같다.

$$\sigma_x = (-)150 \text{ MPa}, \ \sigma_y = 100 \text{ MPa}, \ \tau_{xy} = 80 \text{ MPa} \tag{4.33}$$

식 (4.33)에 나타낸 응력 상태를 그림으로 나타낼 때 잘못 표시하는 경우가 많다. 이러한 예를 [그림 4.31]에 나타내었다. (a)는 [그림 4.30]과 같아 보이지만 가장 중요한 좌표가 빠져 있다. 좌표가 빠져 있는 상태에서의 값들은 무의미하므로 항상 좌표를 함께 나타내야 한다. 다음으로 (b)와 식 (4.33)을 비교해 보면 모든 것이 맞는 것처럼 보인다. 하지만 이 경우는 σ_x를 잘못 나타낸 것이다. 그림에는 응력의 방향을 나타내는 화살표가 있으므로 이미 음의 부호를 사용한 것이나 다름없다. 따라서 음의 화살표가 있는 상태에서 다시 음의 값을 주면 실제로는 양의 응력을 나타내는 것이다. 만약 식 (4.33)에 나타낸 값들과 동일하게 응력 상태를 나타내고 싶은 경우 [그림 4.32]와 같이 모든 응력 상태를 양의 방향으로 나타낸 다음 실제 값들을 적어 넣으면 된다. 즉 [그림 4.30]과 [그림 4.32]는 완전히 같은 응력 상태를 나타낸다.

이제 식 (4.33)의 값들을 우리가 유도한 식들에 대입해 보자. 가장 먼저 식 (4.30)을 이용해 주응력들을 구하면 식 (4.34)와 같다. 그러나 이 값들은 단지 2개의 주응력이므로 모든 주응력을 나타내기 위해서는 대수적인 크기까지 고려하여 나타내는 것이 좋다. 또한 평면 응력 상태인 경우 제3의 주응력($\sigma_{p3}=0$)을 절대 잊으면 안 된다. 따라서 우리가 구하고자 하는 모든

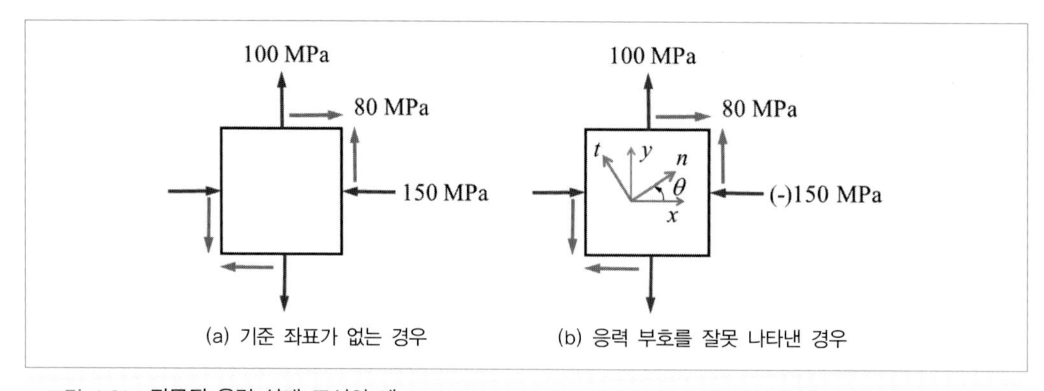

그림 4.31 잘못된 응력 상태 표시의 예

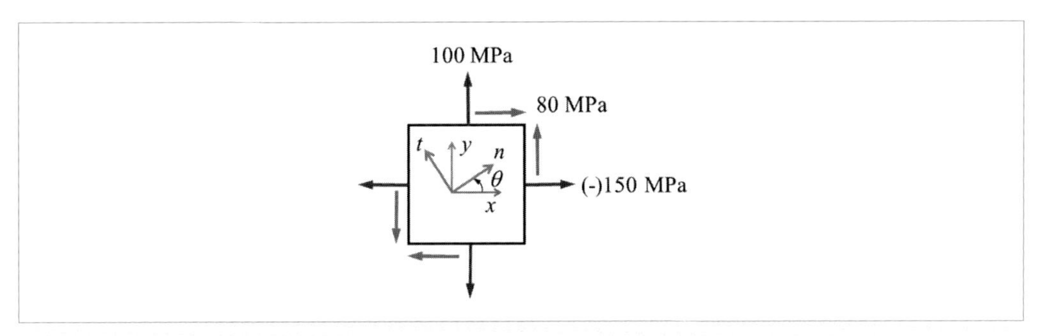

그림 4.32 모든 응력 화살표를 양의 방향으로 나타낸 올바른 표기

주응력은 식 (4.35)와 같으며, 최대 주응력값은 123.4 MPa이 된다.

$$\sigma_{p1,p2} = \frac{\sigma_x + \sigma_y}{2} \pm \sqrt{\left(\frac{\sigma_x - \sigma_y}{2}\right)^2 + \tau_{xy}^2} \tag{4.34}$$

$$= \frac{(-)150 + 100}{2} \pm \sqrt{\left(\frac{(-)150 - 100}{2}\right)^2 + 80^2}$$

$$= 123.4 \text{ MPa}, -173.4 \text{ MPa}$$

$$\sigma_1 = 123.4 \text{ MPa} \tag{4.35}$$

$$\sigma_2 = 0 \text{ MPa}$$

$$\sigma_3 = (-)173.4 \text{ MPa}$$

최대 주응력각과 최대 전단 응력은 식 (4.28)과 식 (4.32)를 이용하여 구하면 된다. 특히 최대 전단 응력은 주응력식에서 근호 안의 값이기 때문에 주응력 계산 시 동시에 계산하면 편리하다. 이를 식 (4.36)과 식 (4.37)에 나타내었다.

$$\tan 2\theta_p = \frac{\tau_{xy}}{(\sigma_x - \sigma_y)/2} \tag{4.36}$$

$$\theta_p = \frac{1}{2}\tan^{-1}\frac{\tau_{xy}}{(\sigma_x - \sigma_y)/2}$$

$$= \frac{1}{2}\tan^{-1}\frac{80}{(-150-100)/2} = (-)16.3°$$

$$\tau_{max} = \sqrt{\left(\frac{\sigma_x - \sigma_y}{2}\right)^2 + \tau_{xy}^2} \qquad (4.37)$$

$$= \sqrt{\left(\frac{(-)150-100}{2}\right)^2 + 80^2}$$

$$= 148.4 \text{ MPa}$$

4.9 Mohr의 응력원

계산기나 컴퓨터가 보편화되기 이전에는 삼각함수를 계산하기 어려웠기 때문에 식 (4.27)과 식 (4.31)을 이용하여 응력 변환을 수행하기 어려웠다. 이를 해결하기 위해 Mohr[19]는 식 (4.27)의 우측에 있는 상수항을 좌측으로 옮겨 식 (4.38)과 같이 변경하고 식 (4.31)과 함께 비교하면서 획기적인 아이디어를 떠올렸다. 즉 식 (4.38)과 식 (4.39)의 양변을 제곱한 뒤 더하면 식 (4.40)을 얻게 되는데, 이는 우리가 알고 있는 원의 방정식이 되며, 삼각함수 계산 없이 응력 변환을 할 수 있게 된 것이다. 일반적인 원의 방정식[20]과 식 (4.40)을 비교해 보면, 식 (4.40)은 수평축(x)을 수직 응력(σ_n), 수직축(y)을 전단 응력(τ_{nt})으로 했을 때 원의 중심이 $\left(\frac{\sigma_x + \sigma_y}{2}, 0\right)$이고, 반경이 R인 원의 방정식이 되며, 이를 **Mohr의 응력원**(Mohr's stress circle)이라고 한다.

19) Otto Mohr(1835~1918) : 독일의 공학자

20) $(x-a)^2 + (y-b)^2 = R^2$의 경우 중심이 $(a,\ b)$이고 반경이 R인 원이 된다.

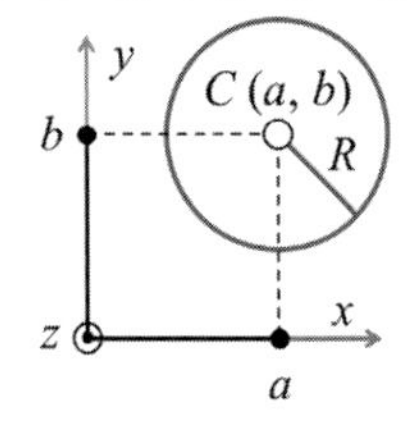

$$\sigma_n(\theta) - \frac{\sigma_x + \sigma_y}{2} = \frac{\sigma_x - \sigma_y}{2}\cos 2\theta + \tau_{xy}\sin 2\theta \tag{4.38}$$

$$\tau_{nt}(\theta) = (-)\frac{\sigma_x - \sigma_y}{2}\sin 2\theta + \tau_{xy}\cos 2\theta \tag{4.39}$$

$$\left(\sigma_n - \frac{\sigma_x + \sigma_y}{2}\right)^2 + \tau_{nt}^2 = \left(\frac{\sigma_x - \sigma_y}{2}\right)^2 + \tau_{xy}^2 = R^2 \tag{4.40}$$

식 (4.40)을 이용해 Mohr 원을 작도[21]해 보자. 앞서 잠시 언급했지만 Mohr 원은 일반 원의 방정식을 이해하고 있으면 어렵지 않게 작도할 수 있다. 이를 단계별로 설명하기로 한다. 모든 경우의 응력 상태를 대상으로 Mohr 원 작도 방법을 설명하는 것은 어렵기 때문에 일단 평면 응력 상태를 대상으로 설명한다. 또한 실제 원을 작도하기 위해서는 기호 대신 실제 값들이 필요하므로 〈예제 4.3〉의 [그림 4.30]에 나타낸 응력 상태를 대상으로 설명한다.

Step ❶ **응력축 작도** : 수직 응력(σ)을 수평축으로, 전단 응력(τ)을 수직축으로 하는 좌표축을 [그림 4.33] (a)와 같이 작도한다.[22] 여기서 주의할 것은 수직 응력축의 경우 부호가 중요하므로 축에 화살표를 쓰지만, 전단 응력의 경우에는 부호가 큰 의미가 없으므로 화살표 대신 응력 방향만을 나타낸 것이다.[23]

Setp ❷ **원의 중심 계산** : 원을 그리기 위해서는 중심 점과 반경(또는 직경)을 알아야 한다. 먼저 원의 중심 좌표는 식 (4.40)으로부터 $\left(\frac{\sigma_x + \sigma_y}{2},\ 0\right) = \left(\frac{-150+100}{2},\ 0\right) = (-25,$ $0)$이 된다. Mohr 원의 전단 응력 방향 중심은 항상 0이 되므로 Mohr 원은 수평축인 수직 응력축을 따라서만 이동하며, 수직 방향으로는 절대 이동하지 않는다. [그림 4.33] (b)를 참조하라.

Step ❸ **원의 반경 계산 및 원 작도** : 식 (4.40)의 우변으로부터 원의 반경은 식 (4.41)과 같이

21) Mohr 원 작도를 컴퓨터로 하는 것보다 전통적인 방법으로 직접 그려 보기를 권한다. 이를 위해 필요한 준비물은 보눈종이, 눈금 자, 컴퍼스, 각도기, 필기도구 등이다.

22) 편의성을 위해 $\sigma_n \rightarrow \sigma$, $\tau_{nt} \rightarrow \tau$로 간략화하였다.

23) 전단 응력의 부호와 방향에 대해서는 제6장에서 자세히 다룰 것이다.

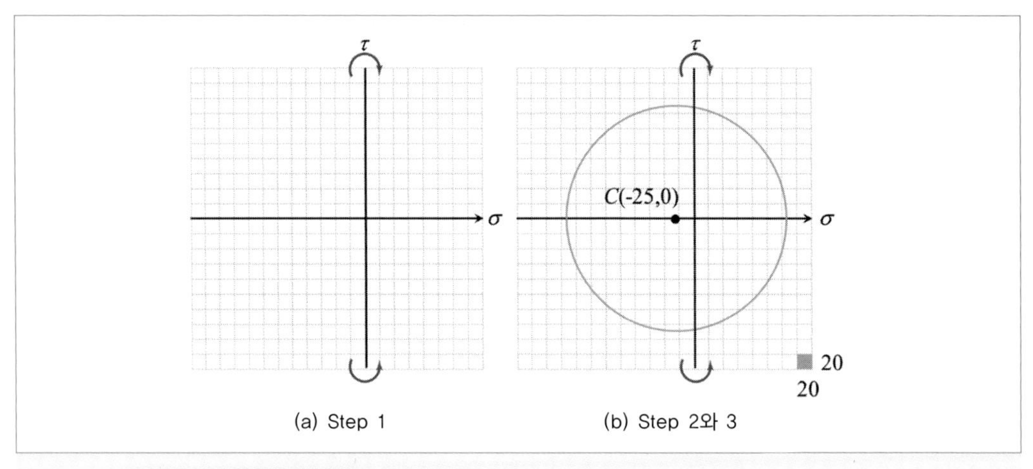

그림 4.33 Mohr 원 작도 과정

된다. 앞서 계산한 중심점과 다음 식에서 계산된 반경을 가지고 컴퍼스로 원을 그린다. [그림 4.33] (b)를 참조하라.

$$R = \sqrt{\left(\frac{\sigma_x - \sigma_y}{2}\right)^2 + \tau_{xy}^2} \tag{4.41}$$

$$= \sqrt{\left(\frac{-150-100}{2}\right)^2 + 80^2} = 148.4 \text{ MPa}$$

Step ❹ **주어진 응력 표시 및 좌표축 작도** : 주어진 응력 상태 $(\sigma_x,\ \tau_{xy}) = (-150,\ 80)$ $(\sigma_y,\ \tau_{yx}) = (100,\ 80)$을 나타내는 두 점을 [그림 4.33] (c)에서와 같이 Mohr 원상에 나타낸다. 이 경우 $(\sigma_x,\ \tau_{xy})$가 찍히는 점이 x 축이 되고, $(\sigma_y,\ \tau_{yx})$가 찍히는 점이 y 축이 된다. 물리적인 공간에서는 x 축과 y 축이 90°를 이루지만 Mohr 원 공간에서는 모든 각이 2배[24]가 되는 것에 유의하자. 이 과정 중에서 수직 응력에 관한 좌표를 잡는 것은 비교적 수월하지만 전단 응력을 나타내는 것이 까다롭다. 이는 Mohr 원이 갖는 논리적 모순에 기인한다. 우리는 식 (4.16)에서 $\tau_{xy} = \tau_{yx}$가 됨을 증명하였다.

24) 식 (4.27)과 식 (4.31)을 보면 모든 각이 2θ로 되어 있음을 알 수 있다.

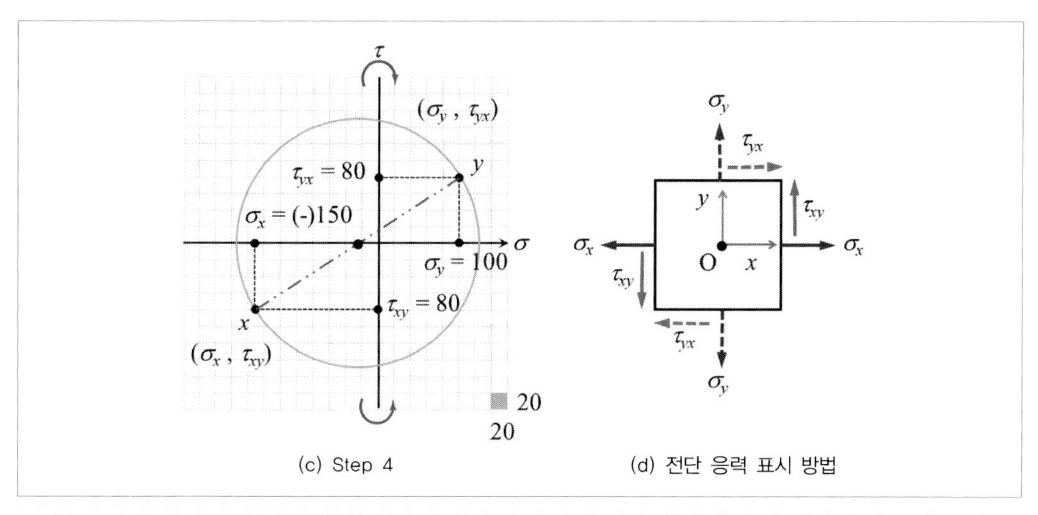

(c) Step 4

(d) 전단 응력 표시 방법

그림 4.33 Mohr 원 작도 과정(계속)

그런데 [그림 4.33] (c)에서 보면 두 점이 다른 곳에 위치하게 된다. 이러한 모순은 Mohr 원이 갖는 장점에 비해 무시할 만하므로 그대로 받아들이기로 하자(또는 그냥 무시해도 된다). 여기서는 이러한 모순을 감수하면서 Mohr 원을 올바르게 그리기 위한 제안을 하나 한다. [그림 4.33] (d)는 평면 응력 상태를 나타낸 것이다. 그림에서 실선으로 나타낸 것과 같이 (σ_x, τ_{xy})가 항상 짝을 이루고, 파선으로 나타낸 것과 같이 (σ_y, τ_{yx})가 짝을 이루는 것으로 생각하자. 이때 $(+)\tau_{xy}$는 원점 O를 중심으로 CCW 방향(↺)으로 요소를 회전시키려 할 것이다. 따라서 이때는 [그림 4.33] (c)에서와 같이 Mohr 원의 아래에 전단 응력이 위치하게 된다. 다음으로 $(+)\tau_{yx}$는 원점 O를 중심으로 CW 방향(↻)으로 요소를 회전시키려 할 것이다. 따라서 이때는 그림 (c)에서와 같이 Mohr 원의 위에 전단 응력이 위치하게 된다. 결론적으로 전단 응력은 부호의 양(+)과 음(−)을 따지지 말고 실제 물리적인 방향만 고려하면 혼동을 피할 수 있다. 이제 주어진 응력 상태를 Mohr 원에 모두 나타내었다.

이제부터는 Mohr 원을 통해 얻어낼 수 있는 정보에 대해 살펴보자. 먼저 [그림 4.34]에서 A점은 원의 중심 좌표에 반경을 더한 값이 되며, 이는 식 (4.34)에서 큰 주응력(σ_{p1})[25]을

25) 주응력의 정의가 전단 응력이 0이 되는 곳이므로, 주응력은 항상 수직 응력축에 놓이게 된다.

구하는 식이 된다. 또한 B점은 원의 중심 좌표에서 반경을 뺀 값이 되며, 이는 식 (4.34)에서 작은 주응력(σ_{p2})을 구하는 식이 된다. 이로부터 $\sigma_{p1}=123.4$ MPa, $\sigma_{p2}=(-)173.4$ MPa을 얻을 수 있다. 또한 주응력은 항상 3개이며, 이를 크기순으로 나타내면 $\sigma_1=123.4$ MPa, $\sigma_2=0$ MPa, $\sigma_3=(-)173.4$ MPa이 된다.

다음으로 그림에서 $2\theta_p$로 표현한 각에 대해 Tangent 함수를 적용해 보면 식 (4.42)와 같이 되며 주응력각을 구하는 식 (4.28)과 같은 형태이다. 실제로 식 (4.42)은 Mohr 원에서 각의 크기만 구하는 값이며, $(+)\theta$에 대한 약속을 적용하면 여기에 $(-)$를 곱해야 하므로 실제로 두 식은 같아진다. 따라서 주응력각(θ_p)은 $(-)16.3°$가 된다. 또한 Mohr 원의 반경은 최대 전단 응력의 크기와 같고 그림에서 D 또는 D′점에 해당되며, 그 크기는 $\tau_{max}=148.4$ MPa이 된다.

$$\tan(2\theta_p)=\frac{\tau_{xy}}{\frac{\sigma_x+\sigma_y}{2}-\sigma_x}=(-)\frac{\tau_{xy}}{\frac{\sigma_x-\sigma_y}{2}} \tag{4.42}$$

지금까지 Mohr 원을 통해 얻은 결과들은 각종 식들을 통해 얻은 〈예제 4.3〉의 결과와 동일함을 알 수 있다. 여기에 더해 Mohr 원을 통해 추가로 얻어낼 수 있는 정보가 많다. 먼저

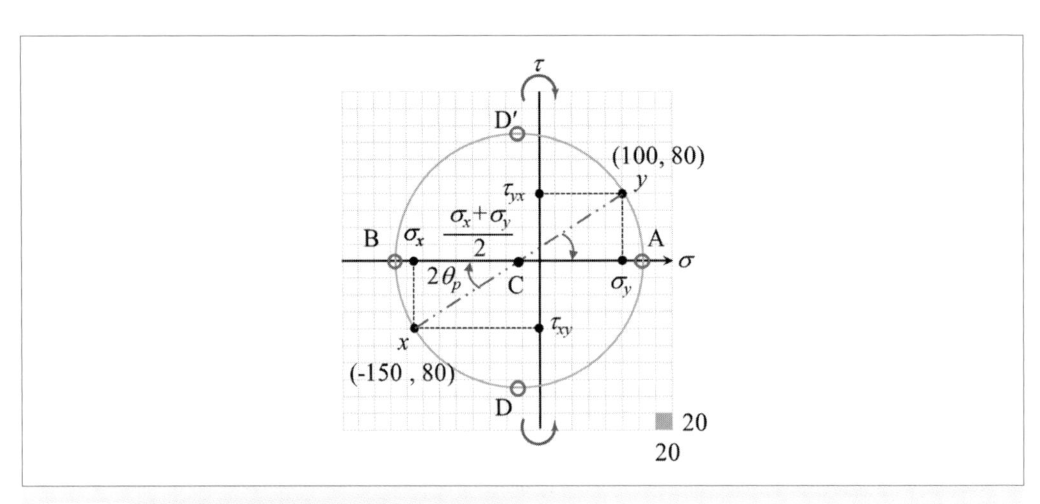

그림 4.34 Mohr 원 작도를 통해서 얻을 수 있는 정보

이를 위해 평면 응력 상태인 경우의 제3의 주응력($\sigma_{p3} = 0$)을 Mohr 원에 표시하고[26] 원을 그려 넣으면 [그림 4.35]와 같이 3개의 Mohr 원을 얻을 수 있다. [그림 4.30]의 응력 상태일 때 최대 전단 응력은 원의 반경이 되므로 3개의 평면에서 각각 식 (4.43)과 같이 나타낼 수 있으며, 최대 전단 응력($\tau_{\max}$)은 1-3 평면에서 발생함을 알 수 있다. 당연한 결과이지만 $|(\tau_{\max})_{13}| = |(\tau_{\max})_{12}| + |(\tau_{\max})_{23}|$의 관계도 성립한다. 또한 대수적인 크기까지 고려한 주응력 표기법을 따를 경우 임의의 응력 상태에서의 최대 주응력은 식 (4.44)[27]와 같이 나타낼 수 있다.

$$|(\tau_{\max})_{12}| = \frac{\sigma_1 - \sigma_2}{2} = \frac{\sigma_1 - 0}{2} = \frac{\sigma_1}{2} = 61.7\ \mathrm{MPa} \tag{4.43}$$

$$|(\tau_{\max})_{23}| = \frac{\sigma_2 - \sigma_3}{2} = \frac{0 - \sigma_3}{2} = (-)\frac{\sigma_3}{2} = 86.7\ \mathrm{MPa}$$

$$|(\tau_{\max})_{13}| = \frac{\sigma_1 - \sigma_3}{2} = 148.4\ \mathrm{MPa}$$

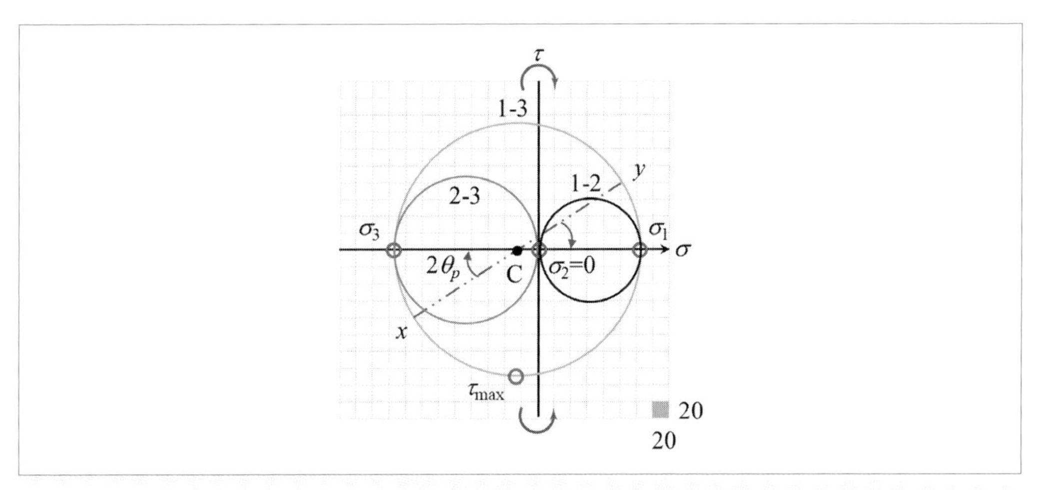

그림 4.35 3개의 Mohr 원

26) 평면 응력 상태인 경우 하나의 주응력은 항상 0이 됨을 잊지 말자.

27) 모든 경우에 적용 가능한 식이다.

$$\tau_{\max} = \frac{\sigma_1 - \sigma_3}{2} \tag{4.44}$$

또한 [그림 4.35]의 1-3 평면 Mohr 원으로부터 알 수 있듯이 원의 중심은 2개의 주응력이나 $x-y$ 평면에서 주어진 응력으로부터 구할 수 있으며, 식 (4.45)와 같이 나타낼 수 있다. 또한 이 문제의 경우 $\sigma_z = \sigma_2 = 0$이므로 어렵지 않게 이 식을 확장하여 식 (4.46)과 같이 나타낼 수 있고, 이를 3차원 응력 상태에서 응력에 관한 **1차 불변량**(1st stress invariant)[28]이라고 부른다. 즉 모든 수직 응력 성분을 더한 값은 항상 일정하게 된다.

$$\frac{\sigma_1 + \sigma_3}{2} = \frac{\sigma_x + \sigma_y}{2} \tag{4.45}$$

$$\sigma_1 + \sigma_2 + \sigma_3 = \sigma_x + \sigma_y + \sigma_z = \sum_{i=1}^{3} \sigma_i = \mathrm{Const} \tag{4.46}$$

마지막으로 [그림 4.34]에서 얻은 값들(응력, 각도 등)이 물리적인 공간상에서 어떤 의미를 갖는지 살펴보자. [그림 4.36] (a)에 [그림 4.30]에 주어진 응력 성분들을 보여주고 있다. 이 좌표축을 x 축 기준으로 시계 방향으로 16.34° 회전시키면 [그림 4.34]에서 알 수 있듯이

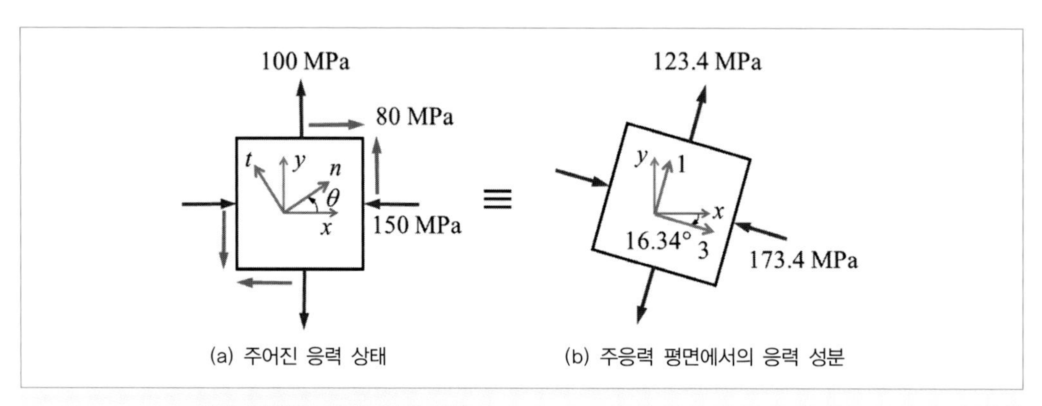

그림 4.36 Mohr 원을 이용한 주응력 상태 파악

28) 식 (4.46)은 특정 응력 상태에서만 적용되는 것이 아니고 모든 경우에 적용되는 식이다. 이 식을 알고 있으면 응력변환 후(또는 주응력 계산 후) 계산이 맞는지 쉽게 검토할 수 있어 매우 유용하다.

B점(3축)이 되며, 응력은 $\sigma_3 = (-)173.4$ MPa이 된다. 또한 y 축을 기준으로 시계 방향으로 16.34° 회전시키면 A점(1축)이 되고, 응력은 $\sigma_1 = 123.4$ MPa이 되며 전단 응력은 0이 된다. 이를 **주 평면**(principal plane)이라고 한다. 그러나 실제 응력 상태가 변한 것은 아니고 주어진 응력 상태를 바라보는 좌표만을 바꾼 것에 불과하기 때문에 [그림 4.36]에서 (a)와 (b)는 완전히 같은 응력 상태를 나타낸다. 따라서 Mohr 원은 물리적인 공간에서의 응력 상태나 주응력 위치를 파악하는 데 있어서 매우 귀중한 정보를 제공한다.

다음으로 좌표축을 x 축을 기준으로 반시계 방향으로 28.66°(=45°−16.34°) 회전시키면 [그림 4.34]에서 알 수 있듯이 최대 전단 응력이 발생하는 D점이 되며, 응력은 $\sigma_n = (-)25$ MPa, $\tau_{nt} = 148.4$ MPa(↺)이 된다. 또한 y 축을 기준으로 반시계 방향으로 28.66° 회전시키면 D′점이 되며, 응력은 $\sigma_n = (-)25$ MPa, $\tau_{nt} = 148.4$ MPa(↷)이 된다. 이 경우에도 실제 응력 상태가 변한 것은 아니고 주어진 응력 상태를 바라보는 좌표만을 바꾼 것에 불과하기 때문에 [그림 4.37] (a)와 (b)는 완전히 같은 응력 상태를 나타낸다. 따라서 Mohr 원은 물리적인 공간에서의 최대 전단 응력 위치와 크기를 파악하는 데 있어서 매우 편리하다.

경우에 따라서 [그림 4.38] (b)와 같이 최대 전단 응력을 주응력 평면과 같이 나타내는 경우도 있다. 즉 [그림 4.34]에서 A점(1축)을 기준으로 CCW로 45° 회전시키면 D′점이 되며 전단 응력은 최댓값(148.4 MPa)이 되고 방향은 CW(↷)가 된다. 또한 이때 수직 응력은 (−)25.0 MPa이 된다.

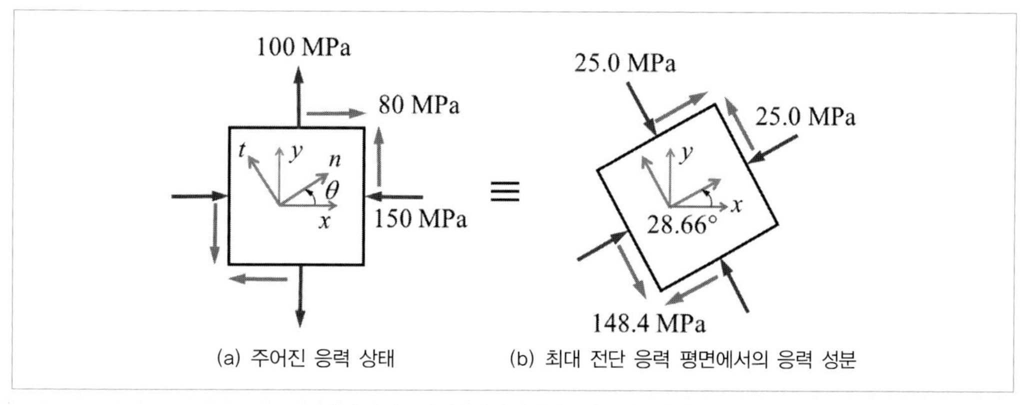

그림 4.37 Mohr 원을 이용한 최대 전단 응력 상태 파악

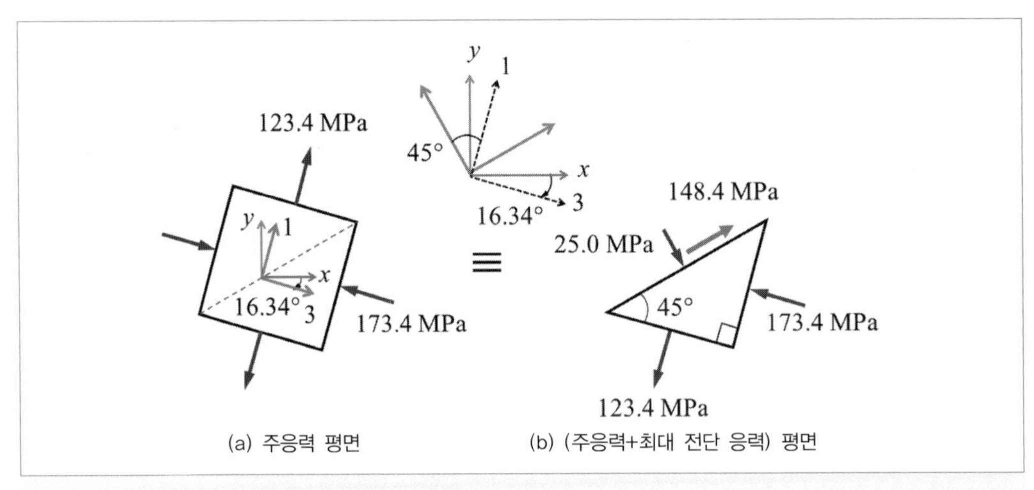

그림 4.38 주응력과 최대 전단 응력 동시 표현

Mohr의 응력원을 이용할 경우 계산기 없이 자, 각도계 및 컴퍼스만을 가지고도 원하는 응력 성분들을 비교적 정확하게 계산할 수 있는 장점이 있다. 그러나 컴퓨터가 보편화된 현재는 식 (4.27)과 식 (4.31)을 이용하여 바로 계산이 가능하기 때문에 과거에 비해 중요성은 많이 줄어들었다고 볼 수 있다. 그러나 고체역학이나 유한요소해석 등에서 각종 물리량들 사이의 관계식을 유도하거나 고체의 파손을 이해하는 데 매우 유용한 정보를 제공하기 때문에 현재도 많이 사용되고 있다.

4.10 주요 식 정리

수직 응력(4.13)과 전단 응력(4.14)의 정의가 가장 중요하며, 응력 상태가 주어졌을 때 좌표 변환에 따른 응력 성분 변화를 계산할 수 있는 응력 변환식(4.18과 4.20)이 많이 활용된다. 이를 통해 주응력각(4.28), 주응력(4.30) 및 최대 전단 응력을 계산할 수 있는 식이 빈번하게 사용된다.

$$\sigma \equiv \lim_{\Delta A \to 0} \frac{\Delta F}{\Delta A} \tag{4.13}$$

$$\tau \equiv \lim_{\Delta A \to 0} \frac{\Delta V}{\Delta A} \tag{4.14}$$

$$\sigma_n = \sigma_x \cos^2\theta + \sigma_y \sin^2\theta + 2\tau_{xy} \sin\theta\cos\theta \tag{4.18}$$

$$\tau_{nt} = (-)(\sigma_x - \sigma_y)\sin\theta\cos\theta + \tau_{xy}(\cos^2\theta - \sin^2\theta) \tag{4.20}$$

$$\tan 2\theta_p = \frac{\tau_{xy}}{(\sigma_x - \sigma_y)/2} \tag{4.28}$$

$$\sigma_{p1,p2} = \frac{\sigma_x + \sigma_y}{2} \pm \sqrt{\left(\frac{\sigma_x - \sigma_y}{2}\right)^2 + \tau_{xy}^2} \tag{4.30}$$

특히 단축 수직 하중하에서 중요한 물리량은 [그림 4.39]에서와 같이 크게 네 가지 (F, δ, σ, ϵ)를 들 수 있으며, 이들 사이의 상호 관계는 제3장과 제4장에서 정의하였거나 유도한 식 (3.10), (4.9) 및 (4.10)을 통해 모두 알 수 있다. 이 중에서 공학적 응용이 많은 힘(F)과 변형(δ) 사이의 관계는 식 (4.47)과 같은 과정을 거쳐 유도할 수 있다.

$$\delta = l_0\epsilon = l_0\frac{\sigma}{E} = \frac{l_0}{E}\frac{F}{A_0} = \frac{l_0}{A_0E}F \tag{4.47}$$

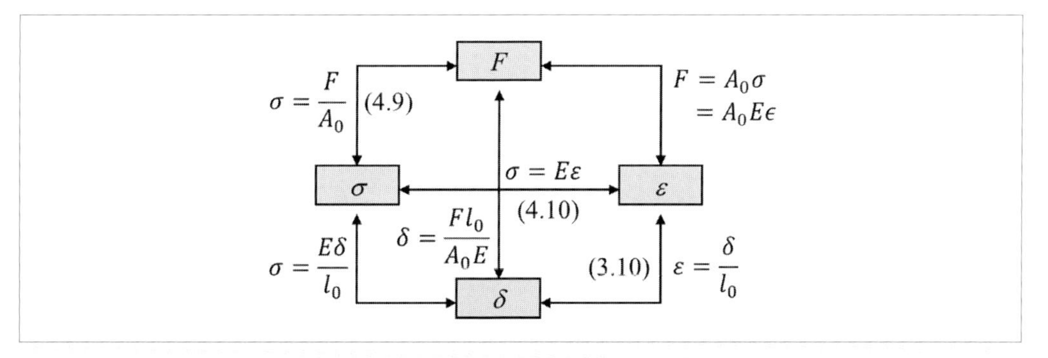

그림 4.39 단축 수직 하중하에서의 중요 물리량 및 상호 관계

제5장

재료 물성 및 변형률-응력 관계

[출처 : Shutterstock]

남자와 여자가 만나 반지를 주고받음으로써 부부가 되는 것처럼 응력과 변형률이 **후크의 법칙**을 통해 연결됨으로써 비로소 고체역학이 완성된다. 반지에는 서로에 대한 사랑이 담겨 있고, 후크의 법칙에는 Young **계수**와 **프와송비**가 들어 있다.

공학 학습에 있어서 가장 경계해야 할 것 중의 하나는 단순 암기이다. **개념**을 이해 못하고 시험을 보기 위해 머리에 넣는 지식들은 며칠도 되지 않아 모두 사라질 것이다. 새로 접하는 개념들을 계속 곱씹어 소화시키면 필요한 내용들이 자신도 모르는 사이에 뼈와 살이 되어 있을 것이다.

5.1 재료 물성

단축 하중을 받는 고체의 경우 Young 계수는 식 (4.10)에서와 같이 응력과 변형률을 연결시켜 주는 중요한 값이며, 고체의 크기(길이, 면적 등)나 형태(봉, 판재 등) 등에 영향을 받지 않는다. 이와 같이 재료가 갖는 고유한 물성값들을 **재료 물성**(material properties)이라고 한다. 우리가 일상생활에서 많이 사용하는 밀도(density), 열전도율(thermal conductivity), 열팽창계수(coefficient of thermal expansion) 등은 대표적인 재료 물성값이다. 반면에 강성(stiffness), 경도(hardness), 고유진동수(natural frequencies) 등은 고체의 크기나 표면 상태에 따라 바뀌므로 재료 물성이라고 하지 않는다. 이러한 재료 물성값들은 원칙적으로 자신이 이용하고자 하는 실제 재료를 가지고 측정해 사용하는 것이 가장 좋지만, 재료가 정해지지 않았거나 대략의 값을 알고자 할 경우에는 각종 참고 문헌이나 재료 물성 데이터베이스를 제공하는 인터넷 사이트[1]를 통해 얻을 수 있다. 그러나 재료 물성값도 온도나 압력 등과 같은 주변 환경 조건에 따라 바뀌기 때문에 주의가 필요하다. 일반적으로 고분자(polymers) 재료들은 금속 재료들에 비해 온도에 더욱 민감하다. 이 책에서는 상온(room temperature), 대기압(atmospheric pressure), 정적 상태(static state)에서 재료의 크기나 형태에 영향을 받지 않는 물성값들을 재료 물성값으로 정의하기로 한다.

5.2 재료 물성 측정 방법

재료 물성값을 측정하는 방법은 [그림 5.1]에서와 같이 매우 다양하지만, 그중에서 가장 널리 사용되는 인장 시험법만을 다루기로 한다. 인장 시험은 고체 재료의 기계적 물성값들을 가장 쉽고 신뢰성 있게 측정할 수 있어 다양한 분야에서 광범위하게 사용되고 있다. 인장 시험은 각국에서 표준 시험 규격[2]을 채택하고 있어, 정확한 시험을 위해서는 해당 규격을 찾아 규정된 순서와 조건을 충실히 따라 수행해야 한다.

1) http://www.matweb.com, http://www.matcenter.org

2) 한국 규격 : KS B 0801(금속 재료 인장 시험편), KS B 0802(금속 재료 인장 시험 방법)
미국 규격 : ASTM E8/E8M-16a, Standard test methods for tension testing of metallic materials

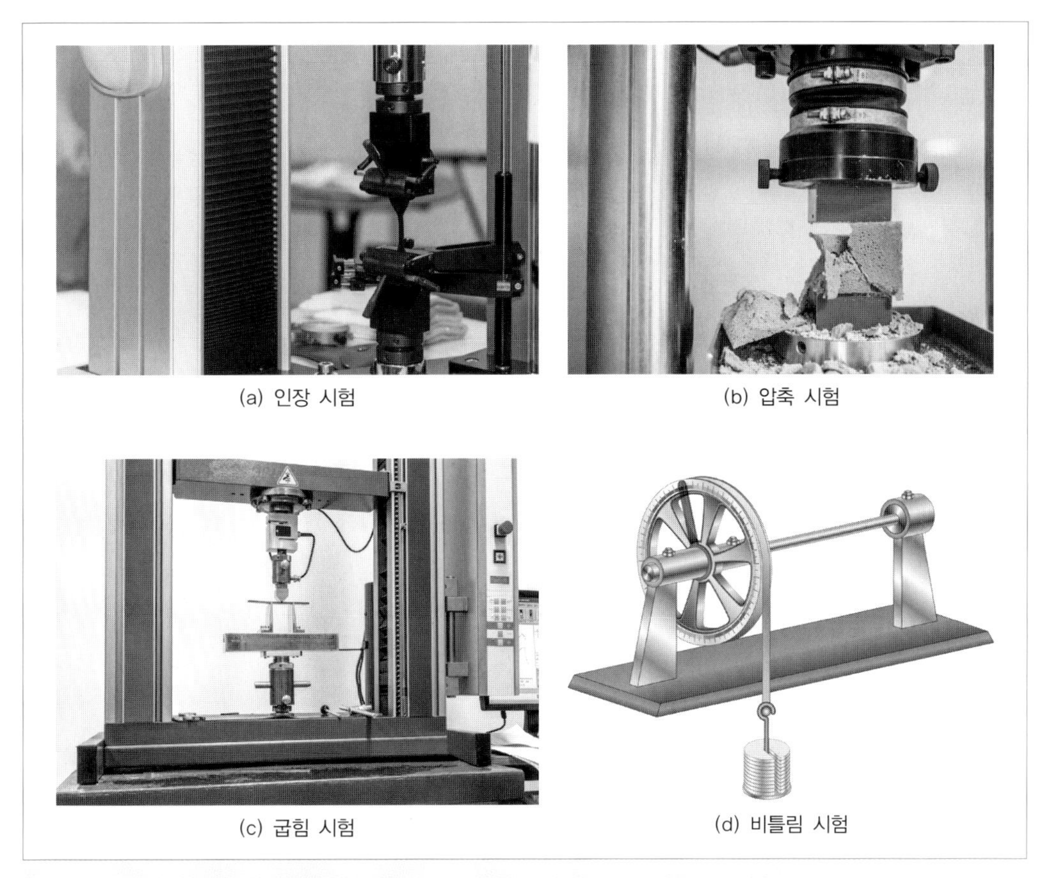

그림 5.1 재료 물성 측정법[출처 : Shutterstock]

인장 시험은 [그림 5.2]와 [그림 5.3] (a)와 같이 표준 규격에 따라 제작된 시험편을 [그림 5.3] (b)와 같은 그립으로 단단히 잡고 [그림 5.1] (a)와 같은 시험기로 잡아당기면서 재료의 **인장 물성**(tensile properties)을 측정하는 것이다. 이때 시험편에 가해지는 힘은 시험기에 구비된 **로드 셀**(load cell)로 측정하고, 시험편의 변형은 [그림 5.3] (b)와 같이 시험편에 설치한 **변위계**(extensometer)를 통해 얻는다. 이와 같은 과정을 거쳐 얻은 힘을 시험편의 초기 단면적으로 나눠 공칭 응력을, 변형을 초기 게이지 길이로 나눠 공칭 변형률을 계산한다. 이를 통해 **응력-변형률 곡선**(stress-strain curve)을 얻게 된다. 이 곡선을 이용하여 설계에 필요한 다양한 재료 물성값들을 산정하게 된다.

측정된 힘(F)을 초기 단면적(A_0)으로 나누는 것은 비교적 쉽지만, 변위계로 측정한 변형

그림 5.2 인장 시험편 예[출처 : Shutterstock]

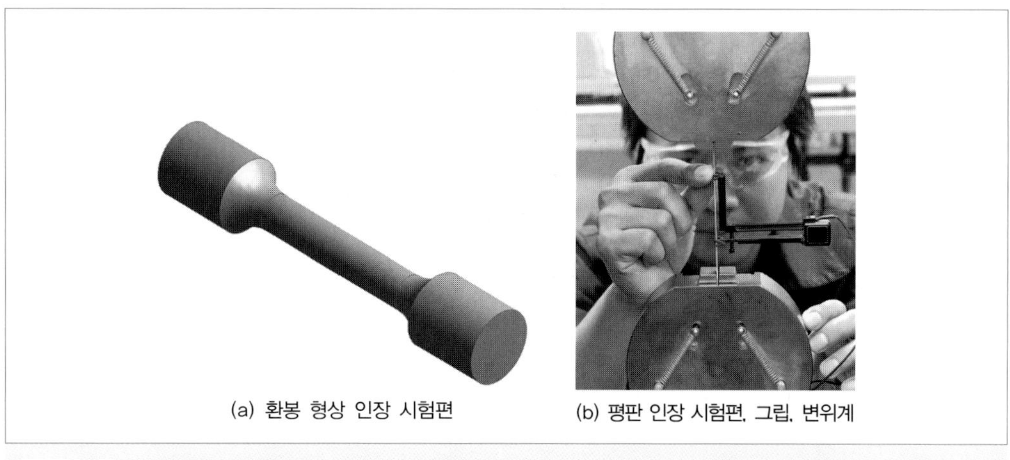

(a) 환봉 형상 인장 시험편 (b) 평판 인장 시험편, 그립, 변위계

그림 5.3 인장 시험편, 그립 및 변위계[출처 : (b) Shutterstock]

(δ)을 초기 게이지 길이(L_0)로 나눠 변형률을 계산할 때는 주의가 필요하다. 먼저 게이지 길이의 필요성에 대해 살펴본다. [그림 5.4]에 인장 시험편의 수직 응력 분포를 나타내었다. 그림에서 알 수 있듯이 그립부에 가장 낮은 응력이 발생하고, 필렛(fillet) 부위 부근에서 응력 변화가 크게 발생함을 알 수 있다. 이와 같이 단면의 형상 변화가 생기는 곳에서 다른 부분보다 높은 응력이 발생하는 것을 **응력 집중**(stress concentration)[3] 현상이라고 한다. 인장 시험 시 변위계는 응력 집중이 생기지 않는 중앙 부위에 설치해야 하며, 이때 변위계 사이의 초기

3) 제9장에 간략하게 소개되어 있다.

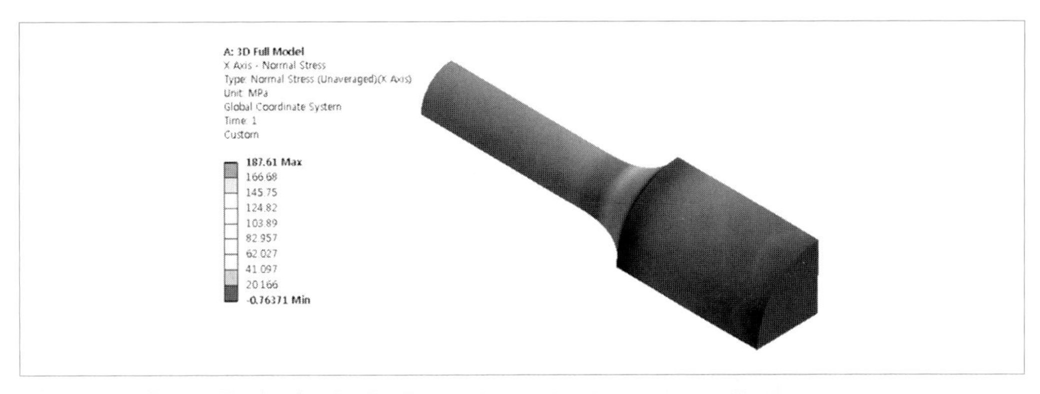

그림 5.4 인장 시험편의 수직 응력 분포

길이를 **게이지 길이**(gauge length)라고 한다. 따라서 게이지 길이 내에서 파손이 발생하지 않으면 신뢰할 수 없는 시험 결과를 얻게 된다. [그림 5.5]는 게이지 길이 내에서 파손이 생긴 정상적인 시험편들이다.

5.3 재료 물성 산정 방법

스테인리스 강[4] 재료를 이용하여 제작한 환봉 시험편을 이용해 상온(25℃)에서 얻은 응력-변형률 곡선을 [그림 5.6]에 나타내었다. 재료 시험 시의 상세 조건들(시험 속도, 제어 모드 등)은 생략하기로 한다. 이 응력-변형률 곡선을 이용하여 실제 제품 설계에 필요한 재료 물성

그림 5.5 게이지 길이 내에서 파손된 인장 시험편[출처 : Shutterstock]

4) SUS304

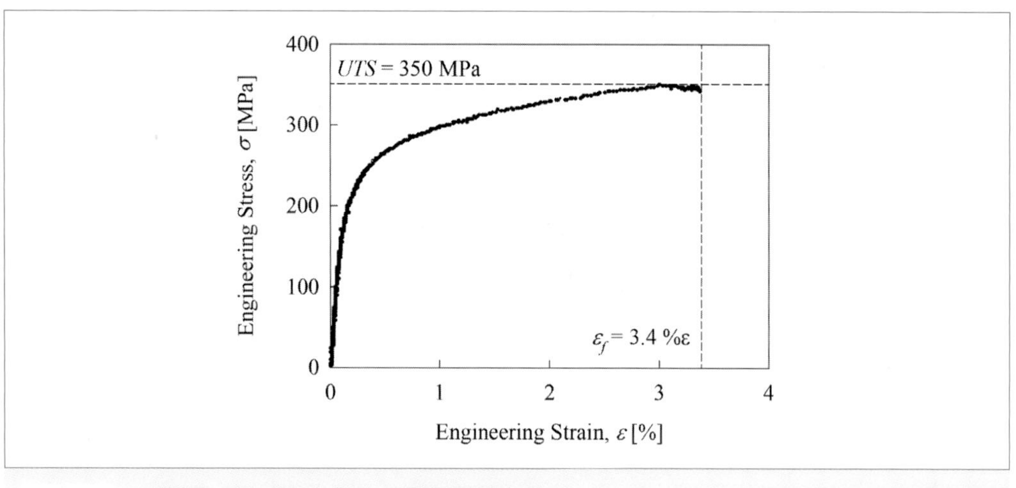

그림 5.6 스테인리스 강 재료의 응력-변형률 곡선의 예

값들을 산정해 보기로 하자.

응력-변형률 곡선으로부터 가장 먼저 구할 수 있는 재료 물성값들은 인장강도와 파단 연신율이다. **인장강도**(tensile strength)[5]는 재료가 견딜 수 있는 최대 공칭 응력값으로서 [그림 5.6]으로부터 대략 350 MPa 정도이다. **파단 연신율**(fracture strain, ϵ_f)은 파단이 생기기 직전의 변형률값으로서 대략 3.4 %ε 정도이다. 또한 시험 전후 시험편의 단면적 변화를 가지고 정의되는 **단면수축률**(reduction of area, *RA*)은 식 (5.1)을 이용해 구할 수 있다.

$$RA[\%] = \frac{A_0 - A_f}{A_0} \times 100 \tag{5.1}$$

다음으로 식 (4.10)에 나타낸 Young 계수(E)를 산정해 보자. Young 계수는 재료의 **선형**[6] **탄성**[7] **영역**(linear elastic region)에서의 기울기이다. 그러나 [그림 5.6]의 그래프는 전체 시험 데이터를 보여 주고 있으므로, 이를 이용하여 Young 계수를 산정하기는 어렵다. 따라서 변형률이 0~0.2%인 영역만을 확대하여 [그림 5.7]에 나타내었다. 그림에서 알 수 있듯이 변형률이

5) **극한인장강도**(ultimate tensile strength)라고도 하며 영어 약자로 UTS를 많이 사용한다.
6) 응력과 변형률이 직선적으로 비례하는 관계임을 뜻한다.
7) 부하를 제거했을 때 초기 상태로 복원되는 성질을 뜻한다.

0.1%까지는 응력과 변형률이 선형 관계임을 알 수 있다. 이 구간의 기울기가 Young 계수가 되며, 이를 식 (5.2)에 나타내었다. 식에서 알 수 있듯이 이 재료의 Young 계수는 약 170 GPa이 됨을 알 수 있다. 그러나 이 값은 선형 탄성 구간을 어디로 잡는지에 따라 달라질 수 있음을 염두에 둬야 한다. 실제로 Young 계수 계산 시에는 **선형 회귀 근사법**(linear regression method)이 많이 사용되며, 이 경우에는 **상관계수**(regression coefficient) 값을 가지고 선형성을 판별할 수 있다. 이 경우 170 MPa까지는 응력과 변형률 관계가 비례하므로 170 MPa의 응력을 **비례한도**(proportional limit)라고 한다.

$$E = \frac{\Delta\sigma}{\Delta\epsilon} = \frac{170\ \text{MPa}}{0.001} = 170\ \text{GPa} \tag{5.2}$$

고체 구조물을 무한히 사용해도 파손이 일어나지 않으려면 부하 상태에서 재료가 항상 탄성을 유지하면 된다.[8] 그러나 인장 시험을 통해 **탄성한도**(elastic limit)를 정확히 구하는 것은 현실적으로 매우 어렵다. 탄성한도를 구하기 위해서는 하중을 가하고(loading) 제거하기(unloading)를 무한히 반복해야 되기 때문이다. 따라서 실제 설계 시에는 탄성한도 대신 **항복강도**(yield strength)를 많이 사용한다. 그러나 항복강도의 정의는 탄성한도와 실제로 같아야

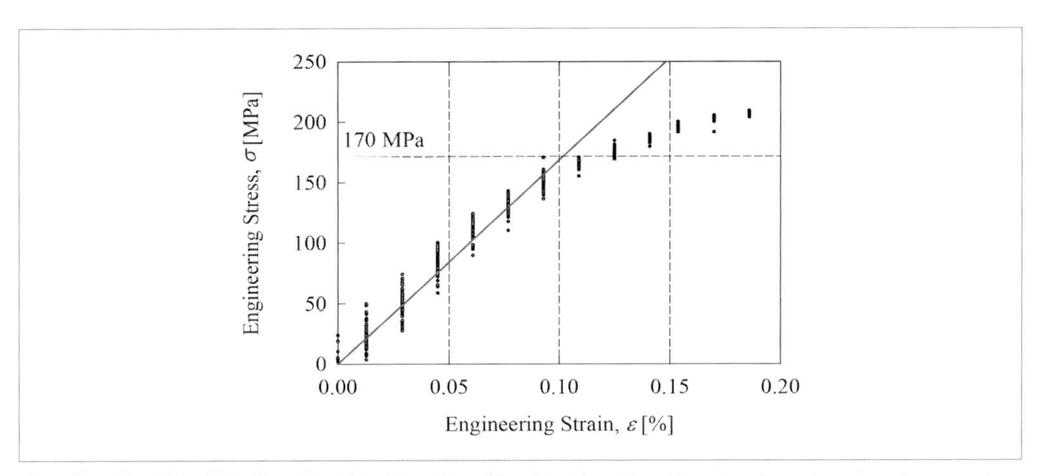

그림 5.7 응력-변형률 곡선 : 변형률 0~0.2% 구간

8) 이러한 설계 개념을 **무한 수명 설계**(infinite life design)라고 한다. 자동차 엔진 밸브 스프링은 이와 같은 설계 개념에 근거하여 설계된다.

한다. 탄성한도 아래에서는 탄성을 유지하고 항복강도를 넘어서면 항복이 일어나기 때문이다. 이러한 이유로 현장에서는 [그림 5.8]과 같은 **오프셋 항복강도**(offset yield strength)를 주로 사용한다. 먼저 전체 응력-변형률 선도에서 선형 탄성 영역을 찾아 그림과 같이 직선을 긋는다. 이 직선의 기울기가 앞서서 구한 Young 계수가 된다. 다음으로 선형탄성 영역의 직선을 변형률 축의 양의 방향으로 정해진 값만큼 오프셋시켜(평행 이동시켜) 그린 후 오프셋시킨 직선과 응력-변형률 곡선이 만나는 점의 응력값을 읽으면 된다. 오프셋시키는 값은 설계자의 판단에 따라 자유롭게 설정할 수 있으나 일반적으로는 0.2% 오프셋값을 많이 사용한다. [그림 5.8]은 0.2% 오프셋 항복 강도$(\sigma_{ys})_{0.2}$를 구하는 과정을 보여 주고 있으며, 대략 **250 MPa** 정도가 됨을 알 수 있다.

일반적으로 고체 구조물을 길이 방향으로 잡아당기면 길이 방향에 수직한 방향(transverse direction)으로는 줄어들게 된다. 이러한 예를 [그림 5.9]에 나타내었다. 또한 시험편 게이지 길이의 특정 위치에서 단면 수축이 심해져 파손에 이르게 되는 경우, 그 부분에서 **넥킹**(necking)[9]이 발생하였다고 말한다. 예를 들어 [그림 5.10][10]에서와 같이 좌측 끝단을 고정한 상태에서 우측에 인장 하중을 작용시키는 경우 길이는 l_0에서 l_f로 늘어나는 반면, 길이 방향에 수직한 방향(반경 방향)의 경우 d_0에서 d_f로 줄어들게 된다. 이 경우 길이 방향 변형률(ϵ_a)

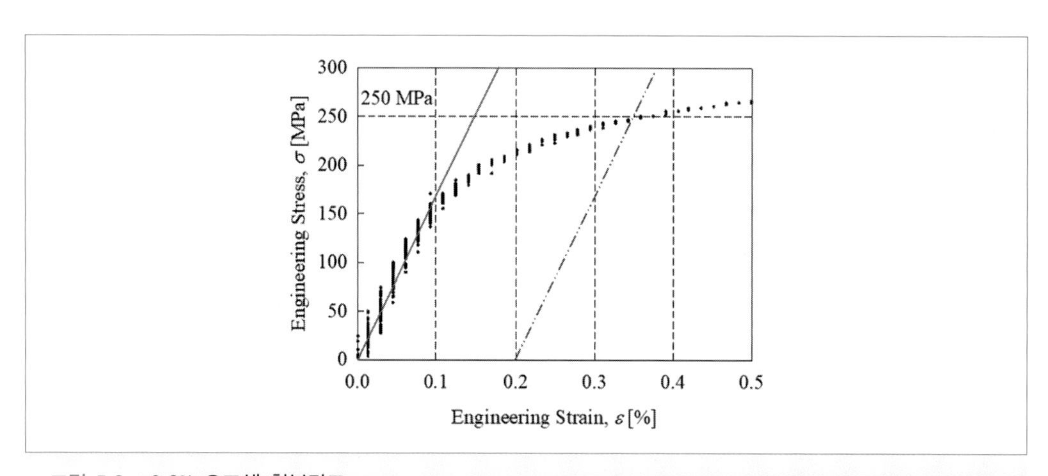

그림 5.8 0.2% 오프셋 항복강도

9) 넥(neck)은 사람의 머리와 몸통 사이의 목과 같이 잘록하게 들어간 부분을 지칭한다.
10) 변형 전 형상은 점선으로, 변형 후 형상은 실선으로 나타내었다.

그림 5.9 단면 수축과 넥킹 현상[출처 : Shutterstock]

과 이에 수직한 방향의 변형률(ϵ_t)은 식 (5.3)과 같이 정의된다. Poisson[11]은 길이 방향 변형률과 수직한 방향의 변형률 사이에 일정한 관계가 있음을 밝혔고, 그를 기리기 위해 식 (5.4)와 같이 정의되는 비를 **프와송비**(Poisson's ratio)라고 한다. 정의식에 음의 부호를 붙인 이유는 ϵ_a가 양인 경우 ϵ_t가 음이 되어 물성값이 음이 되기 때문에 양의 값으로 만들기 위함이었다. 인장 시험 중 프와송비를 측정하기 위해서는 변형률 게이지를 길이 방향과 이에 수직한 방향으로 두 장 부착하여 동시에 측정한 뒤 탄성 영역에서 두 변형률 사이의 비를 계산하면 된다.

$$\epsilon_a = \frac{l_f - l_0}{l_0}, \quad \epsilon_t = \frac{d_f - d_0}{d_0} \tag{5.3}$$

$$\nu \equiv (-)\frac{\epsilon_t}{\epsilon_a} \tag{5.4}$$

11) Siméon D. Poisson(1781~1840) : 프랑스의 물리학자이자 수학자

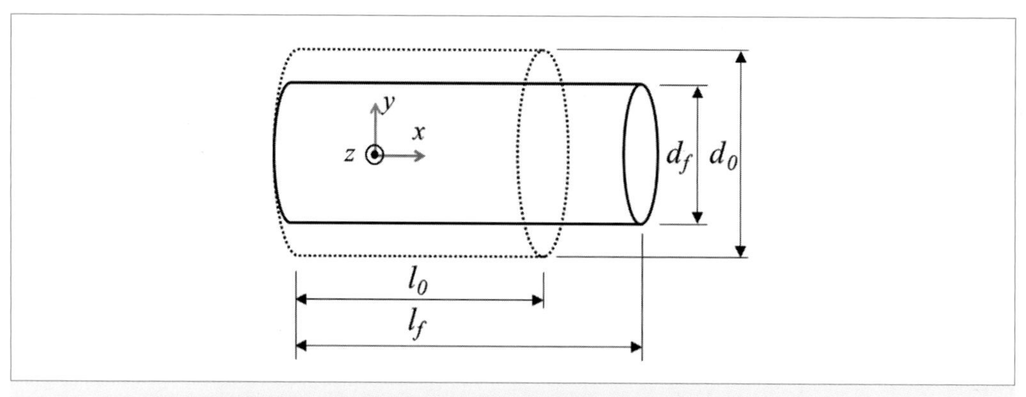

그림 5.10 인장 하중 작용 시 길이 방향과 이에 수직한 방향의 치수 변화

5.4 일반화된 후크의 법칙

선형, 탄성, **균질**(homogeneous)[12] 및 **등방성**(isotropic)[13]인 고체 재료의 경우 [그림 5.10]과 같이 좌표를 설정할 경우 식 (4.10)과 식 (5.4)로부터 식 (5.5)를 얻을 수 있다. 즉 첫 번째 식은 식 (4.10)으로부터, 나머지 두 식은 프와송비의 정의로부터 얻을 수 있다. 동일한 방법으로 하중을 y 축과 z 축 방향으로만 각각 작용시키면 식 (5.6)과 식 (5.7)을 얻을 수 있다.

$$\epsilon_x = \frac{\sigma_x}{E}, \ \epsilon_y = (-)\nu\frac{\sigma_x}{E}, \ \epsilon_z = (-)\nu\frac{\sigma_x}{E} \tag{5.5}$$

$$\epsilon_x = (-)\nu\frac{\sigma_y}{E}, \ \epsilon_y = \frac{\sigma_y}{E}, \ \epsilon_z = (-)\nu\frac{\sigma_y}{E} \tag{5.6}$$

12) 고체 재료가 동일한 재료로 이루어져 있을 때를 말한다. 실제 재료에는 이종 재료가 섞이거나 기공(void) 등이 포함되어 있어 완벽한 균질 재료를 만들기 힘들지만 그러한 요소들이 전체 물성에 미치는 영향이 미미할 경우 거시적인 관점에서 균질 재료라 일컫는다. 예를 들어, 탄소(C)나 망간(Mn) 등의 합금 원소들이 포함된 강재(steel)의 경우 철(Fe)이 대부분을 차지하기 때문에 균질 재료로 보는 경우가 많다.

13) 재료의 물성이 측정 방향과 무관하게 항상 일정한 경우를 일컫는다. 여러 재료를 겹쳐 만드는 **복합재료**(composite materials)는 대표적인 비등방성 재료이다.

$$\epsilon_x = (-)\nu\frac{\sigma_z}{E},\ \epsilon_y = (-)\nu\frac{\sigma_z}{E},\ \epsilon_z = \frac{\sigma_z}{E} \tag{5.7}$$

지금까지는 주로 단축 하중만을 고려하였으나 실제 구조물들은 다축 하중을 받는 경우가 대부분이다. 즉 σ_x, σ_y, σ_z가 동시에 생기는 경우 세 방향의 변형률들은 개별 응력들이 작용할 경우의 합으로 구할 수 있는데, 이를 **중첩의 원리**(principle of superposition)라고 한다. 중첩의 원리를 적용할 경우 수직 변형률과 수직 응력 사이의 관계식 (5.8)을 얻을 수 있다. 또한 전단 응력과 전단 변형률은 수직 성분과 독립적으로 식 (4.12)로 주어지므로, 일반적인 응력 상태일 경우 식 (5.9)와 같이 3개의 식이 된다. 이 6개의 식을 3차원 응력 상태에서의 **일반화된 후크의 법칙**(generalized Hooke's law)이라고 한다. 수직 응력과 수직 변형률 간의 관계식인 식 (5.8)을 행렬을 이용해 나타내면 식 (5.10)과 같다. 우측에 있는 3×3 행렬이 재료 물성을 포함하고 있는 물성 행렬이다.

$$\begin{aligned}
\epsilon_x &= \frac{1}{E}\{\sigma_x - \nu(\sigma_y + \sigma_z)\} \\
\epsilon_y &= \frac{1}{E}\{\sigma_y - \nu(\sigma_z + \sigma_x)\} \\
\epsilon_z &= \frac{1}{E}\{\sigma_z - \nu(\sigma_x + \sigma_y)\}
\end{aligned} \tag{5.8}$$

$$\gamma_{xy} = \frac{\tau_{xy}}{G},\ \gamma_{yz} = \frac{\tau_{yz}}{G},\ \gamma_{zx} = \frac{\tau_{zx}}{G} \tag{5.9}$$

$$\begin{Bmatrix} \epsilon_x \\ \epsilon_y \\ \epsilon_z \end{Bmatrix} = \frac{1}{E}\begin{pmatrix} 1 & -\nu & -\nu \\ -\nu & 1 & -\nu \\ -\nu & -\nu & 1 \end{pmatrix}\begin{Bmatrix} \sigma_x \\ \sigma_y \\ \sigma_z \end{Bmatrix} \tag{5.10}$$

5.5 평면 응력 상태에서의 변형률-응력 관계

제4장에서 언급하였듯이 응력은 측정이 불가능하기 때문에 구조물 표면에 부착한 변형률

게이지를 통해 얻은 변형률을 변형률-응력 관계식을 통해 응력으로 환산하여 계산할 수 있다. 또한 변형률 게이지를 부착하는 물체의 표면은 평면 응력 상태이기 때문에 굳이 일반화된 후크의 법칙을 사용할 필요가 없다. 예를 들어 게이지를 부착한 표면을 $x-y$ 평면으로 설정하면 식 (5.8)과 식 (5.9)는 식 (5.11)과 같이 4개의 식으로 줄어든다.

$$\epsilon_x = \frac{1}{E}(\sigma_x - \nu\sigma_y) \tag{5.11}$$

$$\epsilon_y = \frac{1}{E}(\sigma_y - \nu\sigma_x)$$

$$\epsilon_z = (-)\frac{\nu}{E}(\sigma_x + \sigma_y)$$

$$\gamma_{xy} = \frac{\tau_{xy}}{G}$$

또한 변형률-응력 관계식이 필요한 이유는 변형률 측정을 통해 응력을 계산하는 것인데, (5.11)의 식들은 응력을 변형률로 변환하는 식이기 때문에 식을 변경하는 것이 편리하다. 식 (5.11)의 첫 번째와 두 번째 식을 연립하여 풀고 네 번째 식 좌우를 바꾸고 정리하면 식 (5.12)를 얻을 수 있다. 식 (5.11)의 세 번째 식의 경우 응력 계산에는 많이 활용되지 않지만 평면 응력 상태인 경우라도 z 방향의 변형률이 발생한다는 사실을 알려 주고 있다.

$$\sigma_x = \frac{E}{1-\nu^2}(\epsilon_x + \nu\epsilon_y) \tag{5.12}$$

$$\sigma_y = \frac{E}{1-\nu^2}(\epsilon_y + \nu\epsilon_x)$$

$$\tau_{xy} = G\gamma_{xy}$$

직경이 일정한 환봉의 양 끝을 쥐고 비틀 경우 환봉의 길이는 거의 변하지 않는 대신 각도만 변하게 된다.[14] 즉 평면 응력 상태에서 수직 응력들(σ_x, σ_y)은 모두 0이 되고, $\tau_{xy}(=\tau)$만

14) 축의 비틀림에 대해서는 제6장에서 상세히 다룰 것이다.

존재하게 된다. 이를 **순수 전단**(pure shear) 상태라고 한다. 이 응력 상태를 주응력 계산식 (4.30)에 대입하면 (5.13)과 같은 결과를 얻게 된다.[15] 식에서 σ_1과 σ_3는 식 (4.30)을 통해 얻은 것이며, $\sigma_2 = 0$은 평면 응력 상태인 경우 $\sigma_2 = \sigma_z = 0$으로부터 얻은 것이다.

$$\sigma_1 = \tau,\ \ \sigma_2 = 0,\ \ \sigma_3 = (-)\tau \tag{5.13}$$

(5.13)의 주응력들을 후크의 법칙에 대입하고 정리하면 식 (5.14)에서와 같이 주변형률값들을 알 수 있다. 또한 두 주변형률값이 부호만 다르고 크기가 같음을 알 수 있다. 다음으로 식 (5.14)의 위 식에서 아래 식을 빼면 식 (5.15)를 얻을 수 있다. 식에서 2ϵ을 γ로 놓은 것은 공학자들이 한 약속[16]에 따른 것이다. 이제 마지막 식을 전단 응력-전단 변형률 관계식에 대입하면 식 (5.16)을 얻을 수 있다. 즉 전단 계수 G는 비틀림 시험을 통해 측정이 가능하지만, 인장 시험을 통해 얻은 Young 계수(E)와 프와송비(ν)를 가지고 계산이 가능함을 알 수 있다.

$$\epsilon_1 = \frac{1}{E}(\sigma_1 - \nu\sigma_3) = \frac{1}{E}\{\tau - \nu(-\tau)\} = \frac{1+\nu}{E}\tau = \epsilon \tag{5.14}$$

$$\epsilon_3 = \frac{1}{E}(\sigma_3 - \nu\sigma_1) = \frac{1}{E}\{-\tau - \nu(\tau)\} = (-)\frac{1+\nu}{E}\tau = -\epsilon$$

$$\epsilon_1 - \epsilon_3 = 2\epsilon = \frac{2(1+\nu)}{E}\tau = \gamma \tag{5.15}$$

$$\frac{2(1+\nu)}{E}\tau = \gamma = \frac{\tau}{G} \tag{5.16}$$

$$G = \frac{E}{2(1+\nu)}$$

15) Mohr의 응력원을 이용하면 더욱 손쉽게 주응력들을 구할 수 있다.

16) 일반적으로 탄성학에서는 전단 변형률 γ 대신 2ϵ을 사용한다. 그러나 이 경우 전단 응력과 전단 변형률 관계가 $\tau = 2G\epsilon$과 같이 되어 단축 상태에서 수직 응력과 수직 변형률의 관계인 $\sigma = E\epsilon$과 다른 형태가 된다. 따라서 공학자들은 2ϵ을 γ로 치환해 $\tau = G\gamma$ 식을 만들어 사용하게 된 것이다.

지금까지의 결과를 정리해 보면 다음과 같다. 먼저 우리가 대상으로 하는 고체 구조물 재료를 가지고 인장 시험편을 제작한 뒤 인장 시험을 통해 Young 계수(E)와 프와송비(ν)를 얻고, 구조물 표면에 부착한 변형률 게이지를 통해 얻은 변형률값들(ϵ_x, ϵ_y, γ_{xy})을 식 (5.12)에 대입하여 응력 성분들(σ_x, σ_y, τ_{xy})을 구하게 되는 것이다. 그러나 우리가 필요한 변형률 값들(ϵ_x, ϵ_y, γ_{xy}) 중 전단 변형률은 수직 변형률만 측정이 가능한 변형률 게이지를 가지고는 직접적으로 측정할 수 없는 문제가 생긴다.

5.6 스트레인 로제트

4.5절에서 응력이 2차 텐서의 일종임을 언급하였다. 또한 후크의 법칙으로부터 응력과 변형률 사이에는 일정한 관계가 있음을 알게 되었다. 따라서 변형률은 응력이 갖는 수학적 특징들을 그대로 갖게 된다. 즉 변형률도 2차 텐서의 일종이므로, 제4장에서 유도한 대부분의 식들이 변형률에도 그대로 적용된다. 먼저 응력 변환식 중의 하나인 식 (4.18)을 변형률 변환식으로 바꾸면 식 (5.17)과 같이 된다. 참고적으로 모든 응력식들을 변형률식들로 바꿀 때는 응력(σ)을 변형률(ϵ)로만 바꾸면 된다.[17] 이 상태에서 공학적 편의를 위해 정의한 $2\epsilon_{xy} = \gamma_{xy}$를 식 (5.17)에 대입하면 식 (5.18)을 얻을 수 있다.

$$\epsilon_n(\theta) = \epsilon_x \cos^2\theta + \epsilon_y \sin^2\theta + 2\epsilon_{xy} \sin\theta\cos\theta \tag{5.17}$$

$$\epsilon_n(\theta) = \epsilon_x \cos^2\theta + \epsilon_y \sin^2\theta + \gamma_{xy} \sin\theta\cos\theta \tag{5.18}$$

5.5절에서 변형률 게이지는 수직 변형률만 측정이 가능하므로 전단 변형률을 직접적으로 측정할 수 없는 문제가 있었다. 이 문제는 식 (5.18)을 이용해 해결 가능하다. 식 (5.18)에서 좌측 항인 ϵ_n은 수직 변형률을 의미하고, 우리가 측정하고자 하는 양은 3개(ϵ_x, ϵ_y, γ_{xy})이므로, 식 (5.18)을 이용해 3개의 식을 만들어 낸다면 3원 1차 연립방정식을 풀어 문제를 해결할

17) 텐서식 변환 시에는 공학적 편의를 위해 약속한 전단 변형률(γ) 표기를 사용하면 안 된다.

수 있게 되는 것이다. 식 (5.18)에서 수직 변형률은 각(θ)만의 함수이므로, 3개의 식을 만들기 위해서는 3개의 서로 다른 각으로 변형률 게이지를 부착하는 것이 유일한 방법이다. 즉 임의의 서로 다른 3개의 각(θ_a, θ_b, θ_c)에 변형률 게이지를 부착한 뒤 식 (5.18)에 대입하면 식 (5.19)를 얻게 되고, 이 식들을 풀면 우리가 원하는 변형률값들을 계산할 수 있게 되는 원리이다.

$$\epsilon_n(\theta_a) = \epsilon_x \cos^2\theta_a + \epsilon_y \sin^2\theta_a + \gamma_{xy}\sin\theta_a\cos\theta_a \qquad (5.19)$$
$$\epsilon_n(\theta_b) = \epsilon_x \cos^2\theta_b + \epsilon_y \sin^2\theta_b + \gamma_{xy}\sin\theta_b\cos\theta_b$$
$$\epsilon_n(\theta_c) = \epsilon_x \cos^2\theta_c + \epsilon_y \sin^2\theta_c + \gamma_{xy}\sin\theta_c\cos\theta_c$$

변형률값을 알기 위해서는 [그림 3.14]와 같은 단축 변형률 게이지를 세 장 부착해야 하므로 매우 번거롭다. 이를 해결하기 위하여 여러 장의 변형률 게이지를 일정한 각도로 배치하여 제작해 놓은 것을 **스트레인 로제트**(strain rosette)라고 한다. [그림 5.11]은 모터사이클 후륜 림의 변형률 측정을 위해 부착한 스트레인 로제트이다. 식 (5.19)에서 알 수 있듯이 3개의 각은 임의로 설정해도 되지만 일반적으로는 각 계산이 편리한 각도를 갖는 로제트가 많이 사용된다. 대표적인 로제트는 [그림 5.11]에 부착한 [0°/45°/90°] 로제트와 [0°/60°/120°] 로제트이다. 이의 개략도를 [그림 5.12]에 나타내었다.

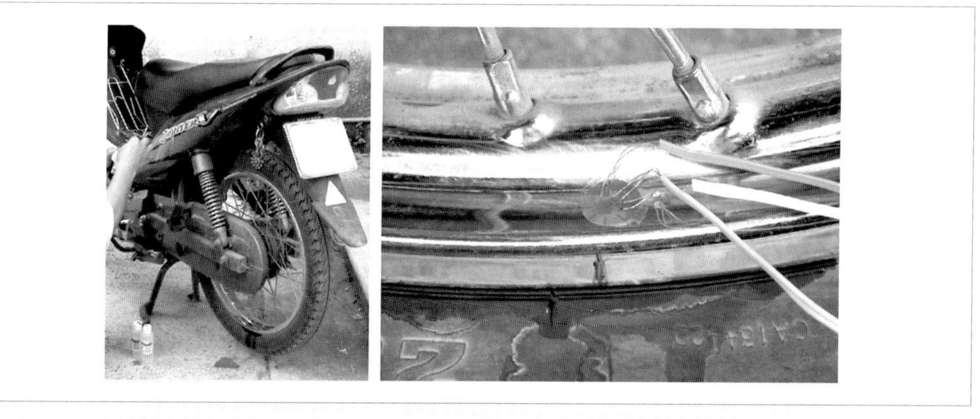

그림 5.11 모터사이클 후륜 림에 부착한 스트레인 로제트

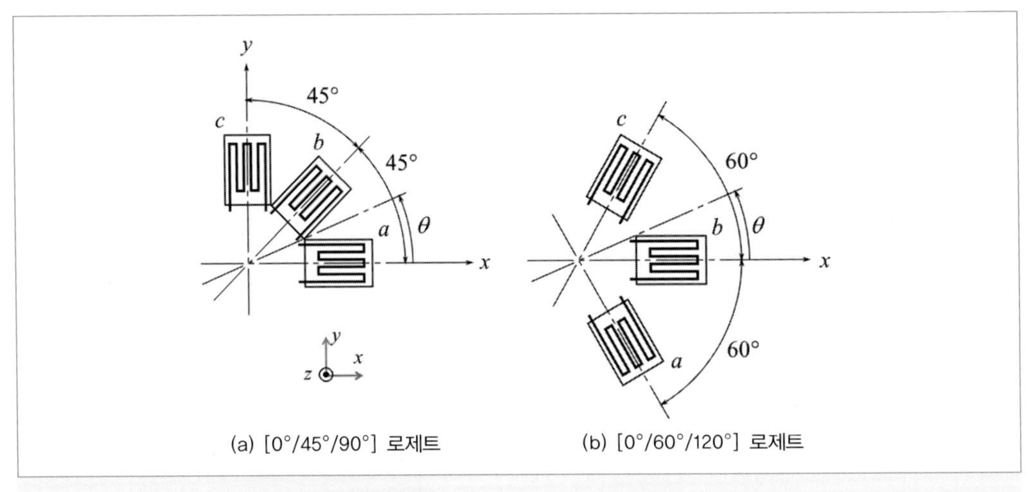

(a) [0°/45°/90°] 로제트
(b) [0°/60°/120°] 로제트

그림 5.12 대표적인 스트레인 로제트 형태[18]

먼저 [0°/45°/90°] 로제트의 경우를 식 (5.19)에 대입하면 식 (5.20)을 얻을 수 있다. 즉 3개의 미지수(ϵ_x, ϵ_y, γ_{xy}) 중 2개(ϵ_x, ϵ_y)를 바로 구할 수 있게 된다. 이렇게 구한 2개의 값을 중간식에 대입하면 우리가 구하고자 했던 전단 변형률(γ_{xy})을 구할 수 있게 된다. 이를 정리하면 식 (5.21)과 같다. 이 식을 이용하면 우리가 원하는 변형률값을 모두 측정할 수 있게 된다.

$$\epsilon_a = \epsilon_0 = \epsilon_x \tag{5.20}$$

$$\epsilon_b = \epsilon_{45} = \frac{\epsilon_x + \epsilon_y + \gamma_{xy}}{2}$$

$$\epsilon_c = \epsilon_{90} = \epsilon_y$$

$$\epsilon_x = \epsilon_a = \epsilon_0 \tag{5.21}$$

$$\epsilon_y = \epsilon_c = \epsilon_{90}$$

$$\gamma_{xy} = 2\epsilon_b - \epsilon_a - \epsilon_c = 2\epsilon_{45} - \epsilon_0 - \epsilon_{90}$$

18) Creative Commons 이미지를 수정한 것이다.

다음으로 [0°/60°/120°] 로제트의 경우를 식 (5.19)에 대입하면 식 (5.22)를 얻을 수 있다. 이때 주의해야 할 사항은 어느 것이 60°와 120° 게이지인지를 정확히 파악할 수 있어야 한다는 것이다. [그림 5.12] (b)와 같이 좌표축을 설정한 경우 $\epsilon_b = \epsilon_0 = \epsilon_x$가 되는 것을 쉽게 알 수 있다. 그림에서 a와 c 게이지 모두 x 축과 60°를 이루고 있으나 양의 각(θ)의 약속에 따라 게이지 c가 60° 게이지가 되고 게이지 a가 120°의 연장선상에 있으므로 120° 게이지가 된다. [0°/45°/90°] 로제트와 달리 3개의 미지수(ϵ_x, ϵ_y, γ_{xy}) 중 1개(ϵ_x)만 바로 구할 수 있다. 식 (5.22)의 첫 번째와 세 번째 식을 연립하여 풀면 최종적으로 식 (5.23)을 얻을 수 있다.

$$\epsilon_a = \epsilon_{120} = \frac{\epsilon_x + 3\epsilon_y - \sqrt{3}\,\gamma_{xy}}{4} \tag{5.22}$$

$$\epsilon_b = \epsilon_0 = \epsilon_x$$

$$\epsilon_c = \epsilon_{60} = \frac{\epsilon_x + 3\epsilon_y + \sqrt{3}\,\gamma_{xy}}{4}$$

$$\epsilon_x = \epsilon_b = \epsilon_0 \tag{5.23}$$

$$\epsilon_y = \frac{2(\epsilon_c + \epsilon_a) - \epsilon_b}{3} = \frac{2(\epsilon_{60} + \epsilon_{120}) - \epsilon_0}{3}$$

$$\gamma_{xy} = \frac{2(\epsilon_c - \epsilon_a)}{\sqrt{3}} = \frac{2(\epsilon_{60} - \epsilon_{120})}{\sqrt{3}}$$

5.7 주요 식 정리

후크의 법칙(5.8과 5.9)은 고체역학에서 소개되는 몇 안 되는 법칙 중의 하나로서 변형률 측정을 통해 응력으로 환산할 수 있는 중요한 식(5.12)이다. 또한 변형률 로제트를 통한 변형률 측정을 가능하게 해주는 변형률 변환식(5.18)도 공학적으로 많이 사용된다.

$$\epsilon_x = \frac{1}{E}\{\sigma_x - \nu(\sigma_y + \sigma_z)\} \tag{5.8}$$

$$\epsilon_y = \frac{1}{E}\{\sigma_y - \nu(\sigma_z + \sigma_x)\}$$

$$\epsilon_z = \frac{1}{E}\{\sigma_z - \nu(\sigma_x + \sigma_y)\}$$

$$\gamma_{xy} = \frac{\tau_{xy}}{G},\ \gamma_{yz} = \frac{\tau_{yz}}{G},\ \gamma_{zx} = \frac{\tau_{zx}}{G} \tag{5.9}$$

$$\sigma_x = \frac{E}{1-\nu^2}(\epsilon_x + \nu\epsilon_y) \tag{5.12}$$

$$\sigma_y = \frac{E}{1-\nu^2}(\epsilon_y + \nu\epsilon_x)$$

$$\tau_{xy} = G\gamma_{xy}$$

$$G = \frac{E}{2(1+\nu)} \tag{5.16}$$

$$\epsilon_n(\theta) = \epsilon_x \cos^2\theta + \epsilon_y \sin^2\theta + \gamma_{xy}\sin\theta\cos\theta \tag{5.18}$$

제6장

비틀림 하중

[출처 : Shutterstock]

자동차 변속기 안에는 엔진에서 발생된 **동력**을 바퀴로 전달하기 위해 많은 **축**들이 사용된다. 이들 축을 안전하게 설계하기 위해서는 **비틀림 모멘트**와 **전단 응력** 간의 관계를 알고 있어야 한다. 전기공학에서 중요한 **쿨롱의 법칙**을 밝혀내기 위해 **비틀림 저울**이 사용된 것처럼 공학 지식들이 꼬리에 꼬리를 물고 연결될 때 새롭고 신뢰할 만한 구조물 **설계**가 가능해진다.

고체역학을 학습함에 있어서 가장 바람직한 것은 모든 개념과 내용을 잘 엮어 설계에 활용하는 것이다. 전쟁에서 승리하기 위해서는 각개 전투와 함께 전술에 대한 이해가 필요하다.

6.1 비틀림 하중을 받는 구조물

우리는 빨래의 물기를 제거할 때 잡아당기거나 굽히는 대신 [그림 6.1] (a)처럼 비틀어 짜는 것을 흔히 볼 수 있다. 옷감 사이에 스며들어 있는 수분을 섬유들 간의 간격을 좁혀 밀어내기 위한 것이다. 또한 자동차 엔진에서 생성된 동력을 구동 바퀴로 전달하는 [그림 6.1] (b)의 자동차 구동축의 경우 눈에 보이지 않지만 빨래와 유사한 변형을 한다. 승용차 길이 방향축을 중심으로 한 회전인 롤링을 줄이기 위해 사용하는 [그림 6.1] (c)는 여러 가지 이름[1]으로 불리지만 일반적으로 **토션 바**(torsion bar)로 많이 불린다. [그림 6.1] (d)의 토크 렌치는 볼트나 너트 등의 나사를 일정한 토크로 조여주는 공구이다. 이러한 구조물들의 주요 부품 또는 일부

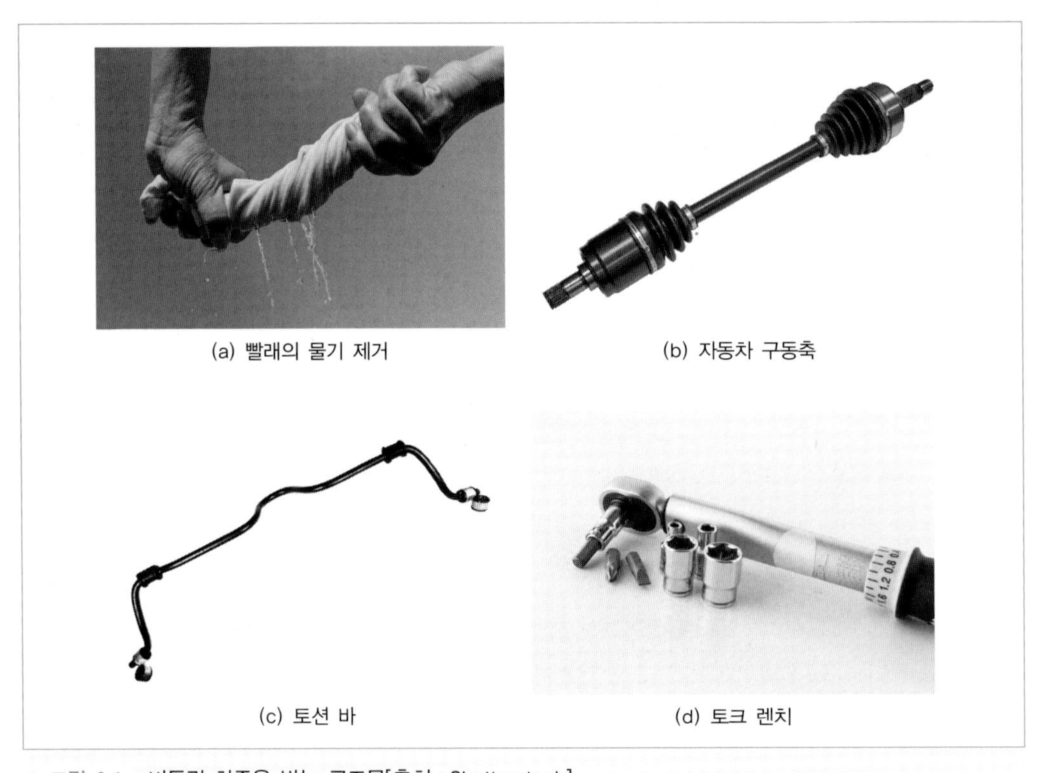

(a) 빨래의 물기 제거
(b) 자동차 구동축
(c) 토션 바
(d) 토크 렌치

그림 6.1 비틀림 하중을 받는 구조물[출처 : Shutterstock]

1) Anti-roll bar, anti-sway bar, stabilizer로도 불린다.

분은 주로 **비틀림 하중**(torsional loading)을 받고 있다. 이 장에서 비틀림 하중은 주로 **비틀림 모멘트**(torsional moment)로서 작용하며, 이를 간략히 **토크**(torque)라고 한다. 이러한 구조물들은 부하 시 길이 변화보다 각 변화가 크게 일어나는 특징을 보인다.

6.2 비틀림 저울

대전된 두 입자 사이에 작용하는 정전기력(electrostatic force)에 대해 연구하던 Coulomb[2]은 전하 사이의 힘을 직접적으로 측정하기 위해 [그림 6.2]와 같은 **비틀림 저울**(torsional balance)을 제작하였다. [그림 6.2] (a)와 같이 가느다란 금속선[3]을 상단에 고정한 뒤, 하단에는 전하를 대전시킬 수 있는 구와 평형추를 매달았다. 이후 투명한 원통에 고정시킨 구에 [그림 6.2] (b)와 같이 전하를 대전시키면 두 구에 대전되어 있는 전하의 극성에 따라 인력이나 척력이 작용하고, 이에 따라 금속선이 비틀리게 되며, 비틀린 정도는 원통에 붙여놓은 눈금을 이용해

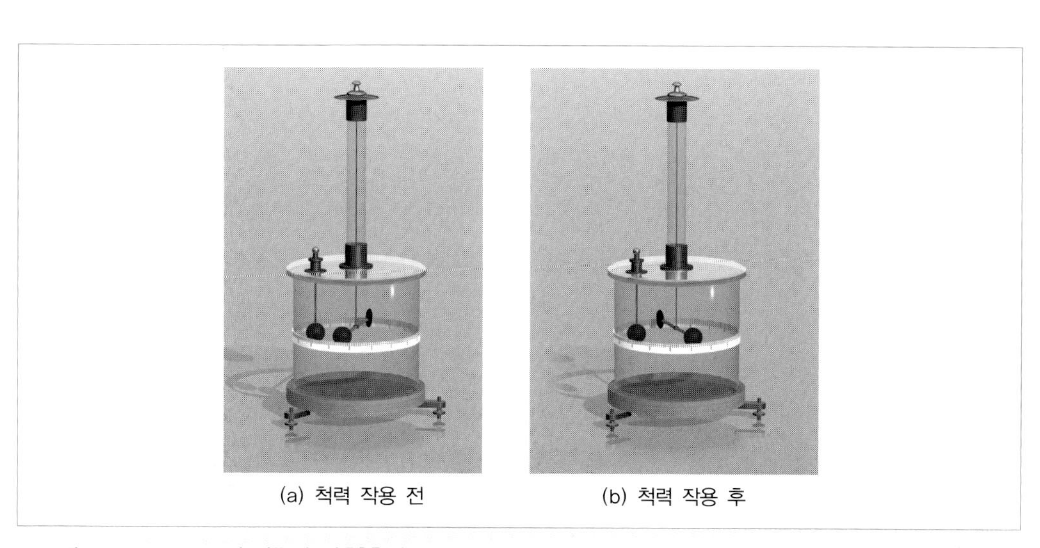

(a) 척력 작용 전 (b) 척력 작용 후

그림 6.2 Coulomb의 비틀림 저울[출처 : Shutterstock]

2) Charles-Augustin de Coulomb(1736~1806) : 프랑스의 물리학자

3) 강, 구리 등 여러 재료를 가지고 연구하였으나 순도가 높은 은 선을 가지고 주요 연구를 진행한 것으로 보인다. 선의 직경은 약 35 μm 정도였다.

측정하였다. 이와 같은 과정을 거쳐 **쿨롱의 법칙**(Coulomb's law)[4]을 1785년에 처음으로 소개하였다. 그러나 이와 같은 비틀림 저울의 경우 인력이나 척력에 의해 측정할 수 있는 것은 단지 금속선의 비틀림각뿐이었다. 따라서 이 비틀림각을 힘으로 환산할 필요가 있었다. 필요는 발명의 어머니였던 셈이다. 이제 Coulomb이 어떻게 비틀림각 측정을 통해 전하 사이의 힘을 계산했는지 살펴보자.

6.3 비틀림을 받는 축의 평형

비틀림 저울에 사용된 금속선의 일부분에 대한 자유물체도를 [그림 6.3]에 나타내었다. 그림에서 T는 금속선에 가해진 외부 토크, T_r은 가상 절단면의 저항 토크를 나타낸다. 이때 토크의 방향은 [그림 6.1] (a)와 같다. 자유물체도에 모멘트 평형 조건을 적용하면 식 (6.1)을 얻게 된다. 또한 가상 절단면의 중심에서 거리 ρ만큼 떨어진 위치에 발생하는 전단 응력을 τ_ρ로 하고 미소 요소 dA를 잡으면, 미소 요소에 작용하는 미소 힘(전단력) $dF = \tau_\rho dA$가 된다. 이 미소 힘에 중심으로부터의 거리(ρ)를 곱하면 미소 토크 $dT_r = \rho dF$가 된다. 이 미소 저항 토크를 가상 절단면 전체 면적에 대해 적분하면 T_r과 같아져야 하므로 식 (6.2)를 얻을 수 있다.

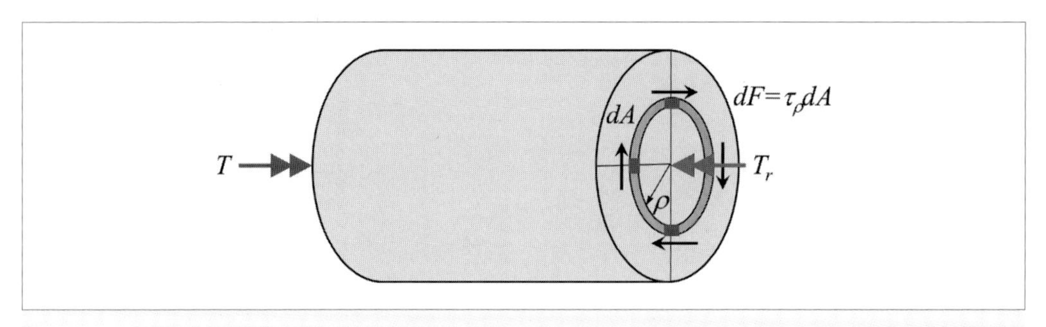

그림 6.3 토크 T를 받는 금속선의 일부분에 대한 자유물체도

4) $F = k_e \frac{q_1 q_2}{r^2}$, 여기서 k_e는 쿨롱의 상수이며 9.0×10^9 Nm^2/C^{2}이 된다. q_1과 q_2는 전하의 크기이며, r은 대전된 입자들 사이의 거리이다.

$$T = T_r \tag{6.1}$$

$$T = T_r = \int_A \rho dF = \int_A \rho \tau_\rho dA \tag{6.2}$$

정역학적으로 적용할 수 있는 모든 평형식을 사용하여 식 (6.2)를 유도하였으나 전단 응력(τ_ρ)에 관한 정보가 없으므로 식을 더 이상 전개해 나갈 수가 없다. 따라서 토크 T를 받는 금속 선 문제는 전형적인 부정정 문제가 되므로, 평형 조건 이외에 하중–변형(각) 관계를 살펴야 한다.

6.4 비틀림 전단 변형률

비틀림 저울에 사용된 금속선의 일부분에 대한 변형 양상을 [그림 6.4] (a)에 나타내었다. 변형 관찰의 편의성을 위해 좌측은 고정되어 있는 것으로 가정한다. 변형 전 $\overline{AB}$, $\overline{CD}$였던 선이 비틀림 변형 후 각각 $\overline{AB'}$, $\overline{CD'}$이 되었음을 보여 주고 있다. 여기서 $\overline{AB}$는 표면에서의 선, $\overline{CD}$는 고체 내부에서의 선을 나타내고 있다. 이를 통해 변형 전후의 점들을 연결하여 [그림 6.4] (b)와 같은 직각삼각형을 작도하였다. 실제 변형은 그림에 보인 직각삼각형 모양이

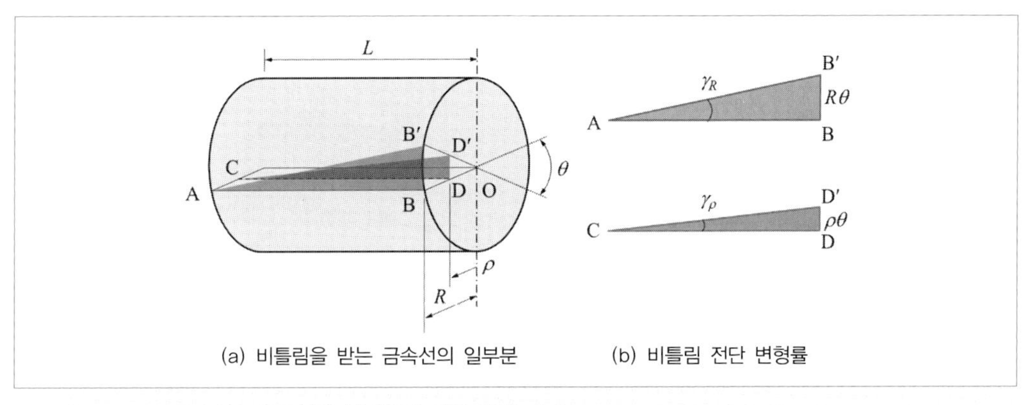

그림 6.4 토크를 받는 금속선의 일부분에 대한 변형 개략도

되지 않지만 **미소 변형**(small deformation)을 가정하면 직각삼각형으로 근사할 수 있다.

이 두 가지 경우에 대해 각 변화가 전단 변형률이 되므로 두 위치에서의 전단 변형률은 식 (6.3) 및 식 (6.4)와 같이 되며, 이 두 식에서 각 θ를 소거하면 식 (6.5)를 얻을 수 있다. 즉 전단 변형률은 중심($\rho=0$)에서 0이 되고, 표면($\rho=R$)에서 최대가 되며, 중심에서의 거리에 비례하여 증가함을 알 수 있다.

$$\tan\gamma_R \approx \gamma_R = \frac{\overline{BB'}}{\overline{AB}} = \frac{R\theta}{L} \tag{6.3}$$

$$\tan\gamma_\rho \approx \gamma_\rho = \frac{\overline{DD'}}{\overline{CD}} = \frac{\rho\theta}{L} \tag{6.4}$$

$$\theta = \frac{L}{R}\gamma_R = \frac{L}{\rho}\gamma_\rho \tag{6.5}$$

$$\gamma_\rho = \frac{\rho}{R}\gamma_R$$

6.5 토크-응력 관계식

앞 절에서 유도한 식 (6.5)는 미소 변형인 경우에는 어떠한 재료에도 적용이 가능한 식이다. 이 가정에 더해 앞 장에서 변형률-응력 관계식들을 유도할 때 사용하였던 선형, 탄성, 균질 및 등방성 가정을 추가로 적용하면 $\tau = G\gamma$ 식을 사용할 수 있게 된다. 식 (6.5)의 양변에 전단 계수 G를 곱하면 변형률에 관한 식을 응력에 관한 식 (6.6)으로 바꿀 수 있다.

$$G\gamma_\rho = \frac{\rho}{R}G\gamma_R \tag{6.6}$$

$$\tau_\rho = \frac{\rho}{R}\tau_R$$

부정정 문제는 [그림 3.3]의 문제 해결 과정에서와 같이 변형 관련 식들을 평형식에 다시 대입하는 것이다. 따라서 전단 변형으로부터 유도한 식 (6.6)을 평형식 (6.2)에 대입하면 식 (6.7)을 얻을 수 있다. 이 식에서 $\int_A \rho^2 dA$는 **면적에 관한 극관성 모멘트**(polar area moment of inertia)로서, 지금부터는 기호 J를 써서 나타내기로 한다. 다음으로 중심 O에서 임의의 거리 ρ만큼 떨어진 위치에서의 전단 응력(τ_ρ)과 토크와의 관계식을 얻기 위해 식 (6.7)을 식 (6.6)에 대입하면 식 (6.8)을 얻을 수 있다. 이 식을 **토크-응력 관계식**(torque-stress relationship)이라고 하며, 축에 작용된 토크로부터 전단 응력을 계산하기 위해 사용된다.

$$T = \int_A \rho\left(\frac{\rho}{R}\tau_R\right)dA = \frac{\tau_R}{R}\int_A \rho^2 dA = \frac{\tau_R}{R}J \tag{6.7}$$

$$\tau_\rho = \frac{\rho}{R}\left(\frac{R}{J}T\right) = \frac{T\rho}{J} \tag{6.8}$$

여기서 잠깐 식 (6.8)로부터 얻을 수 있는 전단 응력의 부호에 대해 고려해 보자. [그림 6.5]에서 (b)는 (a)를 단순히 반시계 방향으로 90° 회전시킨 것이다. 따라서 축의 표면을 끼고 있는 미소 요소 A와 B는 같은 응력 상태여야 한다. 하지만 (c)에서 볼 수 있듯이 동일한

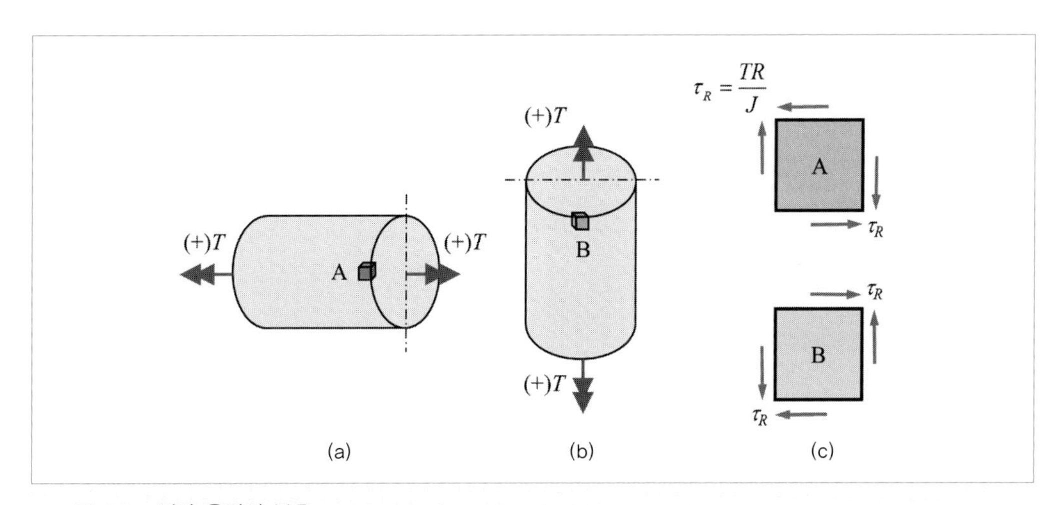

그림 6.5 전단 응력의 부호

좌표를 설정할 경우 전단 응력의 부호가 다르게 된다. 즉 물리적으로 동일한 상태인데, 보는 관점에 따라 부호가 바뀔 수도 있다는 것이다. 이러한 이유로 어떤 논문이나 책에서는 식 (6.8)의 우변에 음의 부호를 붙여놓는 경우도 있다. 하지만 전단 응력의 경우 수직 응력과 달리 부호가 중요하지 않으므로 전단 응력은 크기(또는 절댓값)만 구하고 실제 변형 양상은 물리적으로 검토하는 방법을 채택하기로 한다.[5)]

6.6 중실축과 중공축

[그림 6.1]의 예에서 알 수 있듯이 비틀림 하중을 받는 대표적인 구조물은 **축**(shafts)이다. 축은 모터나 엔진 등의 동력원에서 생성된 동력(power)을 다른 위치로 전달할 때 많이 사용된다. 또한 축은 단면이 꽉 찬 [그림 6.6] (a)와 같은 **중실축**(solid shaft)과 축의 내부에 구멍을 가공한 (b)와 같은 **중공축**(hollow shaft)으로 대별할 수 있다. 응력의 관점에서 중실축과 중공축의 장단점에 대해 살펴보자.

식 (6.8)에서 알 수 있듯이 외부 부하 토크(T)를 알고 있을 때 응력을 계산하기 위해서는 J를 계산해야 한다. 대표적인 단면 형상들에 대해 J값을 구하기 위한 수식들은 정역학이나

(a) 원통형 중실축

(b) 스플라인 가공된 중공축

그림 6.6 중실축과 중공축의 예[출처 : Shutterstock]

5) 4.9절 Mohr의 응력원에서 전단 응력축에 화살표를 사용하지 않는 이유이기도 하다.

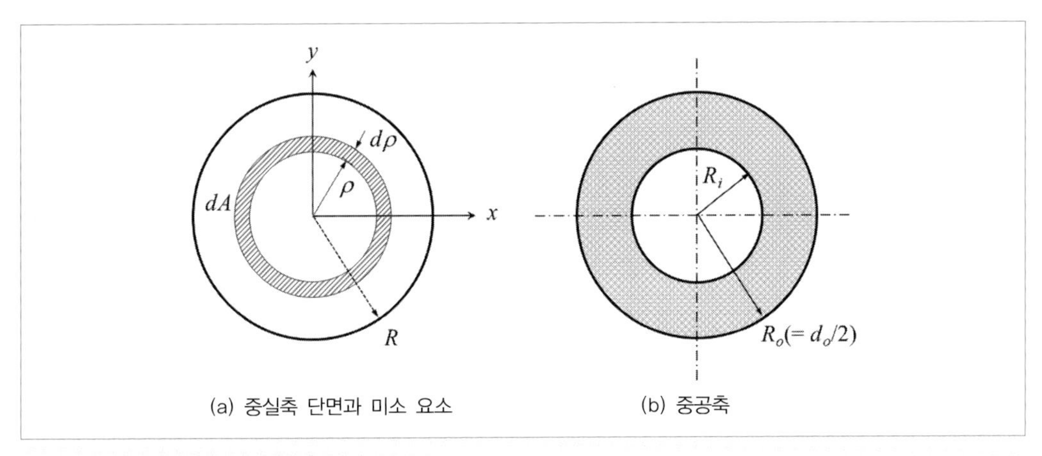

그림 6.7 중실축과 중공축의 원형 단면

고체역학 참고문헌에 잘 정리되어 있다. 여기서는 축으로 가장 많이 사용되는 원형 단면 축에 대해 J를 구해 보기로 한다. J에 대한 정의 식 (6.7)에서 알 수 있듯이 J는 단면 형상에만 관계되므로, 원형 단면을 [그림 6.7]에 나타내었다. 그림에서 적분을 수행하기 위한 미소 면적 (dA)을 빗금으로 나타내었다. 이 경우 미소 면적은 반경 ρ인 원의 원주 길이에 폭이 $d\rho$인 띠로 간주하여 구할 수 있으므로 $dA = 2\pi\rho d\rho$[6]가 된다. 이를 이용하여 단면적 전체에 대해 적분을 수행하면 식 (6.9)를 얻을 수 있다. 여기서 d는 축의 직경(diameter)이다. [그림 6.7] (b)에 보인 중공축의 J값은 적분 구간만 변경하면 되므로 식 (6.10)과 같이 된다.

$$J_S \equiv \int_0^R \rho^2 2\pi\rho d\rho = 2\pi\int_0^R \rho^3 d\rho = \frac{\pi R^4}{2} = \frac{\pi d^4}{32} \tag{6.9}$$

$$J_H \equiv \frac{\pi\left(R_o^4 - R_i^4\right)}{2} = \frac{\pi\left(d_o^4 - d_i^4\right)}{32} \tag{6.10}$$

예제 6.1 길이가 L이고 직경이 d인 중실축과 외경이 d, 내경이 $0.5d$인 중공축에 동일한

6) 미소 면적으로 잡은 환형(annulus)의 한쪽 끝을 자르고 폈을 때 직사각형 띠는 아니지만 $d\rho$가 매우 작은 양이므로 ($2\pi\rho$, $d\rho$) 와 같이 직사각형 띠로 근사할 수 있다.

토크 T가 작용될 때 중실축과 중공축에 발생하는 전단 응력을 계산하고 축의 무게를 기준으로 장단점을 비교하라. 두 종류의 축은 동일한 재료로 가공되었다고 가정하라.

해법 예 축에 발생하는 전단 응력은 (6.8)에서 (6.10)까지의 식들을 이용해 구할 수 있으며 식 (6.11)과 식 (6.12)와 같이 된다. 식 (6.11)에서 Z_S는 중실축의 J를 반경(R)으로 나눈 양으로서 **극단면계수**(polar section modulus)라고 하며, 토크를 받는 축의 최대 전단 응력을 쉽게 계산하기 위해 사용된다.[7] 식 (6.12)에서 전단 응력 크기를 비교해 보았을 때 중공축이 중실축에 비해 약 1.07배만큼 큰 응력이 발생함을 알 수 있다.

$$\tau_S = \frac{TR}{J_S} = \frac{Td/2}{\pi d^4/32} = \frac{T}{\pi d^3/16} = \frac{T}{Z_S} \tag{6.11}$$

$$\tau_H = \frac{TR}{J_H} = \frac{Td/2}{\dfrac{\pi\{d^4-(0.5d)^4\}}{32}} = \frac{T}{\dfrac{\pi d^3}{16}\dfrac{15}{16}} = \frac{T}{Z_S}\frac{16}{15} = \frac{16}{15}\tau_S \tag{6.12}$$

두 축은 길이가 같고 동일한 재료로 제작되었으므로 무게 비는 단면적비와 같게 된다. 따라서 중실축에 대한 중공축의 무게비는 식 (6.13)과 같이 된다. 즉 중공축이 중실축의 75% 무게가 된다. 결론적으로 볼 때 중공축의 경우 무게는 25% 가벼워진 반면 응력은 6.7%밖에 증가하지 않은 것이다. 이러한 이유로 경량화가 필요한 축은 대부분 중공축으로 제작한다.

$$R_W = \frac{A_H}{A_S} = \frac{\pi\left[d^2-(0.5d)^2\right]/4}{\pi d^2/4} = \frac{3}{4} \tag{6.13}$$

---

7) 극단면계수는 고체역학 관련 참고문헌들의 부록에 잘 정리되어 있다.

6.7 동력전달용 축

[그림 6.8] (a)에 승용차용 섀시와 동력전달장치를 나타내었고, 그중 대표적인 추진축을 (b)에 나타내었다. 이러한 축을 설계하기 위해서는 엔진 출력(또는 동력)을 기반으로 축에 걸리는 토크와 응력 등을 계산해야 한다.

동력(power) 또는 일률이란 단위 시간당 행한 일의 양이며, 토크가 일정할 경우 식 (6.14)와 같이 나타낼 수 있다.[8] SI 단위계에서 동력은 [J/s] 또는 [W]가 사용되지만 자동차 산업 등에서는 현재까지도 마력 단위를 많이 사용하고 있다. **마력**(horse power)이란 말 한 마리가 수행할 수 있는 일률을 지칭하는데, 전통적으로 영국 마력(hp)[9]과 프랑스 마력(PS)[10]이 많이 사용되고 있다. 또한 식 (6.14)에서 ω는 각속도이며, 단위는 [rad/s]가 된다. 그러나 자동차 엔진 등에서는 주로 분당 회전수(revolutions per minute, RPM) n을 사용하고 있는 실정이며, 이들 사이에는 식 (6.15)와 같은 관계가 있다.

$$P \equiv \frac{dW_k}{dt} = \frac{d(T\theta)}{dt} = T\frac{d\theta}{dt} = T\omega \tag{6.14}$$

(a) 섀시와 동력전달장치 (b) 추진축

그림 6.8 동력전달용 축의 예[출처 : Shutterstock]

8) 식 (6.14)에서 알 수 있듯이 일과 토크는 단위가 [N · m]로 같다. 이를 구분하기 위해 모멘트를 [m · N]으로 나타내거나 일은 Joule[J]로 나타내는 경우가 많다. 또한 식에서 각은 항상 라디안[radian]으로 나타내야 한다.

9) 1 hp = 550 ft · lbf/s = 745.7 W

10) 1 PS = 75 kgf · m/s = 735.5 W ≒ 0.986 hp

$$\omega\,[\mathrm{rad/s}] = \frac{2\pi n\,[\mathrm{rpm}]}{60} \tag{6.15}$$

예제 6.2 최대 출력이 '315 PS/6,000 rpm'으로 표시된 엔진 축에 걸리는 토크[N · m]를 계산해보라.

해법 예 식 (6.15)를 이용하여 회전수로부터 각속도를 계산할 수 있으며, 식 (6.16)과 같이 된다. 다음으로 동력과 각속도를 알 때 식 (6.14)를 이용하여 토크를 계산하면 되며, 이를 통해 식 (6.17)과 같은 결과를 얻을 수 있다.

$$\omega = \frac{2\pi n\ [\mathrm{rpm}]}{60} = \frac{2\pi \times 6000}{60} = 200\pi\ [\mathrm{rad/s}] \tag{6.16}$$

$$P = (315\ \mathrm{PS}) \times \frac{735.5\ \mathrm{W}}{1\ \mathrm{PS}} = 231.6825\ \mathrm{kW} \tag{6.17}$$

$$T = \frac{P}{\omega} = \frac{231.6825\ \mathrm{kW}}{200\pi\ [\mathrm{rad/s}]} \approx 368.7\ [\mathrm{m \cdot N}]$$

추가 검토 실제 엔진 사양에는 최대 토크가 '40.5 kgf · m/5,000 rpm'으로 표시되어 있다. '40.5 kgf · m'는 397.2 N · m이므로, 본 예제에서 계산한 값과 다르다. 자동차 엔진의 경우 최대 동력이 발생하는 회전수와 최대 토크가 생기는 회전수가 다르기 때문에 이와 같은 차이가 생기게 된다.

6.8 주요 식 정리

비틀림 하중하에서 중요한 물리량은 [그림 6.9]에서와 같이 크게 네 가지(T, θ, τ_ρ, γ_ρ)를 들 수 있으며, 이들 사이의 상호 관계들은 이 장에서 유도한 식 (6.5)와 식 (6.8), 그리고 식 (4.12)를 통해 모두 알 수 있다. 이 중에서 공학적 응용이 많은 토크(T)와 비틀림각(θ) 사이의

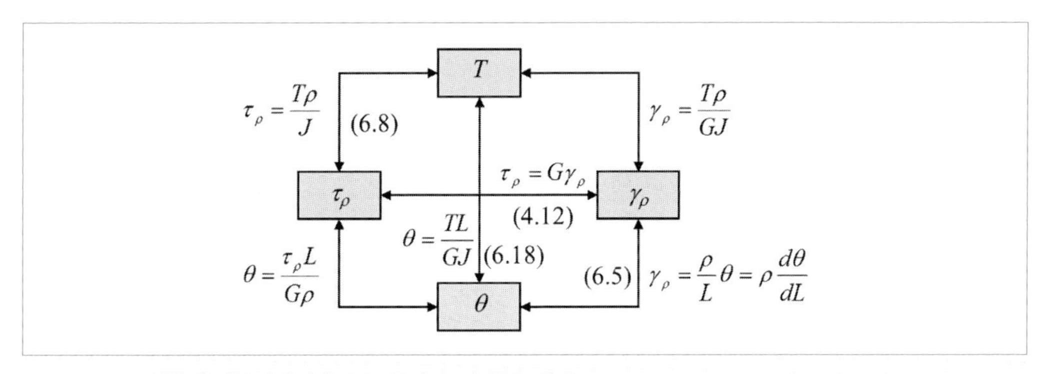

그림 6.9 비틀림 하중하에서의 중요 물리량 및 상호 관계

관계는 식 (6.18)과 같은 과정을 거쳐 유도할 수 있다.

$$\theta = \frac{L}{\rho}\gamma_\rho = \frac{L}{\rho}\frac{\tau_\rho}{G} = \frac{L}{\rho G}\frac{T\rho}{J} = \frac{L}{GJ}T \tag{6.18}$$

이제 Coulomb이 비틀림 저울을 통해 어떻게 전하 사이의 힘을 측정했는지 그 과정을 유추해 보자. 가장 먼저 [그림 6.2]와 같은 비틀림 저울을 만들고 모든 치수를 측정했을 것이다. 다음으로 안쪽 구에 원하는 전하를 대전시키고(q_1) 기준 각도(θ_0)를 측정한다. 다음 원통에 고정된 구에 원하는 전하를 대전시키고(q_2), 이로 인해 회전하는 내부 금속선의 각도(θ_i)를 측정해 각도 변화($\delta\theta$)를 계산한 다음 식 (6.18)을 이용해 각도 변화를 토크(T)로 바꾼다. 이 토크는 금속선에서 구까지의 거리(s)에 구에 작용하는 힘(F)를 곱한 양이다. 따라서 최종적으로 식 (6.19)를 사용해 미소한 힘을 측정했을 것이다. 식에서 s를 제외한 모든 값들은 금속선에 대한 값들이다. Coulomb은 오랫동안 쿨한 사람이었던 것 같다.

$$F = \frac{GJ}{Ls}\theta \tag{6.19}$$

제7장

굽힘 하중

[출처 : Shutterstock]

미국 애리조나주 페이지시에 있는 말굽 협곡은 신이 만들어 놓은 대표적인 **굽힘** 구조물이다. **보**와 같은 구조물들을 굽히기 위해서는 **굽힘 모멘트**가 필요하고, 고체 구조물들은 굽힘 하중으로 인해 큰 스트레스를 받는다. **탄성 굽힘 공식**에 대한 이해를 바탕으로 구조물들의 스트레스를 줄여줄 수 있도록 하자.

보의 **처짐**은 **적분법, 특이함수법, 에너지법** 등 다양한 방법을 통해 구할 수 있다. 게임에서 이기기 위해서는 많은 아이템들을 확보해야 하는 것처럼 공학 문제를 해결할 수 있는 다양한 방법을 익히고 적재적소에 활용하자.

7.1 굽힘 하중을 받는 구조물

각종 수영대회에서 다이빙하기 위해 [그림 7.1] (a)와 같은 다이빙대 위에 서 있는 선수들을 볼 때 왠지 모를 불안감을 느끼게 된다. 또한 다이빙을 위해 다이빙대를 구를 때 상당한 양의 변형을 목격하게 된다. 네덜란드에는 [그림 7.1] (b)와 같이 행인이 건널 수 있도록 **외팔보**(cantilever beam) 형태의 다리를 설치해 놓고 있다. 비행기 내부의 날개 쪽 자리에 앉아 이착륙 시 [그림 7.1] (c)와 같은 비행기의 날개를 관찰해 보면 상당한 처짐(deflection)이 생김을 알 수 있다. 야구에서 타자가 자기 생각대로 되지 않았을 때 [그림 7.1] (d)와 같이 하여 배트를 쉽게 부러뜨리는 것을 종종 볼 수 있다. 높은 건물을 지을 때 필요한 [그림 7.1] (e)와 같은 타워 크레인은 보 자체의 무게와 끝에 매단 짐의 무게로 인해 수직 방향으로 많은 변형이 생긴다. 경량 구조물 제작에 사용되는 [그림 7.1] (f)와 같은 형태의 **보**(beam)는 건설 현장에서 흔히 볼 수 있다. 이들 구조물과 같이 구조물의 길이 방향에 수직한 부하가 걸릴 때 우리는 **굽힘 하중**(flexural/bending loading)이 작용한다고 한다. 지금까지 살펴본 구조물들은 어떻게 설계된 것일까? 다이빙대와 비행기 날개는 변형이 커 보이지만 파손이 쉽게 생기지 않는다. 야구 배트는 매우 견고해 보이는데 두 손과 허벅지로 쉽게 부러뜨릴 수 있다. I형 보의 형태는 왜 [그림 7.1] (f)와 같이 만들어졌을까? I형 보를 90°만큼 돌려 H형 보로 사용해도 될까? 이러한 수많은 질문에 답할 수 있기 위해서는 굽힘 하중이 작용하는 보의 응력과 처짐에 대한 이해가 필수적이다.

7.2 순수 굽힘 모멘트를 받는 보

[그림 7.1]은 굽힘 하중을 받는 대표적인 구조물들이며, 굽힘 하중을 좀 더 구체적으로 표현하면 **굽힘 모멘트**(bending moment)라고 할 수 있다. 즉 굽힘 구조물들의 변형과 응력을 발생시키는 주된 부하는 모멘트임을 알 수 있다. [그림 7.2]와 같은 I형 단면 보의 우측 끝에 (b)와 같이 좌표를 설정할 경우, 즉 보의 길이 방향을 x 축으로 설정할 경우, (a)와 같은 변형을 일으키는 모멘트는 M_z이다.

(a) 다이빙대
(b) 네덜란드 외팔보 다리
(c) 비행기 날개
(d) 야구 배트
(e) 타워 크레인
(f) I형 보

그림 7.1 굽힘 하중을 받는 구조물[출처 : Shutterstock]

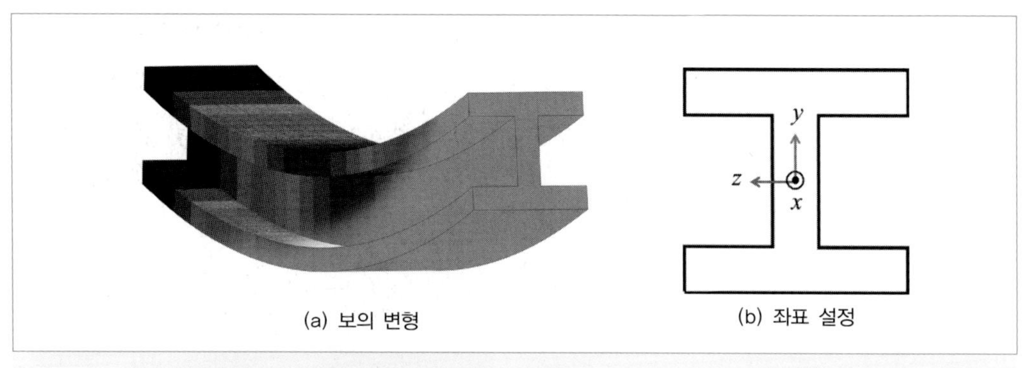

(a) 보의 변형 (b) 좌표 설정

그림 7.2 I형 단면보의 순수 굽힘[출처 : (a) Shutterstock]

실제 구조물들 중 순수하게 굽힘 모멘트만 작용하는 경우는 흔하지 않다. 하지만 이해의 편의와 단순화를 위해 굽힘 모멘트만 작용하는 보를 먼저 고려한다. 이와 같은 경우를 〈예제 4.1〉에서 이미 살펴보았다. 즉 [그림 7.3] (a)와 같은 4PB 구조물을 A-A와 B-B에서 가상 절단한 후 중앙 부분에 대해 FBD을 그리면 (b)와 같이 된다.

[그림 7.3] (b) 부분을 모델링한 후 유한요소해석을 수행하면 [그림 7.4]와 같은 변형률 분포를 얻을 수 있다. 해석 결과에서 알 수 있듯이 윗면에서는 압축, 아랫면에서는 인장이 발생함을 알 수 있으며, 모멘트를 인가한 양 끝부분을 제외하고는 해당 면에서 동일한 변형률을 보이고 있음을 알 수 있다. 따라서 지금부터는 변형 전과 변형 후의 변형 양상을 3D 대신 [그림 7.5]와 같이 2D로 나타내기로 한다.

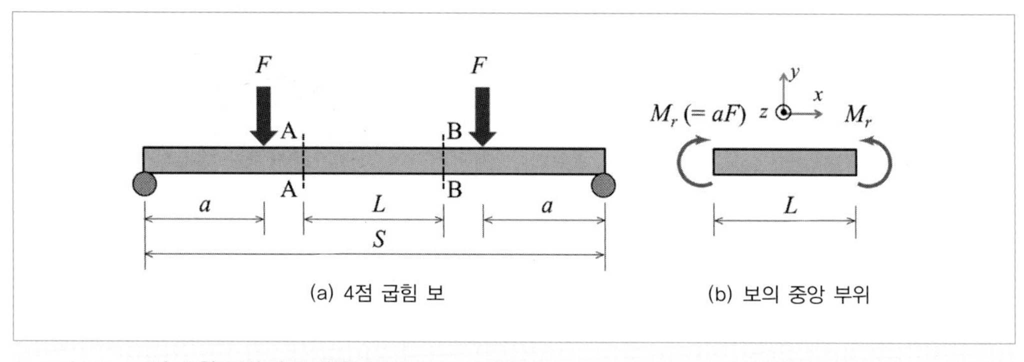

(a) 4점 굽힘 보 (b) 보의 중앙 부위

그림 7.3 4점 굽힘 보와 순수 굽힘 부분

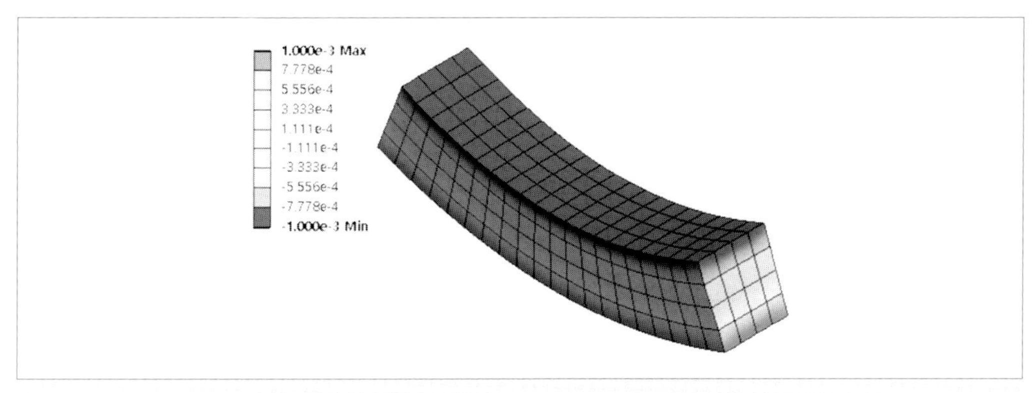

그림 7.4 순수 굽힘 보의 길이 방향 수직 변형률 3D 분포[단위 : ε]

[그림 7.5]를 바탕으로 순수 굽힘 모멘트가 작용할 때 보의 변형 양상1)을 정리하면 다음과 같다.

- 보의 윗부분에는 압축, 보의 아랫부분에는 인장이 발생한다. 즉 굽힘 하중을 받는 보에는

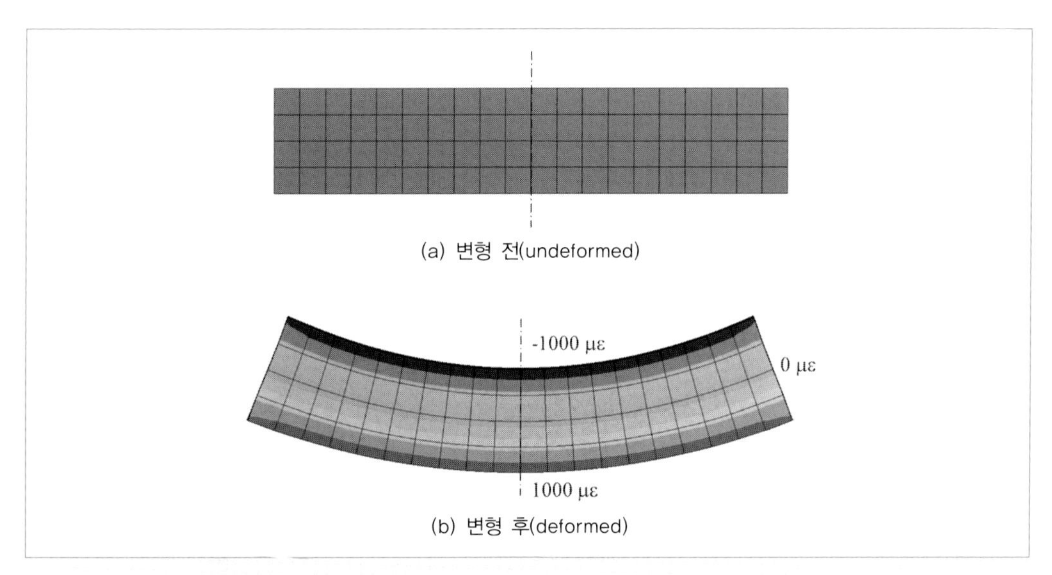

그림 7.5 순수 굽힘 보의 수직 변형률 2D 분포

1) 보의 변형 양상 관찰을 위해 매우 큰 격자(mesh)를 사용하였다. 실제로 정확한 해석을 위해서는 보다 작은 격자 크기를 사용해야 한다.

인장과 압축 수직 변형률이 동시에 발생함을 알 수 있다.

- 보의 윗부분과 아랫부분에 발생하는 변형률의 절댓값은 같다.
- 보의 중간 부분에서 변형률이 0이 된다.[2)]
- 초기에 직각인 각이 변형 후에도 직각을 유지한다. 즉 전단 변형률은 0이 된다.
- 변형 전 평면은 변형 후에도 평면을 유지한다.

7.3 순수 굽힘 모멘트를 받는 보의 모멘트 평형

순수 굽힘 모멘트만 작용하는 경우 수직 변형률(응력)만 발생하고 전단 변형률(응력)은 존재하지 않기 때문에 보의 가상 절단면에 대해 [그림 7.6]과 같이 미소 면적(dA)을 잡고 양의 수직 응력(σ_x)을 곱하면 미소 힘(dF)이 된다. 다음으로 단면에 임의의 기준축 OO′을 설정한 뒤 이 기준축으로부터 미소 면적까지의 거리(y')를 곱하면 식 (7.1)과 같이 미소 저항 모멘트(dM_r)에 관한 식을 얻을 수 있다. 여기서 일반적인 좌표인 y 대신 y'을 쓰는 이유는 y'이 특정 기준축으로부터의 거리이기 때문이다. 또한 식의 앞에 음의 부호를 붙인 것은 양의 응력으로 인해 생기는 모멘트 방향이 제4장에서 약속한 양의 모멘트 방향과 반대이기 때문이다. 즉 그림에서 양의 미소 힘은 음의 미소 모멘트를 생성시키기 때문에, 이를 보정하기 위해 식에 음의 부호를 곱한 것이다. 다음으로 미소 모멘트를 단면적 전체에 대해 적분하면 식 (7.2)와 같이 가상 절단면의 모멘트 M_r이 되어야 한다.

$$dM_r = (-)y' \times (\sigma_x dA) \tag{7.1}$$

$$M_r = (-)\int_A y'\sigma_x dA \tag{7.2}$$

보의 가상 단면에 대해 모멘트 평형식을 적용하여 식 (7.2)를 유도하였으나 수직 응력(σ_x)

---

2) 연속체 내에서 어떤 물리량이 양의 값과 음의 값을 갖는 경우 그 사이 어디에선가는 값이 0인 곳이 존재해야 한다. 이를 **연속 조건**(continuity condition)이라고 한다.

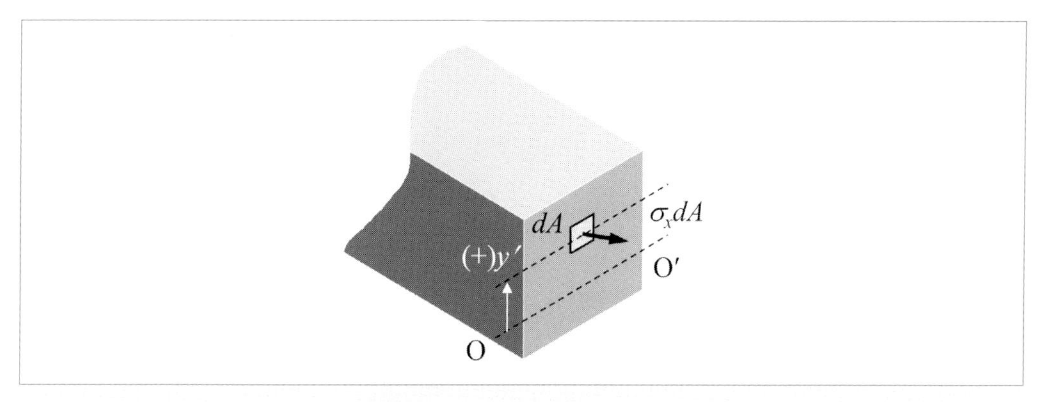

그림 7.6 순수 굽힘을 받는 보의 가상 단면

과 모멘트(M_z)의 관계에 관한 정보가 없으므로 식을 더 이상 전개해 나갈 수가 없다. 따라서 모멘트 M_z를 받는 보 문제는 토크를 받는 축과 같이 전형적인 부정정 문제가 되므로 하중-변형 관계를 살펴야 한다.

7.4 순수 굽힘 모멘트를 받는 보의 변형 양상

7.2절에서 관찰한 변형 양상을 토대로 순수 굽힘보의 변형을 정량화해 보자. [그림 7.7]은 보의 변형을 매우 과장시켜 그린 것이다. 그림에서 볼 수 있듯이 보는 점 O를 원의 중심으로 하는 원호 형태로 변형된다. 7.2절에서 관찰하였듯이 보의 특정 위치에서 변형률이 0이 되는 곳(변형이 일어나지 않는 곳)이 존재하는데, [그림 7.7]의 원호 $\widehat{NN'}$이 이에 해당된다. 이 원호를 포함한 축을 **중립축**(neutral axis)이라 하고, 중립축을 포함하는 면을 **중립면**(neutral plane)이라고 한다. 그림에서 거리 ρ는 원호의 중심에서 중립축까지의 거리를 나타낸다. 중립축에서 위 방향으로 $(+)y'$ 축을 잡으면 중립축에서 임의의 위치에 있는 원호 $\widehat{AA'}$의 변형률은 (7.3) 식과 같이 된다.[3] 즉 보의 변형률은 중립면 위쪽에서 음(압축)이 되고, 아래쪽에서 양(인장)이 되며, 중립축에서의 거리에 비례함을 알 수 있다.

3) 변형률 계산은 항상 (최종 길이 - 기준 길이)/(기준 길이)로 계산해야 한다.

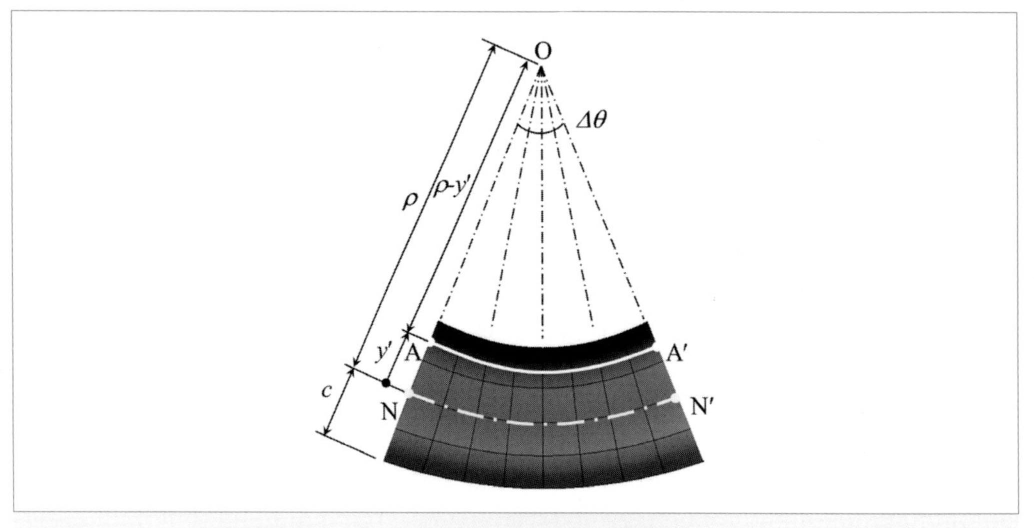

그림 7.7 순수 굽힘 상태에서의 변형

$$\epsilon_x = \frac{\widehat{AA'} - \widehat{NN'}}{\widehat{NN'}} = \frac{(\rho - y')\Delta\theta - \rho\Delta\theta}{\rho\Delta\theta} = (-)\frac{y'}{\rho} \tag{7.3}$$

다음으로 보 재료를 선형, 탄성, 균질 및 등방성으로 가정하면 후크의 법칙을 적용할 수 있다. 식 (7.3)의 양변에 Young 계수(E)를 곱하면 응력에 관한 식 (7.4)를 얻을 수 있다. 응력 또한 변형률과 같은 양상으로 변화됨을 알 수 있다. [그림 7.7]에서 c는 y'이 음이면서 거리가 가장 먼 지점까지의 거리를 나타낸다.

$$E\epsilon_x = \sigma_x = (-)\frac{Ey'}{\rho} \tag{7.4}$$

7.5 순수 굽힘 모멘트를 받는 보의 응력

모든 고체는 항상 정적 평형을 만족해야 한다. 먼저 [그림 7.6]의 가상 절단면에 대한 x 방향의 힘 평형을 적용하면 식 (7.5)와 같이 나타낼 수 있다. 이 식에 변형 양상 검토를 거쳐 유도한 식 (7.4)를 대입하면 식 (7.6)과 같으며, Young 계수(E)와 중립축까지의 거리(ρ)는 0이 될 수 없으므로 식 (7.6)은 식 (7.7)과 같이 간략화시킬 수 있다. 이 식은 선형 탄성 범위 내에서 순수 굽힘 하중을 받는 보의 경우 기준축(또는 중립축)은 단면의 **도심**(centroid)을 통과해야 한다는 것을 의미한다.[4]

$$\Sigma F_x = \int_A dF = \int_A \sigma_x dA = 0 \tag{7.5}$$

$$\Sigma F_x = \int_A \sigma_x dA = \int_A \left(-\frac{Ey'}{\rho}\right) dA = \left(-\frac{E}{\rho}\right)\int_A y' dA = 0 \tag{7.6}$$

$$\int_A y' dA = 0 \tag{7.7}$$

다음으로 하중-변형 관계를 통해 유도한 식 (7.4)를 모멘트 평형식인 식 (7.2)에 대입하면 식 (7.8)을 얻게 된다. 식의 마지막에 있는 I_z는 좌표축을 [그림 7.2] (b)와 같이 설정하였을 때 **z축에 대한 면적 관성 모멘트**(area moment of inertia about z axis)라고 한다. 이 식으로부터 모멘트가 주어졌을 때 원의 중심에서 중립축까지의 거리(ρ)를 구할 수 있게 된다. 다음으로 식 (7.8)을 응력에 관한 식 (7.4)에 대입하면 식 (7.9)를 얻을 수 있다. 이 식으로부터 단면의 형상(I_z)과 모멘트(M_z)의 크기를 알 때 임의의 위치(y')에서의 길이 방향 응력(σ_x)을 계산할 수 있으며, 이 식을 **탄성 굽힘 공식**(elastic flexure formula)이라고 한다. 이 탄성 굽힘 공식을 활용할 때 주의해야 할 것은 좌표와 공식에 포함되어 있는 첨자들이다. 즉 좌표 설정이 바뀌면 식이 완전히 바뀌게 되므로 단순 암기보다 유도 과정을 100% 이해한 뒤 사용해야 한다.

4) **도심**(centroid)은 작도된 도형의 중심을 일컬으며 y 방향의 도심은 다음과 같이 정의된다. $y_c \equiv \dfrac{\int_A y dA}{A}$.
따라서 $\int_A y dA = 0$은 $y_c = 0$을 의미한다.

$$M_r = M_z = (-)\int_A y'\sigma_x dA = (-)\int_A y'\left(-\frac{Ey'}{\rho}\right)dA \tag{7.8}$$

$$= \frac{E}{\rho}\int_A (y')^2 dA = \frac{EI_z}{\rho}$$

$$\sigma_x = (-)\frac{Ey'}{\rho} = (-)\frac{M_z}{I_z}y' \tag{7.9}$$

탄성 굽힘 공식인 식 (7.9)를 보았을 때 모멘트와 단면 형상이 동일한 경우 응력은 중립축으로부터의 거리(y')만의 함수가 된다. 또한 인장 응력은 y'이 음이면서 최대가 되는 아래쪽에서 발생할 것이다. 따라서 $y'=(-)c$인 곳에서 최대 인장 응력이 발생하게 되며, 이는 식 (7.10)과 같다. 이 식은 설계자들이 많이 사용하기 때문에 흔히 식 (7.11)과 같은 형태의 식으로 변경하여 사용된다. 식에서 S는 **보의 단면계수**(section modulus of a beam)라고 하며, 각종 핸드북에 표 형태로 주어져 있는 경우가 많다.

$$\sigma_{x,T_{\max}} = \sigma_{\max} = (-)\frac{M_z}{I_z}y'\bigg|_{y'=(-)c} = \frac{M_z c}{I_z} \tag{7.10}$$

$$\sigma_{\max} = \frac{M_z}{I_z/c} = \frac{M_z}{S} \tag{7.11}$$

예제 7.1 길이 L인 보에 양의 순수 굽힘 모멘트 $M_z(=+M)$가 작용되고 있다. 단면 형상이 [그림 7.8]과 같을 경우 최대 응력 관점에서 어느 쪽이 유리한지 논하라. 좌표는 그림과 같이 설정하고 문제를 해결하라. 편의상 단위는 없는 것으로 하라.

해법 예 최대 인장 응력을 계산하기 위해 식 (7.11)을 활용하면 되지만 이 식을 이용하기 위해서는 중립축(또는 도심)과 이 축에 대한 면적 관성 모멘트를 알아야 한다. 먼저 도심의 위치를 구한다. 도심의 위치를 쉽게 구하기 위해 [그림 7.9]와 같이 도심의 위치를 알고 있는 2개의 단순한 형상으로 분리하고 적분식을 식 (7.12)와

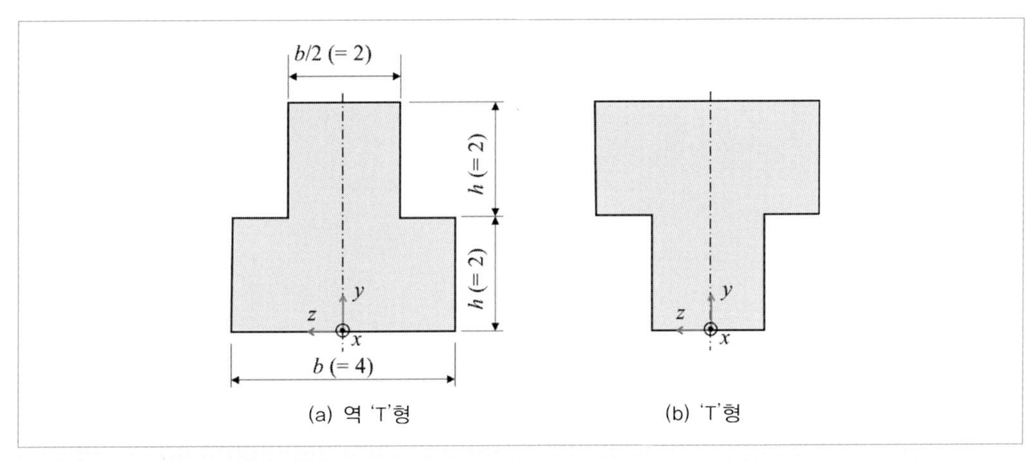

그림 7.8 순수 굽힘보의 단면 형상

식 (7.13)에서와 같이 합의 식으로 바꿔 계산한다.[5] 그림에서 알 수 있듯이 도심은 면적이 큰 쪽에 위치하게 된다. [그림 7.9]에서 작은 도심 기호는 분리된 단순 형상 단면들의 개별 도심을 나타내고, 큰 도심 기호는 전체 단면의 도심을 나타낸다.

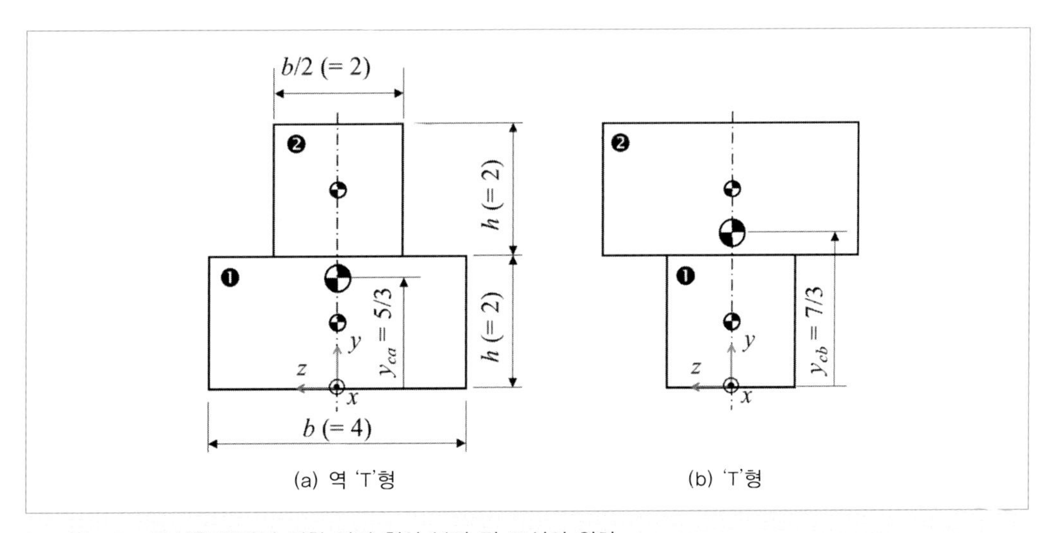

그림 7.9 도심을 구하기 위한 단면 형상 분리 및 도심의 위치

5) [그림 7.9]에서 (a)를 180° 회전시키면 (b)가 되므로 도심을 따로 구하지 않고 (a)의 결과를 사용해도 된다.

$$y_{c,a} = \frac{\sum_{i=1}^{2} A_i y_{ci}}{\sum_{i=1}^{2} A_i} = \frac{A_1 y_{c1} + A_2 y_{c2}}{A_1 + A_2} = \frac{8 \times 1 + 4 \times 3}{8+4} = \frac{5}{3} \quad (7.12)$$

$$y_{c,b} = \frac{A_1 y_{c1} + A_2 y_{c2}}{A_1 + A_2} = \frac{4 \times 1 + 8 \times 3}{4+8} = \frac{7}{3} \quad (7.13)$$

도심의 위치를 알게 되었으므로 도심에 대한 면적 관성모멘트를 구하면 된다. 면적 관성모멘트를 구하기 위해서는 사각 단면의 면적 관성모멘트와 **평행축 정리**(parallel axis theorem)[6]를 적용해야 한다. 먼저 [그림 7.10]과 같이 폭이 b이고 높이가 h인 사각 단면의 중심축(z 축)에 대한 면적 관성모멘트(I_z)를 구해 보자. I_z에 대한 정의를 이용하여 적분을 수행하면 식 (7.14)와 같이 된다.[7]

$$I_z = \int_A y^2 dA = \int_{-\frac{h}{2}}^{\frac{h}{2}} y^2 (bdy) = b \int_{-\frac{h}{2}}^{\frac{h}{2}} y^2 dy = \frac{bh^3}{12} \quad (7.14)$$

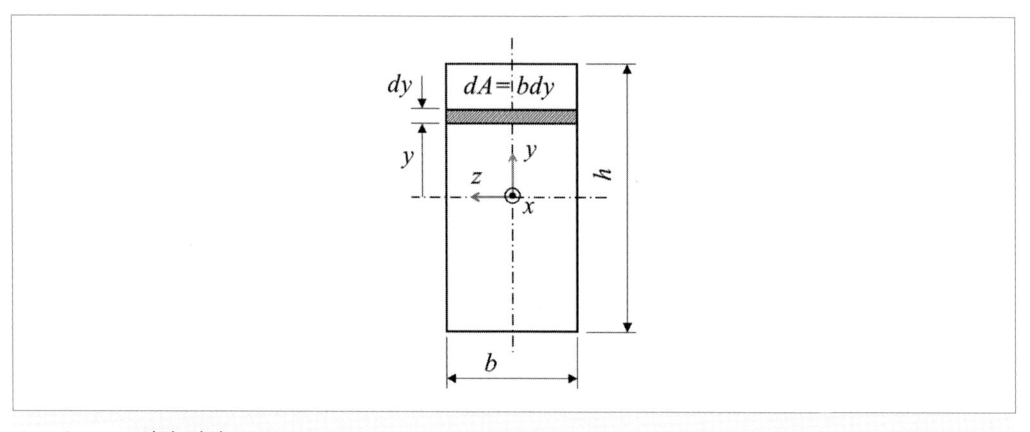

그림 7.10 사각 단면

6) 여기서는 평행축 정리를 이용해 면적 관성모멘트를 구하는 데 초점을 맞추었다. 면적 관성모멘트와 평행축 정리에 대한 보다 상세한 설명은 정역학 참고문헌을 참고하기 바란다.

7) 사각형의 중심에 좌표축을 설정하였으므로 식 (7.8)의 y'을 y로 바꿔 계산하였다.

평행축 정리는 [그림 7.11]에서와 같이 어떤 기준축(CC′)에 대한 면적 관성모멘트($I_{CC'}$)를 알고 있을 때 기준축 이외의 다른 축(OO′)에 대한 면적 관성모멘트($I_{OO'}$)를 계산하고자 할 경우 매우 유용하며 식 (7.15)와 같이 주어진다. 여기서 d는 기준축과 대상축 사이의 수직 거리이다.

$$I_{OO'} = I_{CC'} + Ad^2 \tag{7.15}$$

식 (7.14)와 식 (7.15)를 이용해 [그림 7.9]의 두 가지 단면에 대해 도심축에 대한 면적 관성모멘트를 구하면 식 (7.16)과 같다. 그림에서 단면 (b)는 (a)를 180° 회전시켜 놓은 것에 불과하므로 두 단면의 면적 관성모멘트는 같게 되어 식 (7.17)이 성립한다.

$$I_{za} = I_{za1} + I_{za2} = \left[\frac{4\times 2^3}{12} + 8\times\left(\frac{5}{3}-1\right)^2\right]_{1} + \left[\frac{2\times 2^3}{12} + 4\times\left(\frac{1}{3}+1\right)^2\right]_{2} = \frac{44}{3} \approx 14.67 \tag{7.16}$$

$$I_{zb} = I_{za} \tag{7.17}$$

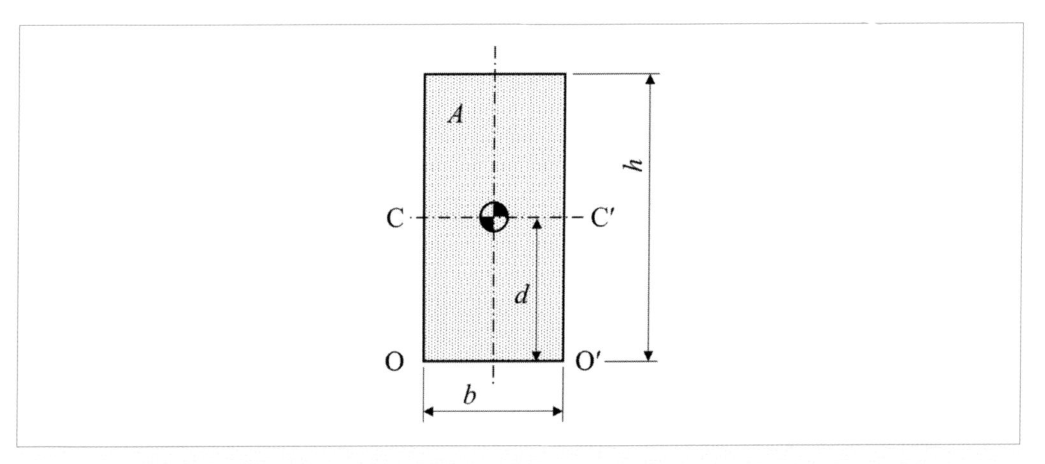

그림 7.11 평행축 정리 적용을 위한 사각 단면

[그림 7.9]에서 (a)와 (b)의 경우 면적 관성모멘트가 같기 때문에 최대 인장 응력은 식 (7.11)에서 c만의 함수가 된다. [그림 7.9]에서 알 수 있듯이 $c_a = \frac{5}{3}, c_b = \frac{7}{3}$이 되므로 최대 인장 응력의 비는 식 (7.18)과 같이 표현된다. 즉 (a)의 경우 (b)에 비해 최대 인장 응력이 작으므로 설계에 있어서 유리하다고 할 수 있다.

$$\frac{\sigma_{\max,a}}{\sigma_{\max,b}} = \frac{Mc_a/I_z}{Mc_b/I_z} = \frac{c_a}{c_b} = \frac{5/3}{7/3} = \frac{5}{7} \tag{7.18}$$

7.6 두께가 일정한 삼각형 외팔보

[그림 7.12]와 같이 두께는 일정하지만 보의 폭이 바뀌는 외팔보의 경우에 대해 탄성 굽힘 공식을 적용해 보자. 이 외팔보의 좌측 끝단은 고정되어 있고, 우측 끝단에 집중력 F가 작용하는 경우 보의 위치에 따른 최대 수직 응력 변화를 알아본다. 이 문제를 탄성 굽힘 공식 (7.9)에 대입하기 위해서는 보의 좌측 중심으로부터의 거리 x에 따른 모멘트와 면적 관성모멘트의 변화를 x의 함수로 표현해야 한다. 먼저 모멘트의 변화는 식 (4.3)과 같이 주어진다. 또한 거리 x에 따른 면적 관성모멘트는 일정하지 않고 거리의 함수가 되므로 식 (7.19)와 같이 쓸 수 있다.

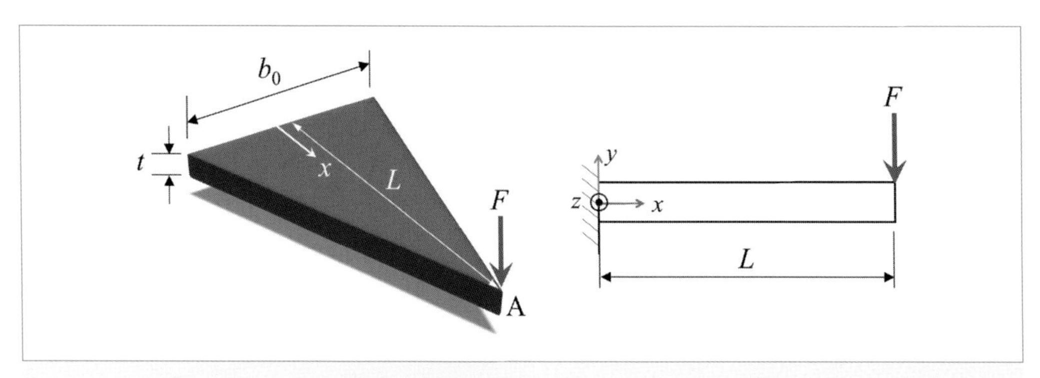

그림 7.12 균일 두께를 갖는 삼각형 형상 외팔보

$$M_z(x) = F(x-L) \tag{4.3}$$

$$I_z(x) = \frac{b_0\left(\frac{L-x}{L}\right)\times t^3}{12} \tag{7.19}$$

다음으로 앞의 두 식을 최대 인장 응력을 구하기 위한 식 (7.10)에 대입해 보면 식 (7.20)이 된다. 이 경우 최대 인장 응력은 보의 윗면에서 발생한다. 그런데 식 (7.20)을 보면 최대 응력은 위치 x에 무관하게 일정한 값을 주고 있음을 알 수 있다. 이 식은 응력 기반 설계에 있어서 중요한 정보를 주고 있다. 즉 삼각형 형상으로 외팔보를 만들면 모든 표면에서 같은 응력 상태가 된다는 것이며, 이는 재료를 매우 효율적으로 사용할 수 있음을 암시하는 것이다.

$$\sigma_{\max} = (-)\frac{M_z(x)y'}{I_z(x)}\bigg|_{y'=\frac{t}{2}} = (-)\frac{F(x-L)\times t/2}{b_0\left(\frac{L-x}{L}\right)\times t^3/12} \tag{7.20}$$

$$= \frac{FL\times t/2}{b_0 t^3/12} = \frac{FLt}{2I_{z_0}} \quad \text{where } I_{z0} = \frac{b_0 t^3}{12}$$

[그림 7.13]은 원자 단위까지의 형상을 측정할 수 있게 해주는 주사탐침현미경(scanning

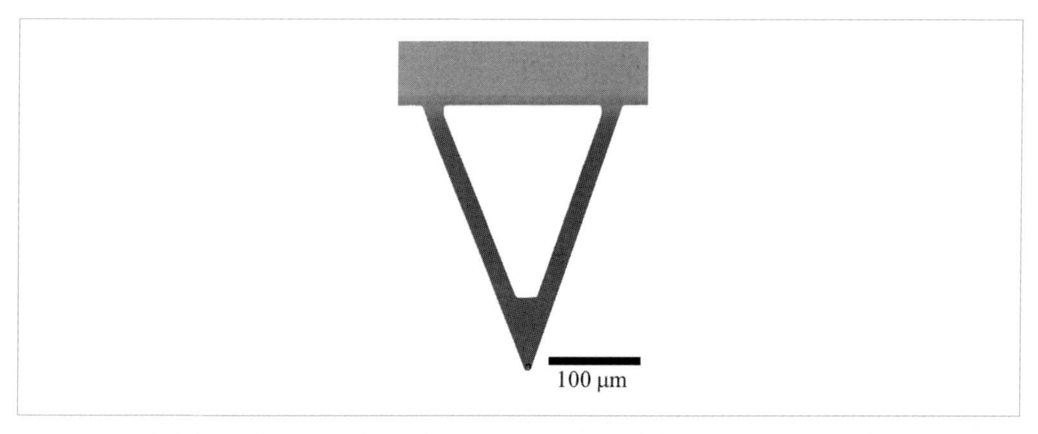

그림 7.13 SPM 팁과 외팔보

probe microscope, SPM)용 탐침이다. 탐침은 [그림 7.12]에서 중간 부분을 제거한 삼각형 외팔보 형태이며, 하단에 매우 날카로운 팁을 통해 힘이 전달되는 구조이다. 이 경우 외팔보의 응력 상태를 균일하게 만들기 위해 삼각형 형태로 가공한 것이며, 외팔보의 무게를 줄이기 위해 중앙 부분을 제거한 것이다.

7.7 분포 하중, 전단력, 모멘트 관계식

제4장에서 외팔보와 4점 굽힘 보에 대해 전단력 선도(SFD)와 굽힘 모멘트 선도(BMD)를 그려 보았다. [그림 4.7]과 [그림 4.11]에서 SFD와 BMD를 세밀하게 관찰해 보면 특징적인 것을 찾아낼 수 있다. 즉 BMD에서 모멘트의 기울기가 전단력이 됨을 알 수 있다. 예를 들어 식 (4.3)을 x에 대해 미분하면 식 (4.2)가 되고, 〈예제 4.1〉의 식 (4.6) ~ (4.8)에서 모멘트 식을 미분하면 전단력과 동일해지는 것을 알 수 있다. 이와 같은 세밀한 관찰을 통해 식 (7.21)을 얻을 수 있다.

$$\frac{dM(x)}{dx} = V(x) \tag{7.21}$$

미국 그랜드캐니언 부근에 있는 전망대를 [그림 7.14] (a)에 나타내었다. 계곡의 아랫부분을 공중에서 보기 위해 많은 사람들이 서 있는 경우 전망대 자체를 균일 분포하중을 받는 외팔보로 생각할 수 있다. 고공 줄타기를 할 때 평형을 잡기 위해 들고 있는 봉(rod 또는 stick)은 자중(dead weight)에 의해 (b)와 같이 변형이 생긴다. 이 봉의 절반만 생각하면 마찬가지로 외팔보로 간주할 수 있다. 이 두 가지 경우는 (c)와 같이 균일 분포하중을 받는 외팔보로 모델링할 수 있다. 이 외팔보에 대해 전단력 선도와 굽힘 모멘트 선도를 그려 보자.

먼저 외팔보 좌측 고정 지지점에서의 반력과 지지 모멘트를 구하기 위해 보 전체에 대한 자유물체도를 그리면 [그림 7.15]와 같다. 그림에서 w는 단위길이당 작용하는 힘을 나타내며 단위는 [N/m]가 된다. 단면적이 동일한 철근을 수평으로 들고 있을 때 단위길이당 작용하는 자중이 이에 해당된다. 따라서 보 전체에 작용하는 힘은 분포 하중 w에 보의 전체 길이 L을 곱하면 얻을 수 있다. 이를 통해 길이 L에 걸쳐 작용하고 있는 균일 분포하중을 보의 중앙에

그림 7.14 외팔보의 예와 균일 분포하중 모델링[출처 : (a), (b) Shutterstock]

작용하는 집중하중 wL로 대체할 수 있다.[8] 이 경우 보의 지지점에서의 반력과 지지 모멘트는 y 방향의 힘 평형과 z 축에 대한 모멘트 평형식을 통해 얻을 수 있으며, 각각 $R=wL$,

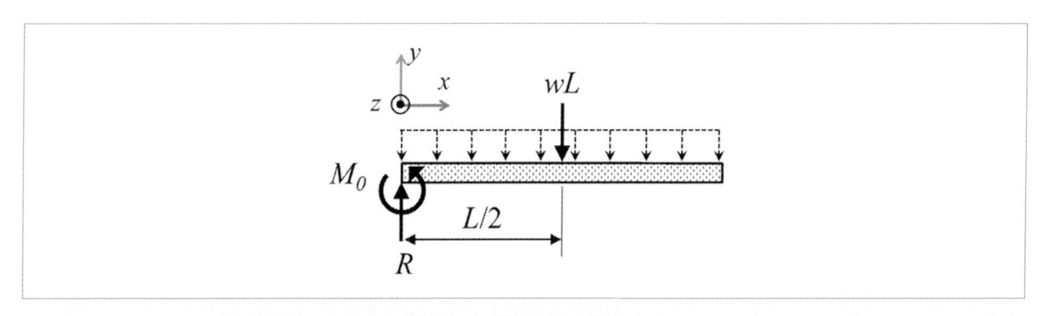

그림 7.15 균일 분포하중을 받는 외팔보 전체의 자유물체도

8) 정적 평형식 적용을 위해서는 집중 하중으로 대체할 수 있으나, 실제 처짐과 거동 등을 구할 때는 분포 하중으로 두고 계산해야 한다. 절충법에서 평형 조건은 강체로 두고 적용한 뒤, 변형 등은 변형체로 두고 계산해야 하는 것과 같은 맥락이라 할 수 있다.

$M_0 = wL^2/2$이 된다.

다음으로 원점에서 x만큼 떨어진 지점에 대한 가상 절단을 통해 내력(전단력)과 저항 모멘트를 구해 보자. 보의 좌측에서 x만큼 떨어진 지점을 가상 절단하고 이에 대한 자유물체도를 그리면 [그림 7.16]과 같다. 또한 가상 절단면에는 내력(전단력, V_r)과 저항 모멘트(M_r)를 양의 방향으로 나타내었다. 먼저 y 방향에 대한 힘 평형식을 적용하면 식 (7.22)와 같다. 다음으로 z 축에 대한 모멘트 평형을 적용하면 식 (7.23)과 같이 된다.

$$\Sigma F_y = wL - wx - V_r = 0 \tag{7.22}$$

$$V_r = w(L-x)$$

$$\Sigma M_z = \frac{wL^2}{2} - wLx + \frac{wx^2}{2} + M_r = 0 \tag{7.23}$$

$$M_r = (-)\frac{wx^2}{2} + wLx - \frac{wL^2}{2} = (-)\frac{w}{2}(x-L)^2$$

지금까지 유도한 식들을 이용하여 분포하중, 전단력, 모멘트 사이의 관계를 식 (7.24)에 정리하였다. 식에서 알 수 있는 점은 식 (7.21)에서의 전단력-모멘트 관계 이외에 추가로 분포 하중과 전단력 사이의 관계도 알 수 있다는 것이다. 즉 전단력을 x에 대해 한 번 미분하면 분포하중이 된다. 이를 식 (7.25)에 나타내었다. 식에서 저항 전단력을 의미하는 첨자 'r'을 편의상 제거하였다. 식 (7.21)과 식 (7.25)는 많은 응용성을 가지고 있으며, 이를 간단한 예제

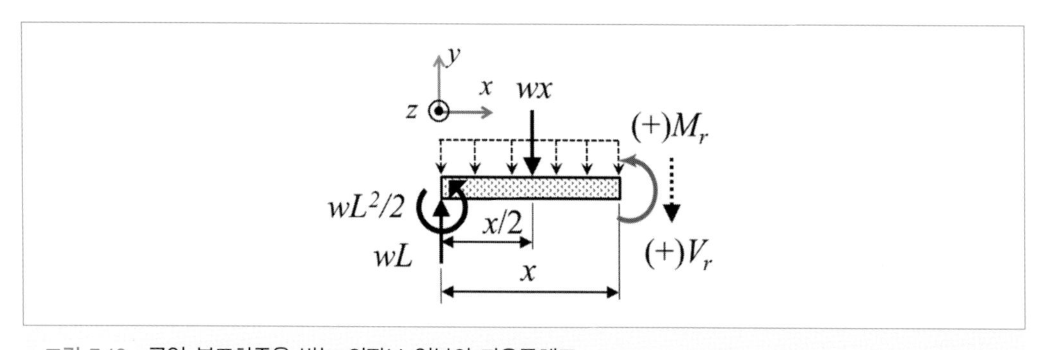

그림 7.16 균일 분포하중을 받는 외팔보 일부의 자유물체도

를 통해 알아보기로 한다.

$$q(x) = (-)w \tag{7.24}$$

$$V_r(x) = (-)w(x-L)$$

$$M_r(x) = (-)\frac{w}{2}(x-L)^2$$

$$\frac{dV(x)}{dx} = q(x) \tag{7.25}$$

예제 7.2 [그림 7.17] (a)와 같은 책 선반을 (b)와 같이 균일 분포하중을 받는 양단 단순 지지보로 모델링할 때, 임의의 위치(x)에서의 내력(전단력)과 저항 모멘트를 구하라. 그림에서 w는 [N/m]의 단위를 갖는 분포하중으로서 크기만을 나타냄에 주의하라.

해법 예 [그림 7.17] (a)와 같이 까치발에 의해 지지되는 선반에 책들이 빼곡하게 꽂혀 있는 경우를 간략히 모델링하면 (b)와 같이 균일 분포하중을 받는 양단 단순지지보로 간주할 수 있다. 이 보의 내부에 발생하는 전단력과 저항 모멘트를 기존의 가상 절단법이 아닌 적분법을 이용해 구해 보기로 한다. 먼저 (b)의 보를 대상으

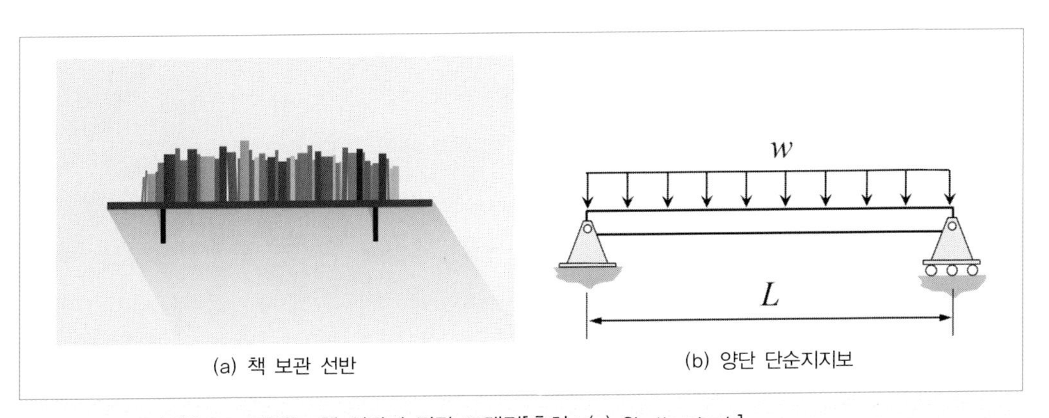

(a) 책 보관 선반 (b) 양단 단순지지보

그림 7.17 까치발로 지지되는 책 선반과 간략 모델링[출처 : (a) Shutterstock]

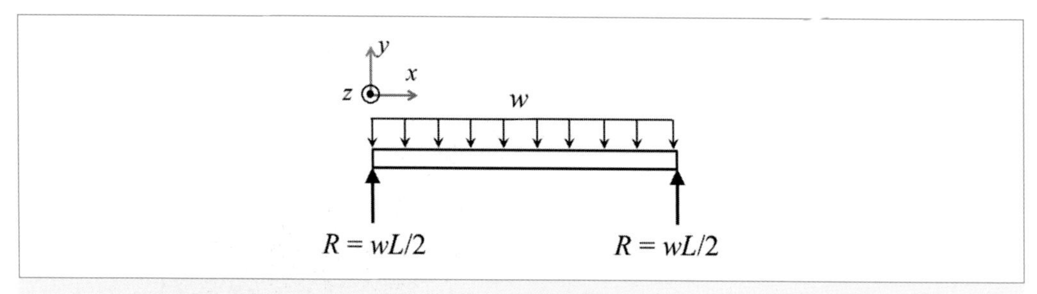

그림 7.18 균일 분포하중을 받는 양단 단순지지보의 자유물체도

로 자유물체도를 그리면 [그림 7.18]과 같게 된다. 양단이 단순 지지인 관계로 모멘트는 없고 대칭 조건과 y 방향 힘 평형 조건에 의해 반력을 쉽게 구할 수 있다.

분포하중 $q(x)=(-)w$로 하면, 보 내부의 전단력은 식 (7.25)의 양변을 부정적분(indefinite integration)하여 식 (7.26)과 같은 식을 얻을 수 있다. 부정적분의 결과 적분 상수가 나오게 되는데, 이를 전단력에 관한 경계 조건으로부터 구할 수 있다. 즉 $x=0^{+}$인 점[9]에서 전단력은 $wL/2$이 되어야 하므로 $C_1 = wL/2$이 된다. 그러나 이 경계 조건을 찾기 어려운 경우 모멘트 조건으로 결정해도 무방하다. 일단 적분 상수 C_1을 모르는 것으로 하고 다음 단계로 넘어가자.

$$V(x) = \int q(x)dx = \int (-)wdx = (-)wx + C_1 \tag{7.26}$$

보 내부의 저항 모멘트는 식 (7.21)로부터 알 수 있듯이, 식 (7.26)의 양변을 부정적분하여 얻을 수 있으며, 이는 식 (7.27)과 같이 된다. 여기서 나오는 적분 상수 2개는 모멘트에 관한 경계 조건으로부터 계산하면 된다. 양단 단순지지보의 경우 양단에서 모멘트가 모두 0이 되어야 한다. 이 경계 조건들을 적용하면 식 (7.28)에서와 같이 2개의 적분 상수를 구할 수 있다. 여기서 구한 C_1이 앞서 전단력에 대한 경계 조건으로부터 구한 값과 같음을 알 수 있다. 이와 같이 적분 상수는 자신이 가장 명확하게 알 수 있는 경계 조건을 적용하여 구하는

9) 개념상으로 $x=0$인 지점은 수학적으로는 정의되지만 물리적으로 경계 조건을 결정하기 까다롭다. 따라서 x가 0의 오른쪽에 있지만 거의 0에 가까운 값임을 나타내는 표기인 $x=0^{+}$를 즐겨 사용한다.

것이 좋다. 지금까지 구한 모든 결과를 식 (7.29)에 정리하였다. 이와 같이 분포하중을 알고 있을 때 전단력과 모멘트는 간단한 부정적분과 물리적인 경계 조건을 적용하여 구할 수 있다.

$$M(x) = \int V(x)dx = \int (-wx + C_1)dx \tag{7.27}$$

$$= (-)\frac{wx^2}{2} + C_1 x + C_2$$

$$M(x=0) = (-)\frac{wx^2}{2} + C_1 x + C_2\Big|_{x=0} = C_2 = 0 \tag{7.28}$$

$$M(x=L) = (-)\frac{wx^2}{2} + C_1 x + C_2\Big|_{x=L}$$

$$= (-)\frac{wL^2}{2} + C_1 L = 0$$

$$C_1 = \frac{wL}{2}$$

$$q(x) = (-)w \tag{7.29}$$

$$V(x) = (-)wx + \frac{wL}{2}$$

$$M(x) = (-)\frac{wx^2}{2} + \frac{wL}{2}x = (-)\frac{w}{2}(x^2 - Lx)$$

7.8 두 종류의 재료로 구성된 보의 응력

그동안 우리는 주로 균질 및 등방성 고체만을 다루었다. 그러나 실제 산업 현장에서는 [그림 7.19]와 같이 이종 재료들을 섞어 만든 구조물[10)]이 많이 사용되고 있다. 이러한 구조물들에

10) 복합보 또는 **조합보**(composite beam)라고 한다.

(a) 목재 + 알루미늄

(b) 철근 콘크리트 보

그림 7.19 두 가지 재료로 구성된 구조물[출처 : Shutterstock]

작용하는 응력은 주로 유한요소해석 등을 통해 구하지만 우리가 알고 있는 탄성 굽힘 공식을 적용할 수도 있다.

[그림 7.20] (a)와 같이 두 가지 재료로 구성된 단면에 [그림 7.7]과 같은 양의 굽힘 모멘트가 작용하는 경우를 고려해 보자. 이때 두 재료의 탄성계수 사이에는 $E_2 = nE_1(n > 1)$의 관계가 성립한다고 가정한다. 즉 [그림 7.20] (a)에서와 같이 강성이 작은 재료 1의 위와 아래에 강성이 큰 재료 2를 덧댄 형태가 된다. 이 경우 [그림 7.7]과 같은 순수 굽힘 모멘트를 받는 보의 경우 식 (7.3)은 재료의 종류에 관계없이 성립해야 한다. 실제로 식 (7.3)을 유도할 때 사용된 유일한 가정은 미소 변형 외에는 없었으므로 이 식은 매우 일반적인 식이다. 이 식을 이용해 [그림 7.20] (a) 단면의 A점과 B점에서의 변형률을 계산하면 식 (7.30)과 같다. 이 두 식에서 ρ를 소거하면 식 (7.31)을 얻을 수 있다. 이와 같이 변형이나 변형률은 불연속점이 없이 연속이어야 하는 것을 **연속 조건**(continuity condition)이라고 한다. 다음 두 재료에 대해 각각 선형, 탄성, 균질 및 등방성 조건을 적용하면 후크의 법칙을 적용할 수 있으므로 식 (7.31)은 식 (7.32)와 같이 된다. 이 식들을 이용해 단면에 발생하는 응력을 개략적으로 나타내면 [그림 7.20] (b)와 같이 된다. 즉 변형률은 연속성이 유지되지만 응력은 탄성계수비 만큼의 불연속성이 존재하게 된다.

$$\epsilon_{xA} = \frac{a}{\rho}, \ \ \epsilon_{xB} = \frac{b}{\rho} \tag{7.30}$$

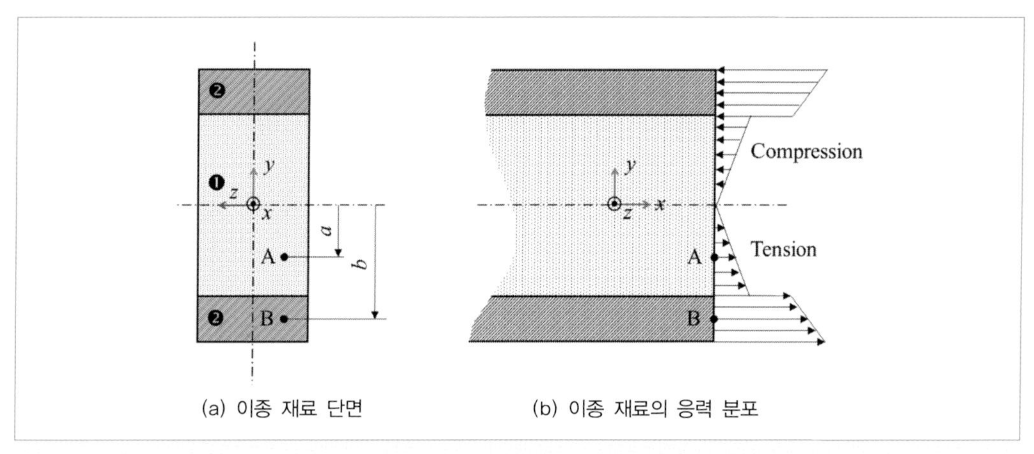

그림 7.20 **이종 재료의 응력 분포**

$$\frac{1}{\rho} = \frac{\epsilon_{xA}}{a} = \frac{\epsilon_{xB}}{b} \tag{7.31}$$

$$\epsilon_{xB} = \frac{b}{a}\epsilon_{xA}$$

$$\epsilon_{xB} = \frac{\sigma_{xB}}{E_2} = \frac{b}{a}\epsilon_{xA} = \frac{b}{a}\frac{\sigma_{xA}}{E_1} \tag{7.32}$$

$$\sigma_{xB} = \frac{b}{a}\frac{E_2}{E_1}\sigma_{xA} = \frac{b}{a}n\sigma_{xA}$$

이와 같은 경우 탄성계수와 응력의 관계를 고려하여 이종 재료를 하나의 단일 재료로 치환하여 문제를 해결할 수 있으며, 이를 **등가 재료 치환법**(equivalent material substitution method)이라고 하며 간단한 예를 통해 적용 과정을 살펴보자.

예제 7.3 [그림 7.21] (a)와 같이 두 가지 재료로 구성된 보에 (+) 순수 굽힘 모멘트가 작용할 때 재료 1과 재료 2에서 발생하는 최대 인장 응력을 구하라. 두 재료의 탄성계수비 $n = E_2/E_1 = 4$이고, 두 재료 모두 선형, 탄성, 균질, 등방성 재료로 가정하라.

해법 예 [그림 7.21] (a)의 단면과 탄성계수비를 고려하여 이종 단면을 재료 1 등가 재료로

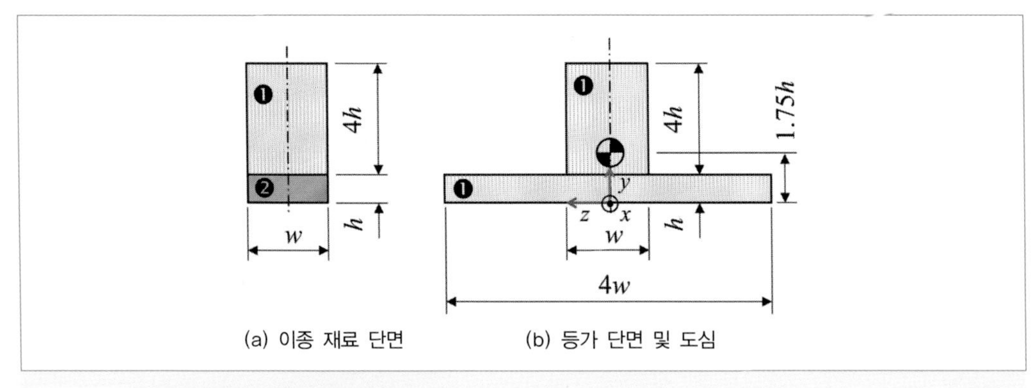

그림 7.21 이종 단면에 대한 등가 재료 치환

치환하면 (b)와 같이 된다. 즉 재료 2의 폭을 4배로 늘리면 탄성계수가 4배인 재료 역할을 하게 되는 것이다. 이 경우 [그림 7.20]과 달리 중립축의 위치를 먼저 알아야 하며 식 (7.33)과 같이 구할 수 있다.

$$y_c = \frac{(4wh)\times 0.5h + (4wh)\times 3h}{8wh} = \frac{7}{4}h = 1.75h \tag{7.33}$$

다음으로 중립축에 대한 면적 관성모멘트를 계산해야 한다. 사각 단면에 대한 관성모멘트 식과 평행축 정리를 활용하면 면적 관성모멘트는 식 (7.34)와 같이 된다. 따라서 재료 1과 재료 2의 최대 인장 응력은 [그림 7.22]의 a점과 b점을 포함하는 면에서 발생하게 된다. 이를 탄성 굽힘 공식에 대입하면 식 (7.35)와 같이 된다. 즉 재료 2에서 7/3배만큼 큰 인장 응력이 발생하게 된다. 따라서 2에는 1보다 강도가 더 높은 재료를 사용해야 한다.

$$I_z = \frac{w(4h)^3}{12} + (4wh)\times(1.25h)^2 + \frac{4w(h)^3}{12} + (4wh)\times(1.25h)^2 \tag{7.34}$$

$$= \frac{109}{6}wh^3$$

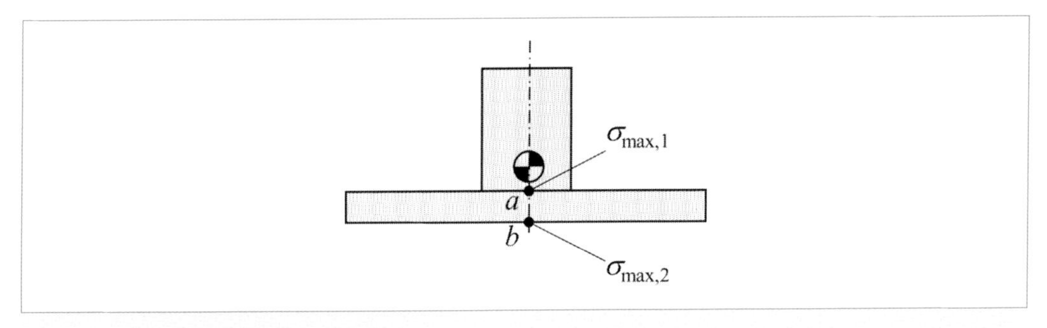

그림 7.22 최대 인장 응력 발생 위치

$$\sigma_{max,1} = \frac{M \times (0.75h)}{\frac{109}{6}wh^3} = \frac{9}{218}\frac{M}{wh^2} \tag{7.35}$$

$$\sigma_{max,2} = \frac{M \times (1.75h)}{\frac{109}{6}wh^3} = \frac{21}{218}\frac{M}{wh^2}$$

7.9 보의 전단 응력

지금까지는 순수 굽힘 모멘트의 경우만을 주로 다루었다. 그러나 4점 굽힘의 내부를 제외한 다른 보들의 전단력 선도를 보면 전단력이 0이 되지 않는 경우가 더 많다. 따라서 보에 전단력이 작용하는 경우에 대해 살펴본다. [그림 7.23]에 선박 건조용 골리앗 크레인(a)과 런던교(b)를 보였다. 이러한 구조물들의 경우 자중, 집중 하중, 분포 하중 등 다양한 형태의 하중을 받고 있다. 보의 위치에 따라 전단력과 굽힘 모멘트가 일정하지 않게 변화되는 불균일 하중을 받고 있는 보 길이 방향으로 유한한 길이(Δx)를 떼어내면 [그림 7.24] (a)와 같이 된다. 보의 좌측과 우측에서 전단력과 모멘트가 모두 변하는 것으로 간주하였다. 또한 폭이 b인 보의 단면을 (b)에 나타내었다. 그림에서 y_1은 도심에서 관심을 갖는 위치까지의 거리, y는 임의의 좌표, c는 도심에서 가장 먼 거리를 나타낸다. [그림 7.24] (a)에서 이점쇄선은 불균일 분포 하중을 받는 실제 보를 나타내고, 이 중 관심을 갖는 부분은 회색으로 되어 있는 위쪽 부분 ABCD이다.

(a) 골리앗 크레인[11] (b) 런던 교[12]

그림 7.23 전단력을 받는 여러 가지 보[출처 : Shutterstock]

이제 관심 부위인 ABCD만을 떼어내 자유물체도를 그리면 [그림 7.25]와 같다.[13] 그림에서 [그림 7.24]의 좌우에 작용하고 있는 모멘트 대신 힘으로 나타낸 것은 모멘트는 수직 응력을 발생시키며, 이 응력을 단면적에 대해 면적분하면 힘을 얻을 수 있기 때문이다. 즉 F_L과 F_R은 ABCD의 좌측과 우측에 작용하는 집중력이 아니고 모멘트로 인해 발생한 수직 응력에

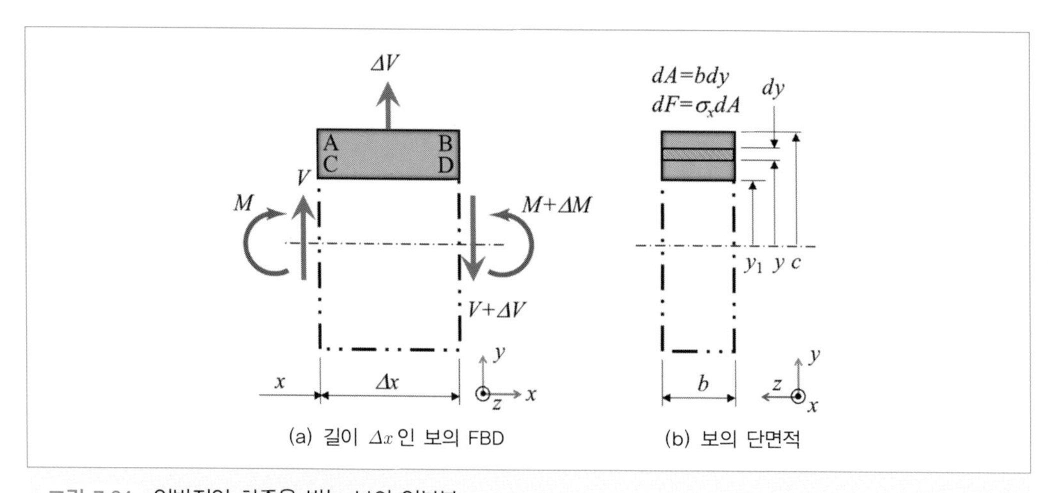

(a) 길이 Δx 인 보의 FBD (b) 보의 단면적

그림 7.24 일반적인 하중을 받는 보의 일부분

11) 북아일랜드의 수도 벨파스트시에 위치한 할랜드 울프조선소의 골리앗 크레인

12) 영국 템스강 위의 타워브리지

13) 편의상 $V \to V_L$, $V+\Delta V \to V_R$, $M \to M_L$, $M+\Delta M \to M_R$로 설정하였다.

의한 내력의 합력으로 보면 된다.

먼저 자유물체도를 (a)와 같이 그리면 수직 방향의 경우 $V_L + \Delta V = V_R$이 되면 힘 평형이 만족되지만, 수평 방향의 경우 $F_L = F_R$인 경우에만 평형이 된다. 그러나 앞서 언급하였듯이 불균일 분포 하중이 작용할 경우 보의 길이 방향으로 응력이 변할 수 있으므로, 좌우 힘이 같다고 볼 수 없다. 즉 좌우의 내력은 달라질 수 있다. 만약 $F_L < F_R$이라고 가정하면 두 힘에 의해 힘 평형이 만족되지 않기 때문에 또 다른 수평 방향의 힘이 존재해야 한다. 이를 (b)에 나타내었다. 그림에서 $b\Delta x$는 관심을 갖는 부위의 밑면적이고, 전단 응력 τ_{av}는 이 면적에 작용하는 평균 전단 응력이다. 이 상태에서 (7.36) 식이 만족되면 수평 방향의 힘 평형도 만족된다.

$$F_L + V_H = F_R \tag{7.36}$$

$$V_H = F_R - F_L$$

이제 탄성 굽힘 공식을 이용하여 F_L과 F_R을 모멘트로 나타낸 뒤 식 (7.36)에 대입하면 식 (7.37)을 얻을 수 있다. 다음으로 이 식을 평균 전단 응력(τ_{av})에 대해 정리하면 식 (7.38)과 같이 된다.

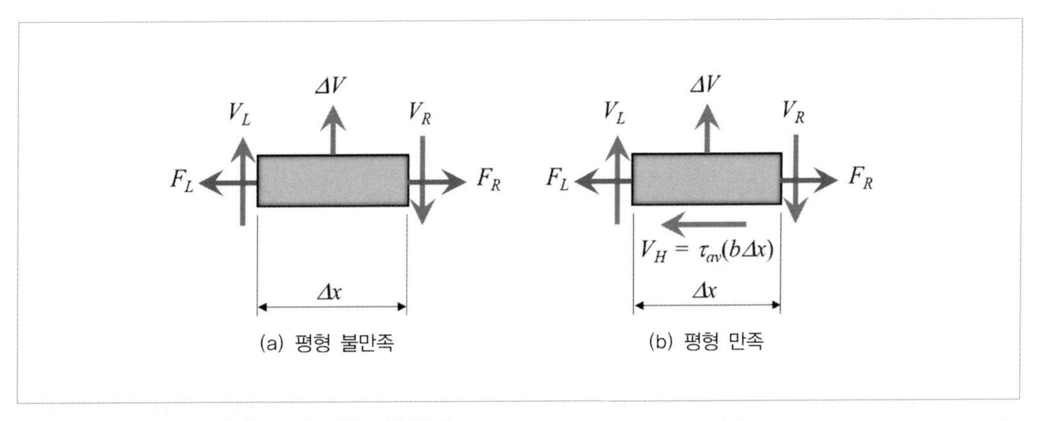

그림 7.25 관심 부위 ABCD에 대한 자유물체도

$$F_L = \int_A \sigma_L dA = \int_A \left(-\frac{My}{I_z}\right) dA = (-)\frac{M}{I_z}\int_{y_1}^{c} y(dA) \tag{7.37}$$

$$F_R = \int_A \sigma_R dA = \int_A \left[-\frac{(M+\Delta M)y}{I_z}\right] dA$$

$$= (-)\frac{M+\Delta M}{I_z}\int_{y_1}^{c} y(dA)$$

$$V_H = \tau_{av}(b\Delta x) = F_R - F_L = (-)\frac{\Delta M}{I_z}\int_{y_1}^{c} y(dA)$$

$$\tau_{av}(b\Delta x) = (-)\frac{\Delta M}{I_z}\int_{y_1}^{c} y(dA) \tag{7.38}$$

$$\tau_{av} = (-)\frac{\Delta M}{I_z b\Delta x}\int_{y_1}^{c} y(dA)$$

지금까지 유한한 보의 길이에 대해 식을 전개하였으나 실제 전단 응력은 한 점에 가까운 값이 되어야 하므로 유한한 길이 Δx를 0으로 수렴시켜야 한다. 즉 식 (7.38)에 대해 극한값을 취하면 식 (7.39)를 얻을 수 있다. 이 식에서 모멘트에 대한 거리 미분(dM/dx)은 전단력이 되고, $\int_{y_1}^{c} ydA$는 관심 면적에 대한 1차 모멘트이므로, 이를 Q로 두고 식 (7.39)에 대입하면 전단력과 전단 응력에 관한 식 (7.40)을 얻을 수 있다. 이 식에서 음의 부호는 제6장에서 설명하였듯이 큰 의미가 없다. 따라서 전단 응력의 절댓값을 구하고자 할 때에는 음의 부호를 생략하고 사용하는 일이 많다. 이 식은 러시아의 공학자인 D. Jourawski가 제안한 것으로 사용이 간편하고 비교적 정확한 근삿값을 제공하는 관계로 공학적으로 많이 사용된다.

$$\tau = \lim_{\Delta x\to 0}\tau_{av} = \lim_{\Delta x\to 0}\left[-\frac{\Delta M}{I_z b\Delta x}\int_{y_1}^{c} y(dA)\right] \tag{7.39}$$

$$= (-)\frac{dM}{dx}\left(\frac{1}{I_z b}\right)\int_{y_1}^{c} y(dA)$$

$$\tau = (-)\frac{VQ}{I_z b} \tag{7.40}$$

사각 단면과 원형 단면보에 대해 식 (7.40)을 적용해 보자. 먼저 [그림 7.24] (a)의 사각 단면(폭 b, 높이 h)에 대해 적용하면 식 (7.41)을 얻을 수 있다. 즉 전단 응력의 크기는 중립축($y_1=0$)에서 최대가 되고 윗면과 아랫면에서 0이 되는 포물선형 분포를 갖는다. 중립축에서의 최대 전단 응력은 식 (7.42)와 같이 평균값의 1.5배가 된다. 전단 응력 계산 시 I_z는 단면 전체에 대한 값인 반면, Q는 전단 응력을 계산하고자 하는 위치에서 표면까지의 면적에 대한 값임에 주의해야 한다.

$$|\tau_r| = \frac{V}{I_z b}\int_{y_1}^{c} y(bdy) = \frac{V}{2I_z}y^2\bigg|_{y1}^{h/2} = \frac{V}{2I_z}\left[\left(\frac{h}{2}\right)^2 - y_1^2\right] \tag{7.41}$$

$$|\tau_{r,\max}| = \frac{V}{2I_z}\left[\left(\frac{h}{2}\right)^2 - y_1^2\right]_{y_1=0} = \frac{Vh^2}{8I_z} = \frac{Vh^2}{8\times\dfrac{bh^3}{12}} \tag{7.42}$$

$$= \frac{3}{2}\frac{V}{bh} = 1.5\tau_{av}$$

앞서 언급하였듯이 Jourawski의 해는 근사해이다. 따라서 식 (7.42)를 사용할 때는 주의가 필요하다. [표 7.1]에 세 가지 형상의 사각 단면에 대해 (7.42) 식의 근사해와 참값에 가까운 엄밀해[14] 또는 유한요소해석을 통해 얻은 최댓값을 비교하였다. 표에서 알 수 있듯이 납작한 모양의 단면에 대해서는 큰 오차가 생긴다. 따라서 식 (7.40)이나 식 (7.42)를 사용할 때는 다음 사항에 주의해야 한다. 먼저 근사식은 $h > 2b$인 경우만 사용하는 것이 좋다. 따라서 I형이나 T형 단면보의 플랜지[15]에 이 식을 사용하면 안 된다. 또한 삼각형 단면과 같이 보의

14) Saint-Venant의 해(1856)

15) 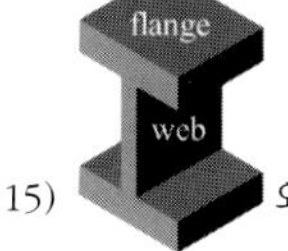

와 같은 I형 단면에서 위와 아래 부분을 플랜지(flange), 두 부분을 연결하는 중간 부분을 웹(web)이라고 한다.

표 7.1 근사해와 엄밀해의 비교

단면 형상 및 치수	오차 [%]
$h = 2b$, b	3
$h = b$, b	12
h, $b = 4h$	100

변들이 평행하지 않은 경우에도 사용하면 안 된다. 이러한 제한 사항들에도 불구하고 현장에서 많이 사용되는 것은 식의 간편성 때문이다.

다음으로 원형 단면적을 갖는 보에 대해 식 (7.40)을 적용하여 최대 전단 응력을 구해 보자. 반경이 R인 원형 단면적인 경우에도 최대 전단 응력은 중립축에서 발생하므로 식 (7.40)은 식 (7.43)과 같이 된다. 중립축에서 $b = 2R$이 된다. 따라서 식 (7.43)을 계산하기 위해서는 원형 단면에 대한 면적 관성 모멘트(I_z)와 반원에 대한 1차 면적 모멘트(Q)를 계산해야 한다.

$$|\tau_{c,\max}| = \frac{VQ}{I_z b} = \frac{V}{I_z b}\int_A y(dA) \tag{7.43}$$

원형 단면에 대한 2차 면적 관성모멘트는 [그림 6.7]을 이용하여 구할 수 있다. 면적에 관한 극관성 모멘트에 대한 정의 식 및 극 좌표계와 직각 좌표계 사이의 관계식을 이용하면 식 (7.44)를 얻을 수 있다. 다음으로 1차 면적 모멘트 Q를 계산해야 한다. 식 (7.43)에서 알 수 있듯이 이 값은 반원에 대한 1차 면적 모멘트가 된다. 이를 구하기 위한 좌표와 미소 면적을 [그림 7.26]에 나타내었으며, Q값은 식 (7.45)와 같다. 식 (7.44)와 식 (7.45)를 식 (7.43)에 대입하면 원형 단면에서의 최대 전단 응력식 (7.46)을 얻을 수 있다. 식 (7.42)와

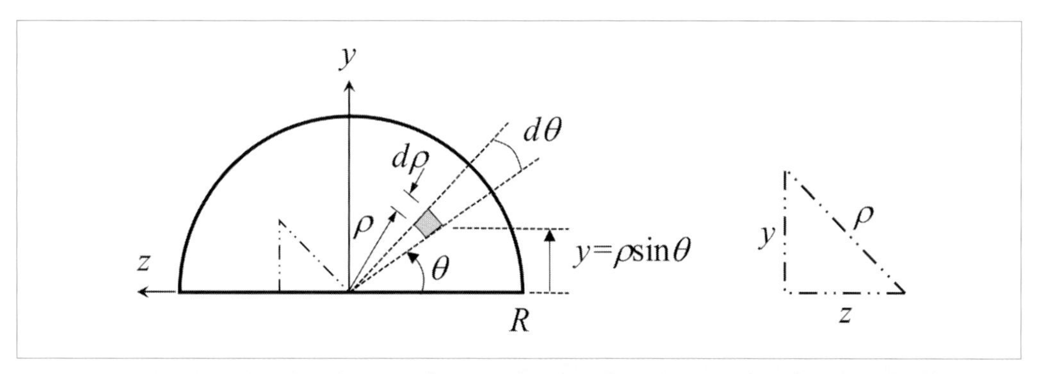

그림 7.26 반원형 단면적에 대한 1차 면적 모멘트 계산용 미소 요소

식 (7.46)은 식이 간편하여 사각 단면과 원형 단면에 전단력이 작용할 때, 단면에서의 최대 전단 응력값을 구하는 데 많이 활용된다.

$$J = \int_A \rho^2 dA = \int_A (y^2 + z^2) dA \tag{7.44}$$

$$= \int_A y^2 dA + \int_A z^2 dA = I_z + I_y = 2I (\because I_z = I_y)$$

$$I = \frac{J}{2} = \frac{\pi R^4}{4} = \frac{\pi d^4}{64}$$

$$Q = \int_A y dA = \int_0^\pi \int_0^R (\rho \sin\theta)(\rho d\theta d\rho) \tag{7.45}$$

$$= \int_0^\pi \int_0^R \rho^2 \sin\theta d\rho d\theta = \int_0^\pi \left(\int_0^R \rho^2 d\rho \right) \sin\theta d\theta$$

$$= \int_0^\pi \frac{R^3}{3} \sin\theta d\theta = (-)\frac{R^3}{3} \cos\theta \Big|_0^\pi = \frac{2R^3}{3}$$

$$|\tau_{c,\max}| = \frac{VQ}{I_z b} = \frac{V \times \dfrac{2R^3}{3}}{\dfrac{\pi R^4}{4} \times 2R} = \frac{4}{3} \frac{V}{\pi R^2} = \frac{4}{3} \tau_{av} \tag{7.46}$$

7.10 보의 처짐

건설 현장에서 작업자들이 긴 철근을 옮기는 경우 [그림 7.27] (a)와 같이 중앙이 아래로 심하게 처지는 것을 본 적이 있을 것이다. 또한 동남아시아 지역 국가들을 방문했을 때 거리의 행상들이 (b)와 같이 무거운 과일이나 생필품들을 옮기는 것을 흔히 볼 수 있다. 또한 역도 경기에서 일시적이지만 (c)와 같이 역도봉이 눈에 띄게 휘어지는 것을 어렵지 않게 관찰할 수 있다. 또한 다이빙 선수가 다이빙 전 탄력을 받기 위해 다이빙대를 발로 차는 순간 (d)와 같이 다이빙대가 아래로 크게 휘는 것도 볼 수 있다. 이들의 공통점은 모두 굽힘 하중이

(a) 철근을 나르는 작업자

(b) 베트남 하노이시의 행상

(c) 역도 용상 경기[16]

(d) 다이빙 보드

그림 7.27 각종 보의 처짐(또는 변형)[출처 : Shutterstock]

16) 역도는 한 번의 동작으로 들어 올리는 인상과 가슴과 머리 위로 2회에 걸쳐 들어 올리는 용상이 있다. 용상 경기의 경우 더 무거운 원판을 끼워 처짐이 더 크게 일어난다.

작용하고 있다는 것[17]과 일정 방향으로 **처짐**(deflection)이 생기고 있다는 것이다.

7.4절에서 순수 굽힘 모멘트만 작용하는 보는 [그림 7.7]에서와 같이 원호 형태로 변형됨을 살펴보았으며, 이 경우 원호의 반경은 식 (7.8)로부터 수월하게 구할 수 있었다. 그러나 실제 보들은 일반적인 하중을 받고 있어 식 (7.8)을 직접 적용하기 힘들다. 사각 단면을 갖는 불균일 변형의 예를 [그림 7.28]에 나타내었다. [그림 7.28] (a)에는 실제 3차원 변형을 나타내었으나 이론적인 수식을 유도함에 있어 3차원 변형을 살피는 것보다 이를 (b)와 같이 2차원으로 간략화하는 것이 편리하다. 이와 같은 간략화를 위해서는 보의 단면 두께(또는 폭) 방향으로 변형의 차이가 없어야 하며, 이를 위해서는 보의 단면이 **좌우 대칭**(bilateral symmetry)이 되어야 한다. 이 책에서 이론적으로 다루는 모든 보는 이 조건을 만족시켜야 한다.

또한 [그림 7.28] (b)에서 보의 y 방향 처짐만이 궁금하다면 굳이 [그림 7.29] (a)에서와 같이 보 높이 전체를 보는 것보다 (a)로부터 보의 특징적인 축인 중립축 곡선만을 추출하여 (b)와 같이 나타내면 보의 처짐을 계산하고 관찰하는 데 매우 유리하다. [그림 7.28] (a)로부터 추출해낸 [그림 7.29] (b)의 곡선을 이 보의 **탄성 곡선**(elastic curve)이라고 한다. 이름에서 알 수 있듯이 보는 반드시 탄성 영역에 있어야 한다.

[그림 7.29] (b)와 같은 일반적인 보의 탄성 곡선 일부를 [그림 7.30] (a)에 나타내었다. 탄성 곡선상에서 임의의 점 A에 접선을 그리면 $\overline{TT'}$이 되며 이 접선과 x 축이 이루는 각을 θ로 한다. 이때 기준축인 x 축으로부터 A점까지의 거리가 처짐이 된다. 이 상태에서 각 $(+)\theta$ 방향으로 미소각 $d\theta$만큼 이동시켜 교차되는 점을 B로 하고 이 점에서 A점에 수평인 선으로

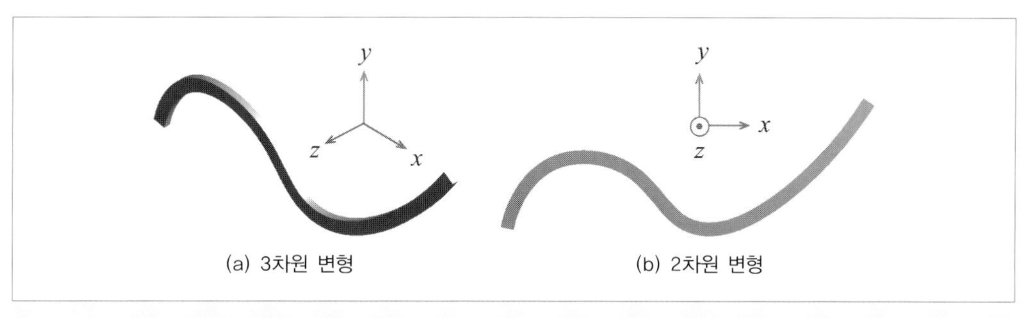

그림 7.28 불균일 하중을 받는 보의 변형

17) 전단력도 작용하지만 보의 길이가 길어지면 굽힘 하중의 영향이 훨씬 커서 전단의 영향은 무시할 수 있을 정도로 작게 된다.

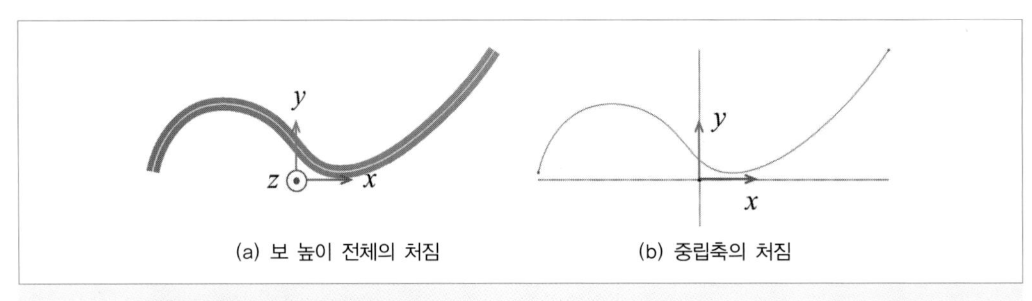

그림 7.29 보의 처짐을 대표하는 탄성 곡선

수직선을 내려 만나는 점을 C로 하자. 이때 원호 $\widehat{AB}$는 직선이 아니지만 미소각 가정에 의해 직선으로 간주할 수 있다. 이렇게 되면 ABC는 직각삼각형을 이루게 되고 이를 확대하여 [그림 7.30] (b)에 나타내었다.

직각삼각형 ABC에 대해 삼각함수($\tan\theta$)를 취하면 식 (7.47)이 된다. 여기서 $\tan\theta \approx \theta$로 둔 것은 처짐 각이 크지 않다는 미소각 가정에 근거한 것이다. 따라서 대변형을 겪는 처짐의 경우에는 지금부터 유도하는 식을 사용할 수 없게 된다. 이 미소각 가정을 삼각형의 길이에 적용하면 식 (7.48)을 얻을 수 있다. 이제 (7.8), (7.47) 및 (7.48) 식들을 조합하면 식 (7.49)를 얻을 수 있다. 마지막으로 식 (7.49)의 두 번째와 네 번째 항을 같게 두면 식 (7.50)을 얻을 수 있다. 이 마지막 식을 **탄성 곡선의 미분 방정식**(differential equation of elastic curve)이라고 하며, 보 문제 해결에 있어서 매우 유용하게 사용된다.

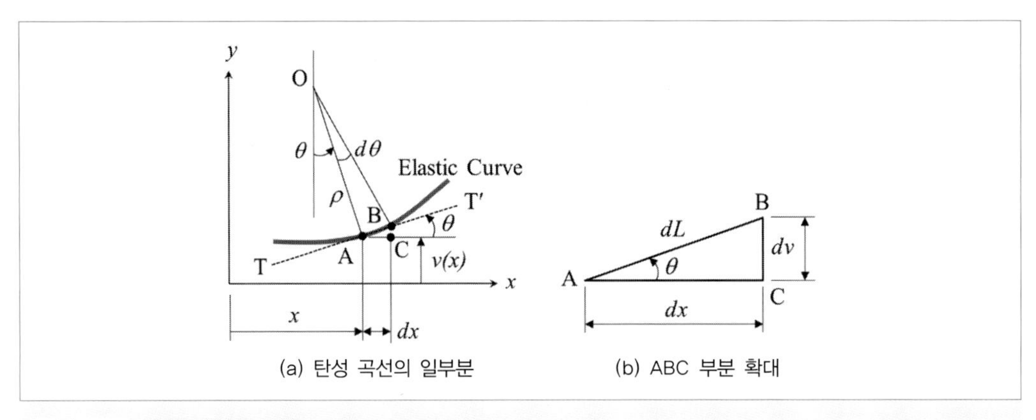

그림 7.30 탄성 곡선의 처짐

$$\tan\theta \approx \theta = \frac{dv}{dx} \tag{7.47}$$

$$dL \approx dx = \rho d\theta \tag{7.48}$$

$$\frac{d\theta}{dx} = \frac{1}{\rho}$$

$$\frac{d\theta}{dx} = \frac{d^2v}{dx^2} = \frac{1}{\rho} = \frac{M_z}{EI_z} \tag{7.49}$$

$$EI_z \frac{d^2v(x)}{dx^2} = M_z(x) \tag{7.50}$$

탄성 곡선의 미분 방정식을 적용하기 위해서는 이 방정식을 유도할 때 사용했던 가정들을 명심해야 한다. 먼저 탄성 굽힘 공식을 사용하였기 때문에 탄성 굽힘 공식 유도 시 사용한 가정들[18]을 만족해야 한다. 다음으로 공식을 유도하는 과정에서 사용한 미소 처짐 가정을 만족해야 하며, 전단 응력의 영향이 적을 때만 사용 가능하다. 마지막으로 Young 계수와 면적 관성모멘트가 일정한 경우에만 적용 가능하다.

7.11 적분법에 의한 보의 처짐

[그림 7.31] (a)와 같이 자중을 무시할 수 있는 보의 한쪽 끝이 벽과 같은 곳에 완전히 고정된 상태에서 집중 하중을 받는 경우 (b)와 같이 모델링할 수 있다. 이와 같은 외팔보의 처짐을 구해 보자.

식 (7.50)을 적용해 처짐을 구하기 위해서는 모멘트를 보의 길이 x의 함수식으로 표현해야 한다. 이 문제의 경우 제4장에서 가상 절단법을 이용해 구한 식 (4.3)이나 식 (4.5)를 식 (7.50)에 대입하면 식 (7.51)을 얻을 수 있다. 다음으로 이 식을 한번 부정적분하면 식 (7.52)와

18) 선형, 탄성, 균질, 등방성, 대칭 단면, 미소 변형

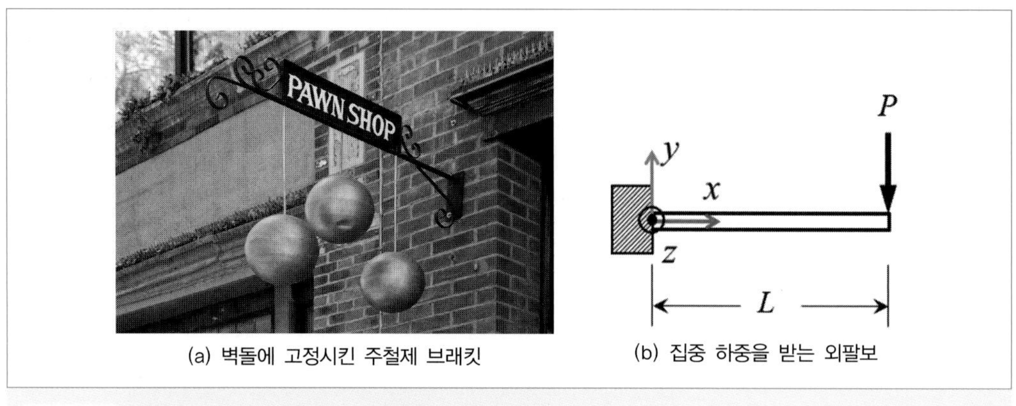

(a) 벽돌에 고정시킨 주철제 브래킷 (b) 집중 하중을 받는 외팔보

그림 7.31 집중력을 받는 외팔보의 처짐[출처 : (a) Shutterstock]

같이 된다. 추가 부정적분을 수행하기 전에 적분 상수를 결정하는 것이 편리하다. 이 단계에서 적용 가능한 **경계 조건**(boundary condition)은 $x=0$인 곳에서 보의 기울기($dv/dx=\theta$)가 0이어야 한다는 것이다. 이 조건을 적용하면 $C_1=0$이 된다. 다음 식 (7.52)를 한 번 더 부정적분하면 식 (7.53)을 얻을 수 있다. 이 식에서 적분 상수를 결정하기 위해서는 또 다른 경계조건인 $x=0$인 곳에서 보의 처짐(v)이 0임을 적용하면 된다. 이 조건을 적용하면 $C_2=0$이 된다. 따라서 최종적으로 보의 처짐에 관한 식 (7.54)를 얻을 수 있다.

$$EI_z\frac{d^2v(x)}{dx^2}=M_z(x)=P(x-L) \tag{7.51}$$

$$EI_z\frac{dv(x)}{dx}=EI_z\theta(x)=\frac{Px^2}{2}-PLx+C_1 \tag{7.52}$$

$$EI_zv(x)=\frac{Px^3}{6}-\frac{PLx^2}{2}+C_2 \tag{7.53}$$

$$v(x)=\frac{P}{6EI_z}(x^3-3Lx^2) \tag{7.54}$$

식 (7.54)의 처짐식에서 가장 관심 있는 것 중의 하나는 최대 처짐이며, 이는 집중 하중이 작용하는 보의 끝이 된다. 따라서 (7.54) 식에 $x=L$의 조건을 대입하면 최대 처짐을 알 수 있으며 식 (7.55)와 같이 된다. 식에서 음의 부호가 붙은 이유는 처짐의 경우 $(+)y$ 방향을 양으로 잡았기 때문이다. 일반적으로 보의 처짐은 부호에 상관없이 절댓값이 중요하다. 또한 이 식에서 최대 처짐은 힘, 탄성계수 및 면적 관성모멘트에 비례 또는 반비례하지만 길이의 3제곱에 비례함을 알 수 있다. 즉 보의 처짐에 가장 큰 영향을 끼치는 것은 보의 길이가 된다.

$$v_{\max}=\frac{P}{6EI_z}(x^3-3Lx^2)\Big|_{x=L}=(-)\frac{PL^3}{3EI_z} \tag{7.55}$$

다음으로 [그림 7.14] (c)와 같이 균일 분포하중을 받는 외팔보의 처짐을 구해 보자. 이 경우 저항 모멘트에 관한 식 (7.23)을 식 (7.50)에 대입하고 식 (7.51) ~ (7.54)와 동일한 과정을 수행하면 다음 4개의 식을 얻을 수 있다. 이 과정에서 필요한 경계 조건은 집중 하중을 받을 때와 동일하다. 먼저 $x=0$인 곳에서 보의 기울기($dv/dx=\theta$)가 0이어야 하므로 식 (7.57)에서 $C_1=(-)\frac{w}{6}L^3$이 된다. 또 다른 경계조건인 $x=0$인 곳에서 보의 처짐(v)이 0임을 적용하면 $C_2=wL^4/24$이 된다. 따라서 최종적으로 보의 탄성 곡선식 (7.59)를 얻을 수 있다. 최대 처짐은 보의 우측 끝단에서 생기며, 식 (7.59)에 $x=L$의 조건을 대입하면 알 수 있으며 식 (7.60)과 같다.

$$EI_z\frac{d^2v(x)}{dx^2}=M_z(x)=(-)\frac{w}{2}(x-L)^2 \tag{7.56}$$

$$EI_z\frac{dv(x)}{dx}=EI_z\theta(x)=(-)\frac{w}{6}(x-L)^3+C_1 \tag{7.57}$$

$$EI_zv(x)=(-)\frac{w}{24}(x-L)^4-\frac{w}{6}L^3x+C_2 \tag{7.58}$$

$$v(x)=(-)\frac{w}{24EI_z}\left[(x-L)^4+4L^3x-L^4\right] \tag{7.59}$$

$$v_{\max} = (-)\frac{w}{24EI_z}\left[(x-L)^4 + 4L^3x - L^4\right]_{x=L} = (-)\frac{wL^4}{8EI_z} \tag{7.60}$$

지금까지는 미분 방정식 식 (7.50)을 이용하여 보의 처짐을 구하였으나, 모멘트에 관한 식을 모르면 사용이 곤란하게 된다. 이때 모멘트를 가상 절단법 등을 통해 별도로 구할 수 있지만 식 (7.21)과 식 (7.25)를 활용하면 보다 체계적인 방법으로 구할 수 있다. 먼저 식 (7.50)의 양변을 한 번 더 미분하면 식 (7.61)과 같은 식을 얻을 수 있으며, 이 식을 추가로 한 번 더 미분하면 식 (7.62)를 얻을 수 있다. 이 식은 어떤 보에 작용하는 분포하중식을 알고 있을 때 이를 4회 부정적분하면 보의 처짐식을 구할 수 있음을 의미한다.

$$EI_z\frac{d^3v(x)}{dx^3} = \frac{dM_z(x)}{dx} = V(x) \tag{7.61}$$

$$EI_z\frac{d^4v(x)}{dx^4} = \frac{dV(x)}{dx} = q(x) \tag{7.62}$$

7.2절에서 살펴보았던 4점 굽힘 시험은 구조물에 순수 굽힘을 인가할 수 있어 많이 사용되지만 구조물과 지그를 정렬하는 데 많은 노력이 필요하다. 따라서 배드민턴이나 테니스 라켓, 휴대폰 등을 시험하는 데 [그림 7.32] (a)와 같은 **3점 굽힘 시험**(3 point bending, 3PB)도 널리

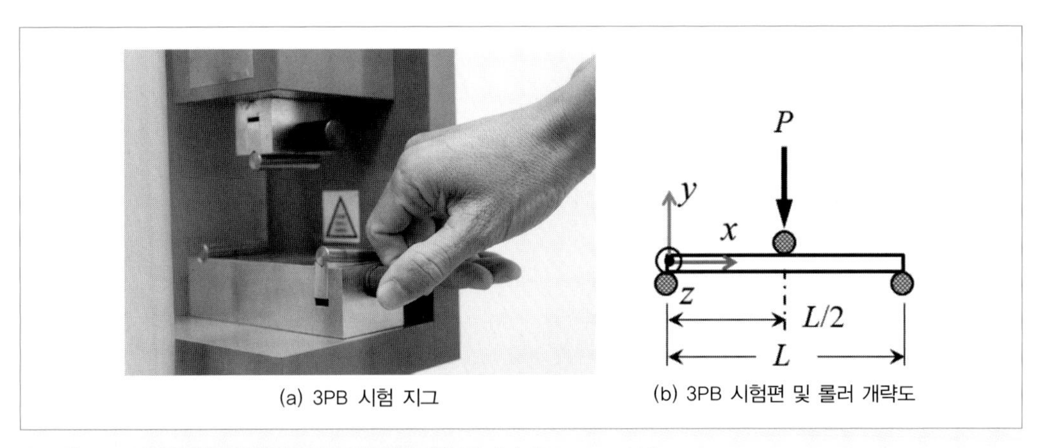

(a) 3PB 시험 지그
(b) 3PB 시험편 및 롤러 개략도

그림 7.32 3점 굽힘 시험용 지그 및 개략도[출처 : (a) Shutterstock]

사용된다. 시험 대상 구조물을 (a) 하단에 있는 롤러 사이에 놓고, 구조물 중앙 지점을 (a) 위에 있는 또 다른 롤러로 눌러 시험하는 것이다. 이때 롤러를 사용하는 이유는 구조물에 집중 하중을 인가하기 위함이며, 롤러들은 그 자리에서 자유롭게 회전할 수 있어야 한다.[19] 이에 대한 개략도를 [그림 7.32] (b)에 나타내었다.

다음으로 [그림 7.32] (b)의 보에 대해 FBD을 그리면 [그림 7.33]과 같이 된다. 이 FBD과 식 (7.62)를 이용하여 보의 탄성 곡선과 최대 처짐을 구해 보자. 여기서 주의할 점 중의 하나는 식 (7.62)에서 $q(x)$는 분포 하중만을 나타내야 한다는 점이다. 따라서 3PB의 경우에는 분포 하중이 없는 관계로 $q(x)=0$으로 두면 된다. 또 한 가지 주의해야 할 것은 식을 적용하는 구간에서는 또 다른 부하가 작용해서는 안 된다는 것이다. 따라서 3PB의 경우에는 전체 보를 두 구간($0 < x_1 < L/2$), ($L/2 < x_2 < L$)으로 나눈 뒤 해석을 해야 한다.

먼저 첫 번째 구간에 대한 식을 식 (7.63)에 나타내었다. 이 식을 한번 부정적분하면 식 (7.64)가 되며, $x=0$인 점에서 전단력 $V(x=0)=P/2$인 경계 조건을 적용하면 $C_1=P/2$가 되어야 한다. 이 식을 다시 부정적분하면 식 (7.65)가 되며, $x=0$인 점에서 $M(x=0)=0$인 경계 조건을 적용하면 $C_2=0$이 되어야 한다. 이 식을 다시 부정적분하면 식 (7.66)이 되며, $x=L/2$인 점에서 $\theta=0$인 경계 조건을 적용하면 $C_3=(-)PL^2/16$이 된다. 이 식에 대해 네 번째 적분을 수행하면 식 (7.67)과 같이 되며, $x=0$인 점에서 $v(x=0)=0$인 경계 조건을 적용하면 $C_4=0$이 된다. 따라서 첫 번째 대상 구간에서의 탄성 곡선은 식 (7.68)이 된다. 3PB 보에서 최대 처짐은 보의 중앙에서 발생할 것이므로, 이 식에 $x=L/2$를 대입하게 되면

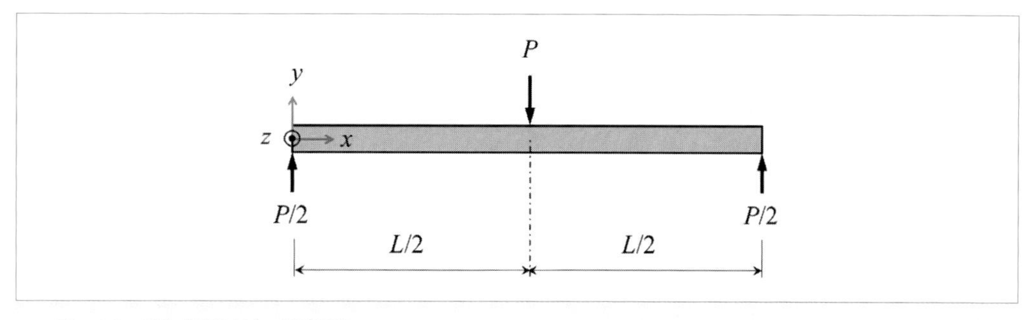

그림 7.33 3점 굽힘보의 자유물체도

19) 이러한 이유로 롤러가 있는 지점에서는 모멘트가 0이 된다.

식 (7.69)를 얻을 수 있다. 다음으로 두 번째 구간에 대해 식들을 유도할 수 있으나 여기서는 생략하기로 한다.

$$EI_z \frac{d^4 v(x)}{dx^4} = q(x) = 0 \tag{7.63}$$

$$EI_z \frac{d^3 v(x)}{dx^3} = V(x) = C_1 \tag{7.64}$$

$$EI_z \frac{d^2 v(x)}{dx^2} = M(x) = \frac{P}{2}x + C_2 \tag{7.65}$$

$$EI_z \frac{dv(x)}{dx} = \theta(x) = \frac{P}{4}x^2 + C_3 \tag{7.66}$$

$$EI_z v(x) = \frac{P}{12}x^3 - \frac{PL^2}{16}x + C_4 \tag{7.67}$$

$$v(x) = \frac{P}{48EI_z}(4x^3 - 3L^2 x) \tag{7.68}$$

$$v_{\max} = \frac{P}{48EI_z}(4x^3 - 3L^2 x)\Big|_{x = L/2} = (-)\frac{PL^3}{48EI_z} \tag{7.69}$$

7.12 특이함수법

앞서 몇 가지 단순한 형상을 갖는 보(외팔보, 양단 단순지지보 등)에 단순한 하중(집중 하중, 균일 분포하중 등)이 작용할 때 전단력, 모멘트, 기울기, 처짐 등을 살펴보았다. 7.11절에서 살펴본 3점 굽힘보의 경우 대칭보인 관계로 좌측 구간에 대한 적분법을 통해 탄성 곡선과 최대 처짐을 구할 수 있었으나 대칭이 아닌 경우라면 가상 절단법이나 적분법의 경우 매우 번거롭게 된다. 이와 같이 불연속 하중들이 작용하는 복잡한 보 문제를 쉽게 다루기 위해 **특이함수**(singularity function)법이 개발되었다. 특이함수법은 A. Clebsch[20]에 의해 처음 사용되었으나, 후에 영국의 W. Macaulay[21]가 발전시켜 완성하였다. 이러한 이유로 특이함수를 표현하기 위해 사용하는 〈 〉을 Macaulay Brackets라고 부른다.[22]

특이함수는 식 (7.70)과 같이 정의된다. 얼핏 보면 복잡해 보이지만 몇 가지 규칙성만 알고 있으면 수월하게 활용할 수 있다. 또한 특이함수는 기존의 일반적인 함수와 특성이 다르기 때문에 함수의 정의와 특성을 통째로 암기 및 적용해야 한다. 첫째로, 특이함수는 〈 〉 안의 값이 0 이상인 경우에만 값을 갖고 나머지 경우, 즉 〈 〉내부가 음인 경우에는 무조건 0이 된다. 식 (7.70)의 네 번째는 이를 설명한다. 두 번째로, 특이함수가 0이 아닌 값을 갖게 되는 경우 함수의 지수(n)[23] 값에 따라 함수의 특성이 달라진다. 지숫값이 0 이상인 경우에는 기존 함수들과 완전히 같은 특성을 갖는다. 따라서 이에 대해서는 추가로 이해해야 할 사항이 없다. 따라서 식 (7.70)에서 밑줄 쳐놓은 세 번째 항만 기억하면 된다. 세 번째로, 특이성이 나타나는 경우에 대해 식 (7.71)과 같은 적분 법칙을 적용해야 한다. 즉 지수가 (−)2나 (−)1일 경우 적분 법칙은 기존과 다르다는 것만 알면 된다.

$$f(x) \equiv \langle x-a \rangle^n = \begin{cases} (x-a)^n & x \geqq a \quad n>0 \\ 1 & x \geqq a \quad n=0 \\ \underline{\langle x-a \rangle^n} & x \geqq a \quad n<0 \\ 0 & x<a \quad \text{all } n \end{cases} \tag{7.70}$$

$$\int_{-\infty}^{x} \langle x-a \rangle^n dx = \langle x-a \rangle^{n+1} \quad \text{if} \quad n \leqq (-)1 \tag{7.71}$$

[그림 7.34]와 같이 정의한 특이함수를 통해 지금까지 살펴본 특이함수의 특성을 알아보자. 함수의 값을 표현하기 위해 좌표축은 점선으로 나타내었다. 먼저 $x<a$인 경우 정의에 의해

20) Alfred Clebsch(1833~1872) : 독일의 수학자로서 1862년 특이함수를 소개하였다.

21) William H. Macaulay(1853~1936) : 영국의 수학자이자 공학자로서 Clebsch의 특이함수를 발전시켜 재료 역학 문제를 쉽게 다룰 수 있는 기초를 마련하였다.

22) 책에 따라서는 Clebsch Brackets라고도 한다.

23) 지수(n)는 정숫값만을 가져야 한다. 특이함수에서 많이 사용되는 지숫값은 -2, -1, 0, 1, 2, 3이다. 하중의 종류에 따라 4 이상의 값도 가능하지만 많이 사용되지 않는다. 반면에 -3 이하의 값은 거의 사용하지 않는다.

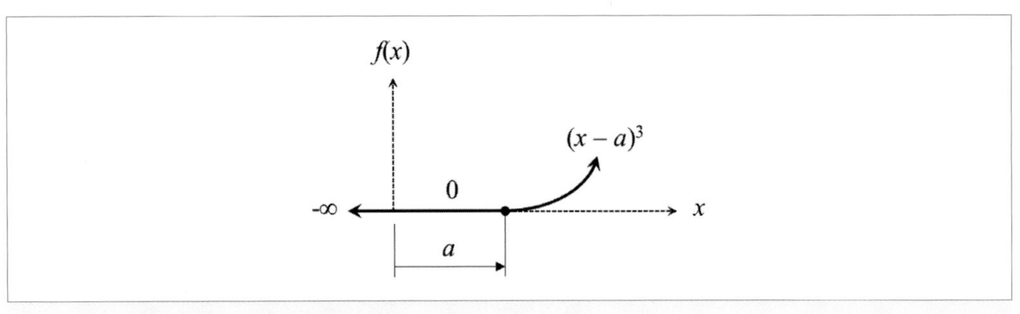

그림 7.34 특이함수 $\langle x-a \rangle^3$의 정의

함숫값은 0이 되고 $x \geq a$인 경우 일반적인 함수인 $(x-a)^3$이 된다. 이 함수를 5회 반복해서 미분[24)]하면 식 (7.72)와 같다. 식에서 볼 수 있듯이 2회 미분까지는 일반적인 실함수와 동일하며 3회 미분부터는 특이성을 갖게 된다.

$$f(x) = \langle x-a \rangle^3 \tag{7.72}$$

$$\frac{df(x)}{dx} = 3\langle x-a \rangle^2$$

$$\frac{d^2f(x)}{dx^2} = 6\langle x-a \rangle^1$$

$$\frac{d^3f(x)}{dx^3} = 6\langle x-a \rangle^0 \neq 6$$

$$\frac{d^4f(x)}{dx^4} = 6\langle x-a \rangle^{-1}$$

$$\frac{d^5f(x)}{dx^5} = 6\langle x-a \rangle^{-2}$$

이제부터는 고체역학에서 특이함수가 보 문제 해결에 어떻게 사용되는지 알아보자. 보에 작용되는 대표적인 하중으로는 **집중 모멘트**(concentrated moment), **집중력**(concentrated force), **균일 분포력**(uniformly distributed force), **선 분포력**(linearly distributed force), **2차 분포**

24) 미분 법칙은 적분 법칙의 역으로 생각하면 되기 때문에 따로 기술하지 않았다.

표 7.2 보에 작용하는 하중 형태 및 특이함수 표현

하중 형태		특이함수	
명칭	개략도	명칭	함수식
집중 모멘트	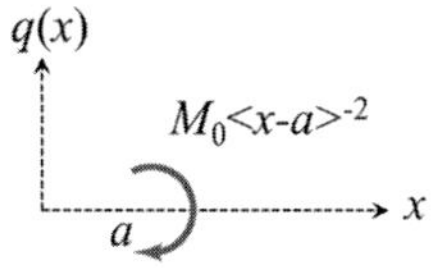 $q(x)$, $M_0<x-a>^{-2}$, a, x	Unit Doublet	$<x-a>^{-2}$
집중력	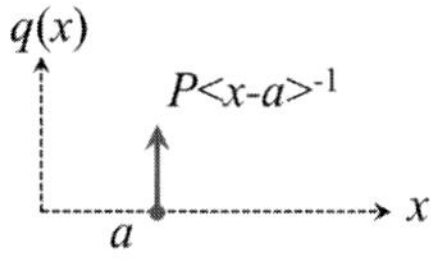 $q(x)$, $P<x-a>^{-1}$, a, x	Unit Impulse	$<x-a>^{-1}$
균일 분포력 (기준 하중)	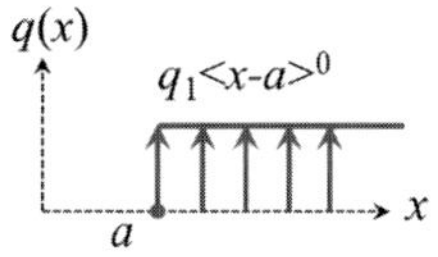 $q(x)$, $q_1<x-a>^0$, a, x	Unit Step	$<x-a>^{0}$
선 분포력	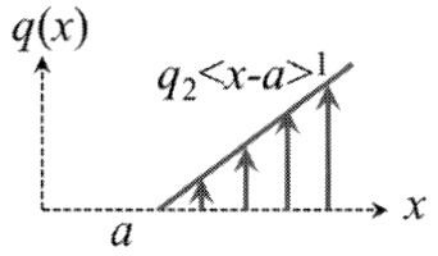 $q(x)$, $q_2<x-a>^1$, a, x	Unit Ramp	$<x-a>^{1}$
2차 분포력	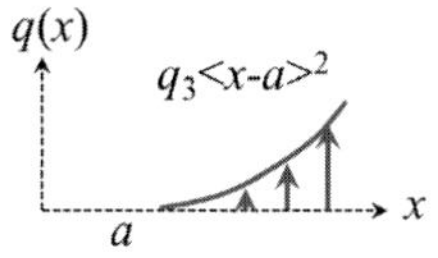 $q(x)$, $q_3<x-a>^2$, a, x	Unit Acceleration	$<x-a>^{2}$

력(second distributed force) 등이며 이를 [표 7.2]의 첫 번째 열에 명칭과 개략도를 그려 정리하였다. 그림에 표시된 방향이 양의 방향임에 주의해야 한다. 다른 하중들은 우리가 그동안 사용하였던 방향과 일치하지만 모멘트의 경우 시계 방향을 양의 방향으로 설정해야 하는 점이 다르다. 또한 이러한 하중들을 표현하는 데 사용된 특이함수들을 우측 열에 정리하였다. 여기서 가장 중요한 사항은 그림에 표현하였듯이 기본적으로 모든 하중을 분포 하중 $q(x)$의 차수로 표현해야 한다는 것이다. 간단한 예를 통해 사용 예를 살펴보자.

예제 7.4 [그림 7.35] (a)와 같이 양단 단순지지되는 보의 중앙 우측에만 균일 분포 하중이 작용할 때 보의 탄성 곡선식 및 최대 처짐을 구하라.

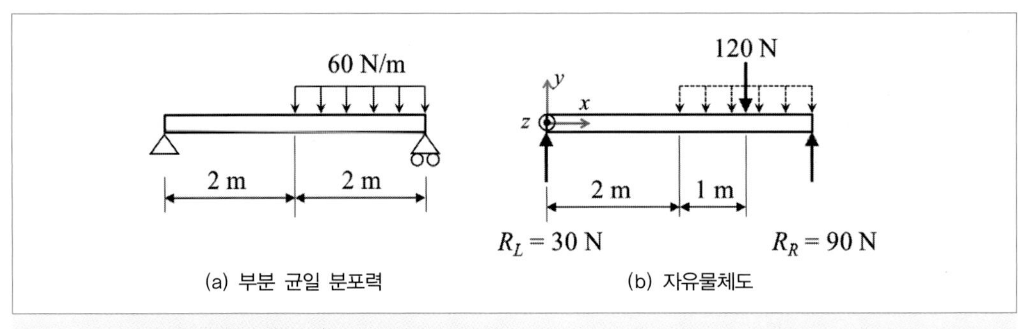

그림 7.35 부분 균일 분포력을 받는 양단 단순지지보

해법 예 [그림 7.35] (a)의 보에 대한 반력을 구하기 위해 (b)와 같이 균일 분포력을 집중력으로 치환하여 나타낸 뒤 힘과 모멘트 평형을 적용하여 반력[25]을 구하였다. 이 상태에서 식 (7.62)와 [표 7.2]를 참조하여 균일 분포력을 특이함수로 나타내면 식 (7.73)과 같다. 식에서 부호를 (−)로 한 것은 분포력 방향이 아래를 향하고 있고 이는 [표 7.2]와 반대 방향이기 때문이다. 분포력을 식 (7.74)나 식 (7.75)와 같이 나타내는 경우도 있지만, 이 책에서는 보 양단의 값들은 분포력 표현 시 제외하고 나타내기로 한다. 하지만 어느 경우라도 보 중간에 작용하는 하중은 특이함수 표현 시 반드시 포함시켜야 한다.

$$EI_z \frac{d^4 v(x)}{dx^4} = q(x) = (-)60\langle x-2\rangle^0 \quad [\mathrm{N/m}] \tag{7.73}$$

$$q(x) = 30\langle x\rangle^{-1} - 60\langle x-2\rangle^0 \quad [\mathrm{N/m}] \tag{7.74}$$

$$q(x) = 30\langle x\rangle^{-1} - 60\langle x-2\rangle^0 + 90\langle x-4\rangle^{-1} \quad [\mathrm{N/m}] \tag{7.75}$$

이제 적분법에서와 같은 과정을 거쳐 식 (7.73)을 4회 부정적분하면서 우리가 원하는 결과들을 찾기로 한다. 편의상 지금부터 단위는 생략하고[26] 문제를 풀기로 하자. 먼저 식을 1회

25) 이 장의 주제는 반력 계산이 아닌 관계로 반력 계산은 생략하였다. 반력에 대한 보다 상세한 사항은 제2장을 참조하기 바란다.

적분하면 식 (7.76)이 되며, $x=0^+$에서 $V=30$인 경계 조건을 적용하면 $C_1=30$이 된다. 여기서 특이함수의 적분이 적용되었다. 이 식을 다시 적분하면 식 (7.77)이 되며, $x=0^+$에서 $M=0$인 경계 조건을 적용하면 $C_2=0$이 된다. 이 식을 다시 적분하면 식 (7.78)이 된다. 이 식에 대해서 경계 조건을 찾기 어려우므로 그대로 다시 적분하면 식 (7.79)가 된다. 이 식에 대해 $x=0$에서 $v=0$인 경계 조건을 적용하면 $C_4=0$이 된다. 또한 $x=4$에서도 $v=0$인 경계 조건을 적용하면 $C_3=(-)70$이 된다.

$$EI_z\frac{d^3v(x)}{dx^3}=V(x)=(-)60\langle x-2\rangle^1+C_1 \tag{7.76}$$

$$EI_z\frac{d^2v(x)}{dx^2}=M(x)=(-)30\langle x-2\rangle^2+30x+C_2 \tag{7.77}$$

$$EI_z\frac{dv(x)}{dx}=\theta(x)=(-)10\langle x-2\rangle^3+15x^2+C_3 \tag{7.78}$$

$$EI_zv(x)=(-)\frac{5}{2}\langle x-2\rangle^4+5x^3+C_3x+C_4 \tag{7.79}$$

따라서 탄성 곡선식은 식 (7.80)과 같게 된다. 다음으로 이 식으로부터 최대 처짐을 계산해야 하는데, 보가 대칭이 아닌 관계로 어느 지점에서 최대 처짐이 생기는지 바로 알 수 없다. 이 경우 식 (7.80)을 미분하여 기울기가 0이 되는 곳을 찾으면 되지만 첫 항에 특이함수가 있어서 이에 대한 처리가 필요하다. 여기서 약간의 **직관력**(intuition)이 필요하다. 즉 [그림 7.35] (a)에서와 같이 보의 우측 부분에만 하중이 작용할 경우 최대 처짐은 $x>2$에서 생길 것이라는 것을 알아내면 된다. 이 경우 처짐 식을 다시 미분할 필요 없이 식 (7.78)을 사용하면 되므로, 이를 다시 나타내면 식 (7.81)과 같이 되며, $x\approx2.16$에서 기울기가 0이 된다.[27] 이 값을 식 (7.80)에 대입하면 최대 처짐을 구할 수 있으며 식 (7.82)와 같이 된다.

26) 힘은 N, 길이는 m로 생각하면 된다.

27) MS Excel의 목표값 찾기 기능을 이용하였다. 공학용 계산기나 MatLAB 등의 소프트웨어를 활용해도 된다.

$$v(x) = (-)\frac{1}{2EI_z}\left[5\langle x-2\rangle^4 - 10x^3 + 140x\right] \tag{7.80}$$

$$EI_z\frac{dv(x)}{dx} = \theta(x) = (-)10(x-2)^3 + 15x^2 - 70 = 0 \tag{7.81}$$

$$(-)2(x-2)^3 + 3x^2 - 14 = 0$$

$$v_{\max} = (-)\frac{1}{2EI_z}\left[5\langle x-2\rangle^4 - 10x^3 + 140x\right]_{x\,=\,2.16} \tag{7.82}$$

$$= (-)\frac{100.8}{EI_z}$$

추가 검토 [그림 7.35] (a)의 보에 대한 유한요소해석 결과를 [그림 7.36]에 나타내었다. 그림에서 y 방향으로의 최소 변위(최대 처짐)는 중앙에서 약간 우측인 $x=2.16$ m 지점에서 발생함을 알 수 있다.

예제 7.5 [그림 7.37] (a)와 같은 외팔보에 초기 분포력 크기가 $(-)w_0$이고 끝단에서 0인 선 분포력이 작용할 때 보의 탄성 곡선식 및 최대 처짐을 구하라.

해법 예 [그림 7.37] (a)의 보에 대한 반력을 구하기 위해 보에 대한 자유물체도를 (b)에 나타내었다. 선 분포력의 등가힘의 크기는 삼각형의 면적과 동일한 방법으로 구하면 된다. 즉 등가힘의 크기는 $(w_0 \times L)/2$이 된다. 따라서 보 좌측 고정단에서의

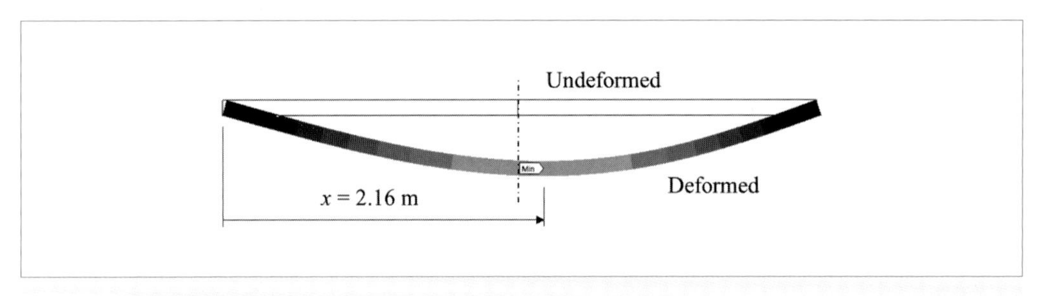

그림 7.36 부분 균일 분포력을 받는 양단 단순지지보 유한요소해석 결과

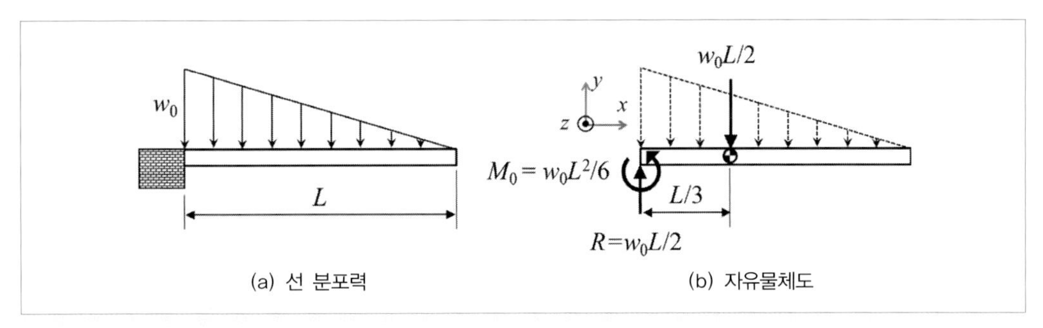

(a) 선 분포력 (b) 자유물체도

그림 7.37 선 분포력을 받는 외팔보

수직 방향 반력은 등가힘과 크기가 같고 방향이 반대가 된다. 또한 모멘트 평형을 고려하기 위해 등가힘을 x 축 원점에서 $L/3$인 점[28]에 인가하였다. 이를 통해 지지점에서의 지지 모멘트는 $M_0 = (L/3)\times(w_0L/2) = w_0L^2/6$이 되며 반시계 방향이 된다. 이 상태에서 식 (7.62)와 [표 7.2]를 참조하여 선 분포력을 특이함수[29]로 나타내면 식 (7.83)과 같다. 그러나 항상 $x > 0$이 되므로 일반 함수로 표현할 수 있다.

$$EI_z\frac{d^4v(x)}{dx^4} = q(x) = (-)w_0 + \frac{w_0}{L}\langle x-0\rangle^1 \tag{7.83}$$

$$= \frac{w_0x}{L} - w_0$$

이제 적분법에서와 같은 과정을 거쳐 식 (7.83)을 4회 부정적분하면서 우리가 원하는 결과들을 찾기로 한다. 먼저 식을 1회 적분하면 식 (7.84)가 되며, $x=0$에서 $V=w_0L/2$인 경계 조건을 적용하면 $C_1 = w_0L/2$이 된다. 이 식을 다시 적분하면 식 (7.85)가 되며, $x=0$에서 $M=(-)w_0L^2/6$인 경계 조건을 적용하면 $C_2 = (-)w_0L^2/6$이 된다. 이 식을 다시 적분하면 식 (7.86)이 된다. 이 식에 대해서 $x=0$에서 기울기가 0인 경계 조건을 적용하면 $C_3=0$이

28) 삼각형의 도심과 일치하는 점에 등가힘을 가하면 정역학적으로는 동일한 하중 효과를 얻을 수 있게 된다.

29) 이 문제의 경우 굳이 특이함수로 표현하지 않고 일반적인 함수로 나타낸 뒤 적분법을 적용해도 되지만 특이함수를 이용해 문제를 해결하는 과정을 추가로 설명하기 위해 특이함수를 사용하였다.

된다. 이 식을 한 번 더 적분하고 $x=0$에서 $v=0$인 경계 조건을 적용하면 식 (7.87)에서 $C_4=0$이 된다. 최종적으로 얻은 식을 공통 인수로 정리하면 탄성 곡선식은 식 (7.88)과 같이 된다. 최대 처짐은 $x=L$인 자유단에서 생기게 되므로 식 (7.88)에 이를 대입하면 식 (7.89)를 얻을 수 있다.

$$EI_z\frac{d^3v(x)}{dx^3}=V(x)=\frac{w_0}{2L}x^2-w_0x+C_1 \tag{7.84}$$

$$EI_z\frac{d^2v(x)}{dx^2}=M(x)=\frac{w_0}{6L}x^3-\frac{w_0}{2}x^2+\frac{w_0L}{2}x+C_2 \tag{7.85}$$

$$EI_z\frac{dv(x)}{dx}=\theta(x) \tag{7.86}$$

$$=\frac{w_0}{24L}x^4-\frac{w_0}{6}x^3+\frac{w_0L}{4}x^2-\frac{w_0L^2}{6}x+C_3$$

$$EI_zv(x)=\frac{w_0}{120L}x^5-\frac{w_0}{24}x^4+\frac{w_0L}{12}x^3-\frac{w_0L^2}{12}x^2+C_4 \tag{7.87}$$

$$v(x)=\frac{w_0x^2}{120EI_zL}(x^3-5Lx^2+10L^2x-10L^3) \tag{7.88}$$

$$v_{\max}=\frac{w_0x^2}{120EI_zL}(x^3-5Lx^2+10L^2x-10L^3)_{x=L} \tag{7.89}$$

$$=(-)\frac{w_0L^4}{30EI_z}$$

7.13 중첩법

이전의 두 절에서 적분법과 특이함수법을 사용해 몇 가지 단순한 보 문제를 다루어 보았다. 하지만 실제 보들은 여러 가지 하중이 동시에 작용하는 경우가 많다. 예를 들어 [그림 7.38] (a)에서와 같이 집중력과 선 분포력을 동시에 받는 보의 탄성 곡선과 최대 처짐을 구하고자 할 때 여러 가지 방법이 있지만 이 문제를 (b)와 같이 몇 개의 단순한 보 문제로 나누고 기존의 해를 이용해 구하는 방법이 편리할 것이다. 이를 **중첩법**(method of superposition)이라고 한다. 즉 한 부재에 여러 하중이 동시에 작용할 때의 효과는 각각의 하중이 독립적으로 작용할 때의 효과의 합과 같다고 보는 것이다.

하지만 중첩법이 모든 경우에 적용되는 것은 아니다. 원리적으로 중첩법은 **선형 시스템**(linear system)인 경우에만 적용 가능하다. 예를 들어 어떤 현상을 설명하는 시스템 H가 있다고 가정했을 때 [그림 7.39]에서 $y_{31}(t) = y_{32}(t)$의 관계가 성립하면 H를 선형 시스템이라고 한다. 여기서 α, β는 스칼라값이다. 지금까지 우리가 다룬 보들은 모두 선형 탄성 고체이므로, 이 관계가 성립되어 중첩법을 적용할 수 있다.

중첩법을 효과적으로 적용하려면 단순한 경우의 보에 대한 탄성 곡선과 최대 처짐식을 알고 있는 것이 좋다. 이를 [표 7.3]에 정리[30]하였다. 이를 이용하여 [그림 7.38] (a)에 나타낸

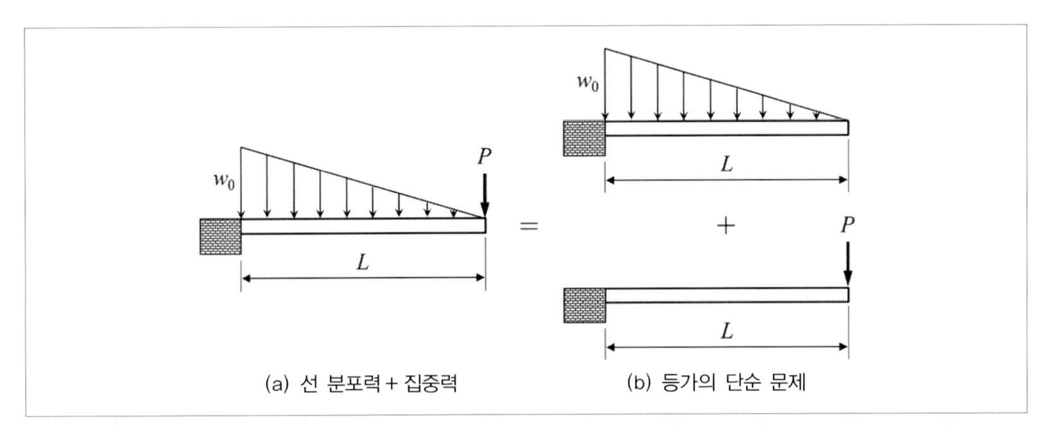

그림 7.38 선 분포력과 집중력을 받는 외팔보

30) 이 표에 있는 식들은 모두 유도 가능하다. 이 표에 없는 형상이나 하중의 경우 다른 참고문헌들의 부록 등을 참고하기 바란다.

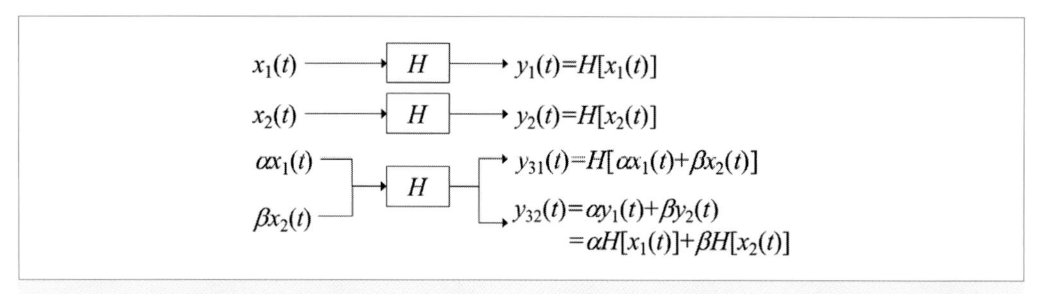

그림 7.39 선형 시스템

보의 탄성 곡선과 최대 처짐을 구해 보자. 그림에서처럼 (a)는 (b)와 같이 2개의 단순한 보 문제로 나눌 수 있으며, 이 두 가지 경우의 해는 [표 7.3]의 1번과 3번에 해당되므로 탄성 곡선과 최대 처짐은 식 (7.90) 및 식 (7.91)과 같이 두 해를 중첩시켜 구할 수 있다.

$$v(x) = v_1(x) + v_3(x) = \frac{P}{6EI_z}(x^3 - 3Lx^2) + \frac{w_0 x^2}{120EI_z L}(x^3 - 5Lx^2 + 10L^2x - 10L^3) \tag{7.90}$$

$$v_{\max} = v_{1,\max} + v_{3,\max} = \frac{PL^3}{3EI_z} + \frac{w_0 L^4}{30EI_z} \tag{7.91}$$

표 7.3 단순 형상 및 대표적인 하중을 받는 보들의 탄성 곡선과 최대 처짐

번호	보 형상 및 하중	탄성 곡선식 $v(x)$[31]	최대 처짐 $\lvert v_{\max}\rvert$[32]
1		$\frac{P}{6EI_z}(x^3 - 3Lx^2)$ (7.54)	$\frac{PL^3}{3EI_z}$ $at\ x = L$ (7.55)
2		$-\frac{w}{24EI_z}(x^4 - 4Lx^3 + 6L^2x^2)$ (7.59)	$\frac{wL^4}{8EI_z}$ $at\ x = L$ (7.60)

번호	보 형상 및 하중	탄성 곡선식 $v(x)$	최대 처짐 $\lvert v_{\max}\rvert$
3	w, L	$\frac{w_0 x^2}{120EI_z L}(x^3-5Lx^2+10L^2x-10L^3)$ (7.88)	$\frac{w_0L^4}{30EI_z}$ at $x=L$ (7.89)
4	L, M_0	$\frac{M_0x^2}{2EI_z}$	$\frac{M_0L^2}{2EI_z}$ at $x=L$ (9.38)
5	P, L/2, L	$\frac{P}{48EI_z}(4x^3-3L^2x)$ (7.68)	$\frac{PL^3}{48EI_z}$ at $x=\frac{L}{2}$ (7.69)
6	w, L	$-\frac{w}{24EI_z}(x^4-2Lx^3+L^3x)$	$\frac{5wL^4}{384EI_z}$ at $x=\frac{L}{2}$ (9.41)

7.14 주요 식 정리

굽힘 하중하에서 중요한 물리량은 [그림 7.40]에서와 같이 크게 네 가지(M_z, ρ, σ_x, ϵ_x)를 들 수 있으며, 이들 사이의 상호 관계들은 식 (7.3), (7.4), (7.8), (7.9) 및 (4.10)을 통해 모두 알 수 있다.

굽힘 하중하에서 부하들 사이에는 식 (7.21) 및 (7.25)와 같은 관계가 있으며, 전단력에 의한 전단 응력은 식 (7.40)과 같이 주어진다. 또한 처짐을 구하기 위한 미분 방정식은 식 (7.50)이나 식 (7.62)를 사용하면 된다.

31) 처짐의 경우 (+)y 방향을 (+)로 약속한다.
32) 최대 처짐은 부호와 무관한 절댓값으로 나타내었다.

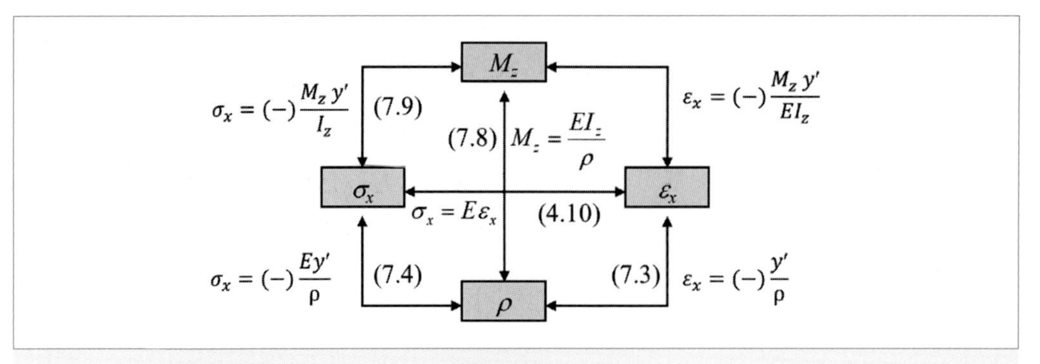

그림 7.40 굽힘 하중하에서의 중요 물리량 및 상호 관계

$$\frac{dM(x)}{dx} = V(x) \tag{7.21}$$

$$\frac{dV(x)}{dx} = q(x) \tag{7.25}$$

$$\tau = (-)\frac{VQ}{I_z b} \tag{7.40}$$

$$EI_z \frac{d^2 v(x)}{dx^2} = M_z(x) \tag{7.50}$$

$$EI_z \frac{d^4 v(x)}{dx^4} = q(x) \tag{7.62}$$

제8장

구조물의 파손 예측

[출처 : Shutterstock]

미래를 정확히 예측하는 최선의 방법은 그 미래를 직접 만들어 나가는 것이다. **안전**하고 **신뢰성** 있는 고체 구조물들을 설계 및 제작하기 위해서는 사용 조건하에서 **파손**을 **예측**해 보고, 실제로는 파손이 일어나지 않도록 설계하면 된다. **최대 수직 응력 이론**, **최대 전단 응력 이론**, **최대 뒤틀림 에너지 이론**을 적용해 보고 대상 구조물에 가장 적합한 이론을 선택해 사용하면 된다.

사람의 수명은 예측하기 어려우나 파손 예측을 정확히 하면 엔지니어로서의 수명은 획기적으로 늘릴 수 있을 것이다.

8.1 파손 사례

우리는 제1장에서 고체역학의 존재 이유를 간략하게 설명하였다. 고체역학은 고체 재료에 대한 이해(제5장)를 바탕으로 다양한 부하(제3장, 제4장, 제6장, 제7장)를 받고 있는 고체 구조물들이 파손 없이 제 기능을 수행할 수 있도록 설계 및 유지 보수할 수 있는 이론적 기틀이 된다. 이를 위해 고체 재료의 크기나 형상에 관계없이 사용할 수 있는 새로운 물리량들인 변형률(제3장)과 응력(제4장)을 정의하고 그들의 특성을 살펴보았다. 이제는 그동안 학습한 내용들을 총망라하여 고체 구조물의 설계에 필수적인 파손을 예측할 수 있는 방법에 대해 알아보자.

먼저 우리 주변에서 일어나고 있는 파손 사례들을 [그림 8.1]에 나타내었다. **용접**(welding)을 통해 연결해 놓은 체인이 (a)에서와 같이 끊어지는 경우도 있고, 체스 게임 도중 킹을 떨어뜨려 (b)와 같이 산산조각 나는 경우도 있다. 등산이나 암벽등반 도중 발을 헛디뎌 정강이뼈가 (c)와 같이 비스듬하게 부러지기도 한다. 교통사고 시 매고 있던 안전벨트로 인해 약한 쇄골이 부러진 경우, 이를 고정하기 위해 생체적합(biocompatible) 금속판과 볼트[1)]를 이용해 고정한 예를 (d)에 나타내었다. 베어링에 과도한 하중이 걸려 하우징이 파손되기도 하고(e), 자동차 현가장치(suspension)에 사용되는 압축 스프링이 반복 사용에 의해 (f)와 같이 파단되기도 한다.

[그림 8.1]의 예들은 부품 또는 구조물의 일부분에서 파손된 예들이지만 구조물 파손이 대형 사고 및 많은 인명피해를 야기한 경우도 많다. [그림 8.2] (a)의 이탈리아 교각 붕괴사고와 미국 우주왕복선(b) 파손은 구조물 설계 및 유지 보수가 얼마나 중요한지 보여 주는 예이다. 인류의 역사가 지속되는 한 이러한 파손은 지속적으로 일어나겠지만 이를 조금이라도 줄여야 하는 것이 고체역학자들의 책무라고 생각한다.

1) 현재까지는 주로 니켈 재료를 많이 사용하고 있으나 세라믹 등의 생체적합 재료가 지속적으로 개발되고 있다.

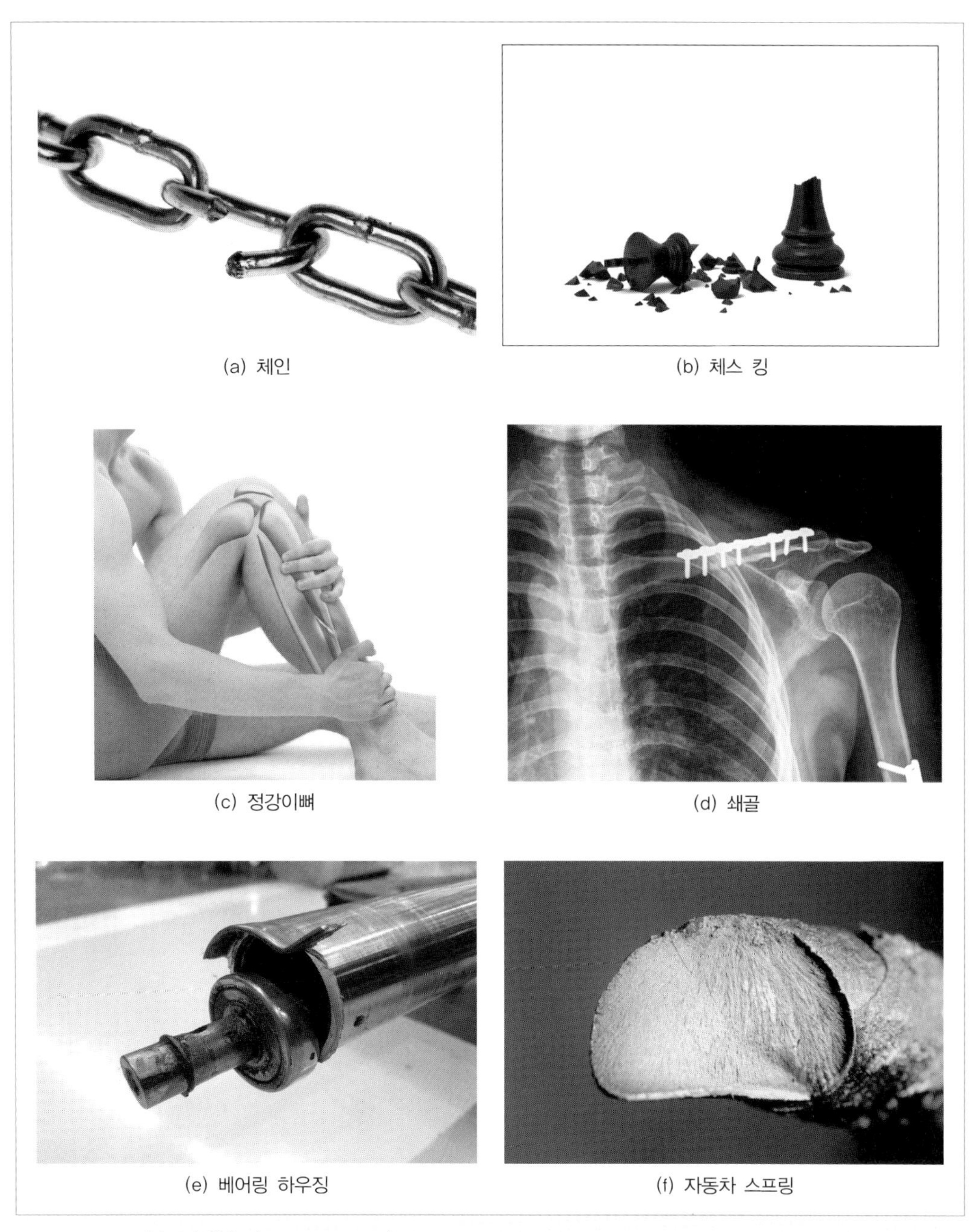

(a) 체인 (b) 체스 킹

(c) 정강이뼈 (d) 쇄골

(e) 베어링 하우징 (f) 자동차 스프링

그림 8.1 파손 사례[출처 : Shutterstock]

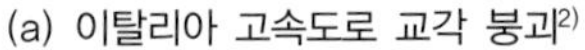

(a) 이탈리아 고속도로 교각 붕괴[2]　　(b) 미국 우주왕복선 파손[3]

그림 8.2 대형 구조물 파손의 예[출처 : Shutterstock]

8.2 두 종류의 역학자

어떤 점술가(易學者)는 [그림 8.3] (a)와 같이 타로카드를 이용해 사람의 운명이나 수명을 예측하려고 노력한다. 반면에 **기계공학자**(mechanical engineer, 力學者)는 (b)에서와 같이 어떤 구조물의 파손 여부나 예상 수명 등을 각종 소프트웨어들을 이용해 고체역학적으로 해석하기 위해 노력한다. 그러나 우리는 종종 구조물을 설계함에 있어서 점술가와 같은 방식을 사용하는 설계자들을 보게 된다. “이렇게 하면 문제없을 거야.”, “대충하면 되지 뭘 그렇게 심각하게 생각해.”, “해석은 어차피 잘 맞지 않으니 그냥 선배들이 하는 대로 따라하면 돼.”, “선진국에서 개발한 방법이니 그냥 그대로 따라 합시다.” 이와 같은 접근 방법으로는 안전성, 내구성 및 경제성이 높은 구조물을 설계 및 제작하기 어려울 것이다.

---

2) 2018년 8월 14일 이탈리아 제노바에서 고속도로 교량이 주저앉아 많은 인명피해가 발생하였다.

3) 1986년 1월 28일 압력 유출 방지용 오링(O-rings)의 파손으로 인해 미국 우주왕복선 챌린저호가 공중에서 폭발해 화염에 쌓였다.

(a) 타로카드 점을 치고 있는 점술가

(b) 설계 엔지니어

그림 8.3 두 종류의 역학자[출처 : Shutterstock]

8.3 연성 재료와 취성 재료

오랜 설계 경험을 통해 기계공학자와 재료과학자들은 파손 양상이 재료의 종류에 따라 달라짐을 알게 되었으며 대표적인 예들을 [그림 8.4]에 나타내었다. (a)는 인장 시험 후 파손된 강재 시험편이다. 그림에서 볼 수 있듯이 파손 전까지 단면이 많이 수축된 것을 볼 수 있다. 이와 같이 고체 재료가 파손에 이르기까지 상당한[4] **소성 변형**(plastic deformation)을 수반하는 재료를 **연성 재료**(延性[5] 材料, ductile materials)라고 한다. 우리가 강하다고 생각하는 강, 순수 알루미늄 등이 이에 해당된다. 반면에 (b)와 같이 파손 시 변형이 거의 없는 경우 **취성 재료**(脆性 材料, brittle materials)라고 한다. 유리, 실리콘 웨이퍼 등과 같은 세라믹 재료가 이에 해당된다. 취성 파손된 구조물의 단면들을 수집하여 접착제로 붙이면 초기 형상과 거의 같게 된다. 즉 (b)와 같이 깨진 잔 조각들을 모아 붙이면 원래 잔과 거의 같은 형상이 된다.

연성과 취성 재료의 특징을 응력-변형률 선도상에서 비교해 보면 [그림 8.5]와 같다. 그래프에서 B 재료의 경우 D 재료에 비해 인장강도는 더 높지만 파단 연신율이 훨씬 낮다. 이 경우 B 재료는 D 재료에 비해 취성이 크고, D 재료는 B 재료에 비해 연성이 크다고 한다. 연성과 취성은 재료의 성질이므로 정성적인(qualitative) 비교에 많이 사용된다.

4) 연성 재료와 취성 재료를 구분하는 명확한 기준은 없다. 하지만 파단 변형률(또는 연신율)값 5%를 기준으로 구분하기도 한다.

5) 가공을 위해 두드리거나 잡아당기더라도 쉽게 부서지지 않고 잘 늘어나는 금속의 특성을 일컫는다.

(a) 연성 파손
(b) 취성 파손

그림 8.4 파손의 두 종류[출처 : Shutterstock]

또한 동일한 재료이더라도 온도에 따라 재료의 성질이 크게 변한다. 예를 들어 상온에서 연성을 보이는 고분자 재료나 금속 재료를 액화질소[6]로 냉각시키면 취성이 매우 높게 된다. [그림 8.6]에는 상온에서 매우 물러 원하는 형상으로 자르기 어려운 과일을 액화질소를 이용해 냉각시킨 다음 절단하는 요리법을 보여 주고 있다.

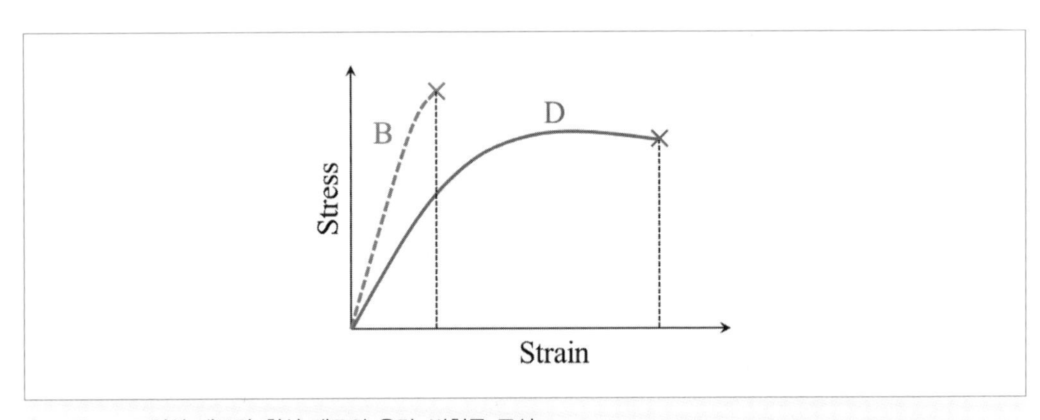

그림 8.5 연성 재료와 취성 재료의 응력-변형률 곡선

6) 끓는점이 약 (-)196℃이다. 재료나 구조물의 온도를 낮추는 목적으로 많이 사용된다.

그림 8.6 액화질소를 이용한 과일 아이스크림 제작[출처 : Shutterstock]

8.4 최대 수직 응력 이론

[그림 8.1]의 파손 사례 중 (c)는 우리 주변에서 자주 일어나며, 이와 유사한 사례를 [그림 8.7] (a)에 추가로 나타내었다. 이러한 파손은 어떠한 원인에 의해 발생했는지를 알아보기 위해 크레용을 비틀어 보았더니 (b)와 같은 파손 양상을 보였다. 6회에 걸친 실험 결과 크레용의 길이 방향축에 대해 50~54° 사이의 각을 이루면서 파손되었다. 각에 있어서는 실험오차로 인해 약간의 차이를 보이지만 파손 양상은 매우 유사함을 알 수 있다.

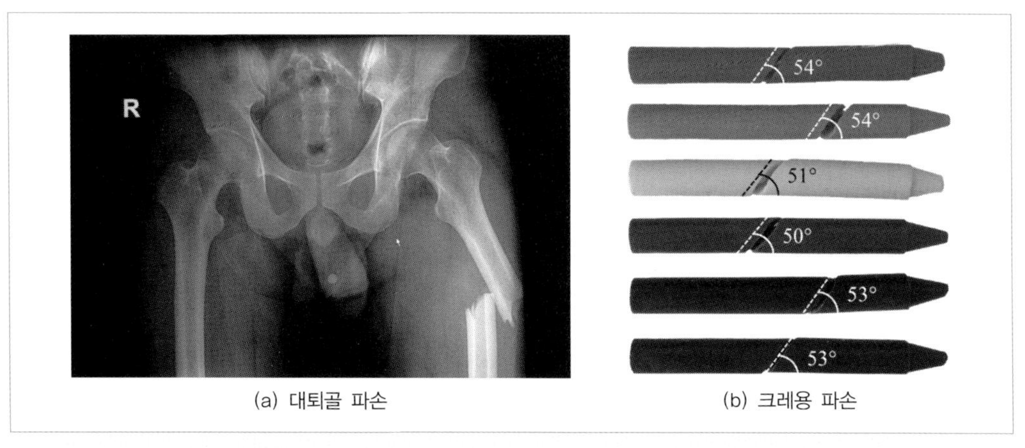

그림 8.7 취성 파손 예[출처 : (a) Shutterstock]

이와 같은 고체 재료의 파손 원인에 대해 고민을 거듭하던 Rankine[7]은 [그림 8.7]과 같은 비틀림 시험 결과를 비롯한 여러 실험 결과들에 근거하여 1857년에 다음과 같은 **최대 수직응력 이론**(maximum normal stress theory, MNST)을 제안하였다.[8] "임의의 구조물에 다양한 종류의 하중이 작용할 때, 임의의 점에서의 최대 수직 응력이 축 방향 기준 응력(인장강도, 항복강도 등)에 도달하면 파손이 발생한다." 이 파손 이론에서 최대 수직 응력은 제4장에서 살펴본 최대 주응력(maximum principal stress)이다. 따라서 3개의 주응력($\sigma_1 > \sigma_2 > \sigma_3$)을 구한 다음 그중에서 가장 큰 σ_1을 기준으로 파손 여부를 예측하면 된다.

순수 비틀림 하중을 받는 축의 경우 제6장에서 살펴본 바와 같이 축에는 전단 응력만이 발생하게 된다. 그럼 Rankine의 최대 수직 응력 이론과는 어떤 관계가 있는지 살펴보자. [그림 8.8]은 6.5절에서 살펴보았던 순수 비틀림 하중을 받는 축이다. 이 축의 표면에 (a)와 같이 좌표를 설정하면 z 방향 응력 성분이 0이 되는 평면 응력 상태가 되며, 응력 상태를 미소요소에 나타내면 (b)와 같이 된다. 즉 수직 응력 성분은 없고($\sigma_x = \sigma_y = 0$) 오직 전단 응력 ($\tau_{xy} = (-)\tau$)[9]만 존재한다.

이 순수 전단 응력 상태를 Mohr 원상에 나타내면 [그림 8.9]와 같이 원의 중심이 원점인 원이 된다. 이와 같이 되는 이유는 $\sigma_x = \sigma_y = 0$이기 때문에 원의 중심 좌표가 0이 되고 반경이 τ인 원이 되기 때문이다. 또한 $(\sigma_x,\ \tau_{xy}) = (0,\ \tau)$, $(\sigma_y,\ \tau_{yx}) = (0, \tau)$이며 전단 응력의

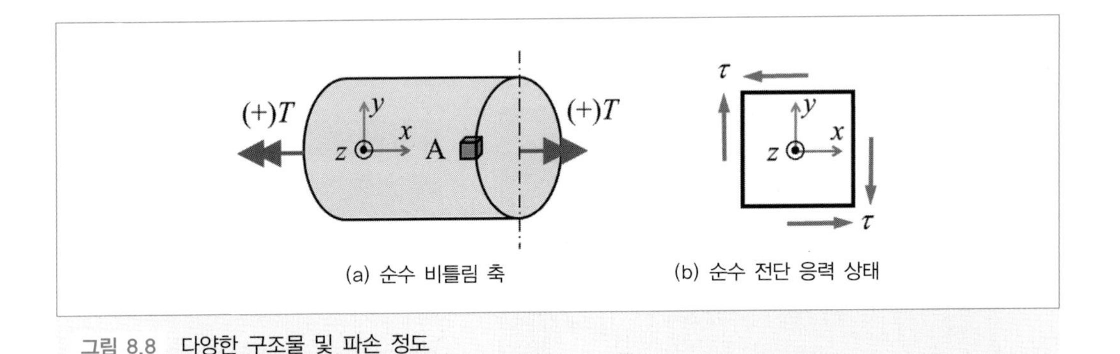

그림 8.8 다양한 구조물 및 파손 정도

7) William J. M. Rankine(1820~1872) : 스코틀랜드 출신의 기계공학자로서 열역학에서의 랭킨 사이클과 고체역학에서의 랭킨 이론을 정립하였다.

8) Rankine이 최대 수직 응력 이론을 제안한 배경에 대해서는 정확히 알 수 없어 나름대로 추정하였다.

9) 전단 응력의 크기는 제6장에서 유도한 토크-응력 관계식을 이용해 구하면 된다. $\tau = \frac{TR}{J}$

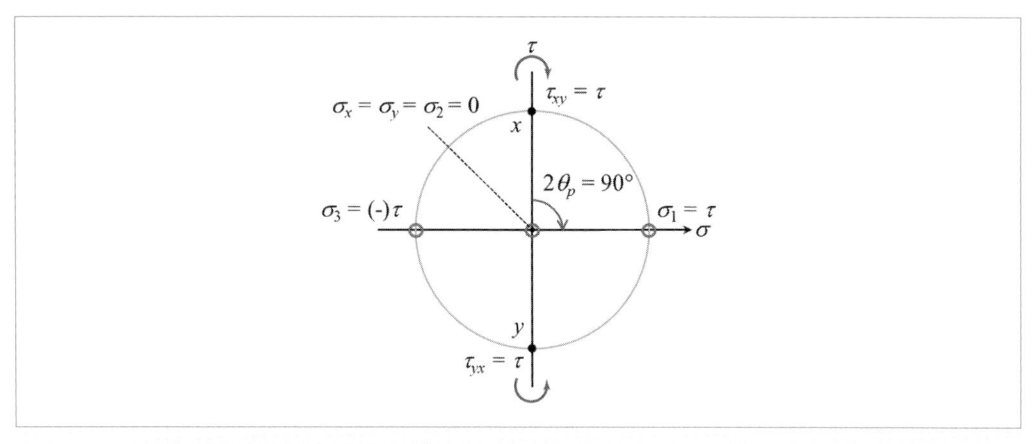

그림 8.9 순수 전단 응력 상태의 Mohr 원

부호는 τ_{xy}(↷), τ_{yx}(↺)가 되기 때문에 x 축이 전단 응력축의 위쪽, y 축이 아래쪽에 위치하게 된다. 이 경우 Mohr 원으로부터 알 수 있듯이 최대 수직 응력(σ_1)은 x 축으로부터 시계 방향으로 45°인 평면에서 발생하게 된다. 이와 같은 물리적인 상황을 [그림 8.10]에 나타내었다. 즉 분필은 인장 시험 때와 동일하게 최대 수직 응력 방향에 수직하게 발생했다고 볼 수 있다. 다시 말해 주응력값이 고체 재료의 파손 기준 강도보다 커지게 되면 파손이 발생하게 되는 것이다.

이와 같이 실험적으로 중요한 평면 응력 상태(모든 물체의 표면)의 경우 주응력들 중 하나가 0이 되므로, 나머지 2개의 주응력(σ_{p1}, σ_{p2})을 가지고 [그림 8.11]에서와 같이 파손 여부를

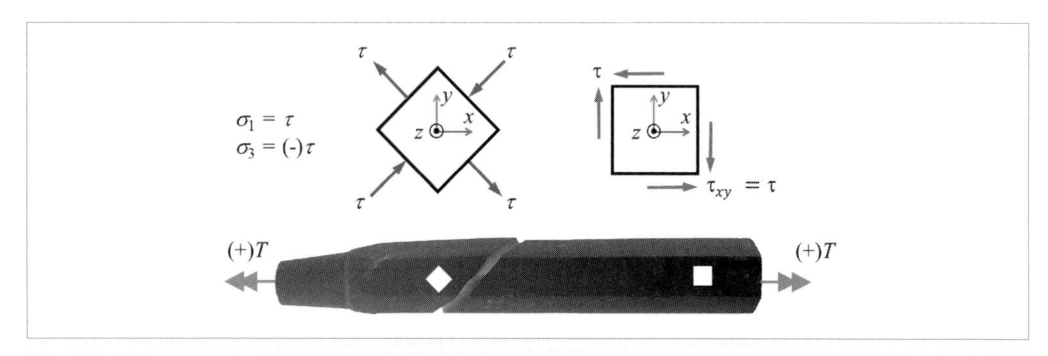

그림 8.10 순수 전단 응력 상태에서의 파손

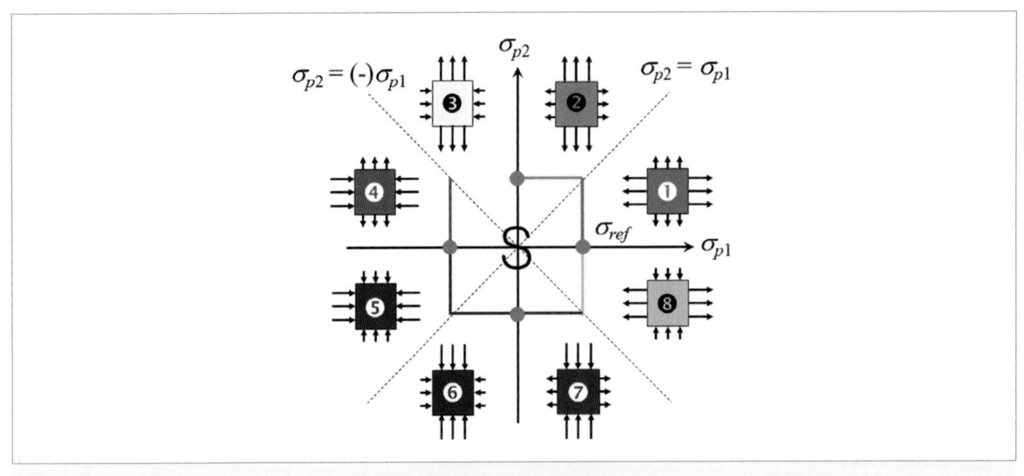

그림 8.11 평면 응력 상태에서 주응력 크기에 따른 파손 폐곡선

예측할 수 있다. 그림에서 가로축과 세로축은 2개의 주응력축이며 점선은 두 주응력의 크기가 같게 되는 45° 선이다. 만약 응력 상태가 ❶과 같은 경우 최대 수직 응력은 σ_{p1}이 되므로 최대 주응력 이론에 의하면 $\sigma_{p1} \geq \sigma_{ref}$[10]인 경우에 파손이 발생하게 된다. 즉 그림에서 $\sigma_{p1} = \sigma_{ref}$인 수직선 우측에서 파손이 발생하게 되는 것이다. 다음으로 응력 상태가 ❷와 같은 경우 최대 수직 응력은 σ_{p2}가 되므로 $\sigma_{p2} \geq \sigma_{ref}$인 경우에 파손이 발생하게 된다. 다시 말해 그림에서 $\sigma_{p2} = \sigma_{ref}$인 수평선 위쪽에서 파손이 발생하게 되는 것이다. 응력 상태가 ❸과 같은 경우 최대 주응력은 σ_{p2}가 되므로, ❷와 동일하게 $\sigma_{p2} \geq \sigma_{ref}$인 경우에 파손이 발생하게 된다. 응력 상태가 ❹와 같은 경우 최대 수직 응력[11]은 σ_{p1}이 되므로 $|\sigma_{p1}| \geq |\sigma_{ref}|$인 경우에 파손이 발생하게 된다. 즉 그림에서 $\sigma_{p1} = (-)\sigma_{ref}$인 수직선 좌측에서 파손이 발생하게 된다. ❹의 경우에만 $\sigma_{p1} = (-)\sigma_{ref}$와 같이 음의 부호를 붙인 것은 ❶~❸의 경우에는 최대 수직 응력들이 모두 양의 값이기 때문이다. 이와 같은 방법으로 ❺~❽의 경우에 대해 항복 조건식을 세울 수 있으며, 이들 식들을 모두 선으로 이으면 [그림 8.11] 안쪽에 있는 정사각형 형태가 된다. 이 정사각형 괘적을 **파손 폐곡선**(failure locus)이라고 한다. 즉 응력 상태가 파손 폐곡선 바깥쪽에 놓이면 파손이 되고, 안쪽에 놓이면 **안전**(safe)하게 된다.

10) 기준 응력(σ_{ref})은 주로 인장 시험 결과를 사용하기 때문에 편의상 양의 값으로 가정한다.

11) 실제로는 최대 수직 응력의 절댓값을 뜻한다.

이를 쉽게 확인할 수 있도록 정사각형 내부에 'S'자를 그려 넣었다. 지금까지 살펴본 최대 수직 응력 이론을 하나의 식으로 나타내면 식 (8.1)과 같으며 이를 3차원까지 확장하면 식 (8.2)와 같이 쓸 수 있다.

$$\max(|\sigma_{p1}|,|\sigma_{p2}|) \geqq |\sigma_{ref}| \tag{8.1}$$

$$\max(|\sigma_{p1}|,|\sigma_{p2}|,|\sigma_{p3}|) \geqq |\sigma_{ref}| \tag{8.2}$$

이러한 최대 수직 응력 이론을 적용하기 위해서는 유한요소해석이나 변형률 측정(제5장)을 통해 원하는 지점의 최대 수직 응력을 계산(제4장)하고, 이를 실험을 통해 측정한 기준 응력(제5장)[12]과 비교하면 되는 것이다. Rankine 이후 많은 실험자들이 최대 수직 응력 이론을 실제 파손 사례와 비교한 결과 취성이 상대적으로 큰 고체 재료의 파손을 비교적 정확히 예측한다고 알려져 있다.

8.5 최대 전단 응력 이론

최대 수직 응력 이론을 제안한 Rankine과 동시대를 살았던 기계공학자인 Tresca[13]는 금속 재료에 대한 인장 시험 결과 [그림 8.12]와 같은 양상의 파손이 발생함을 알게 되었고, 그 파단면을 예의 주시한 결과 재료의 파손에 직접적인 영향을 주는 것은 길이 변화만 일으키는 수직 응력보다는 형상 변화를 야기하는 전단 응력일 것이라고 생각하고, 1868년[14] **최대 전단 응력 이론**(maximum shear stress theory, MSST)을 제안하였다. 이러한 이유로 **Tresca 파손 이론**(Tresca's failure theory)[15]이라고도 불린다. 즉 "임의의 구조물에 다양한 종류의 하중이 작용

12) 기준 응력은 주로 인장 시험을 통해 얻으며, 탄성한도, 항복강도, 인장강도 등 설계자가 설계의 목적에 부합되도록 선택하면 된다.

13) Henry Tresca(1814~1885) : 프랑스의 기계공학자로서 소성 변형에 관해 연구를 시작하였다.

14) 1865년경으로 추정하는 경우도 많다.

15) 이에 대한 연구는 Tresca뿐만 아니라 비틀림 저울을 개발한 C. A. Coulomb(1736~1806)과 James J. Guest에 의해서도 행해졌기 때문에 Guest 이론으로도 불린다. James. J Guest, "The strength of materials under combined stress," Phil. Mag. 50, 69-132 (1900) 참조

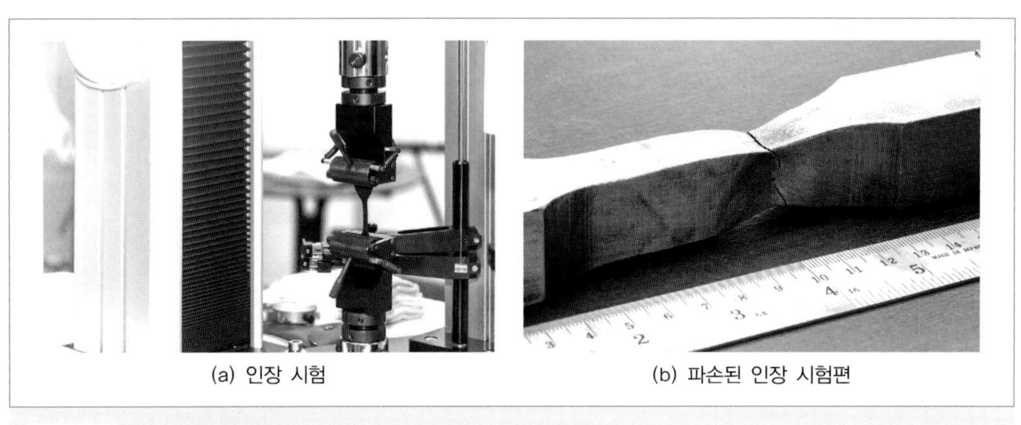

(a) 인장 시험 (b) 파손된 인장 시험편

그림 8.12 연성 파손의 예

할 때 임의의 점에서의 최대 전단 응력이 전단 기준 응력에 도달하면 파손이 발생한다."고 규정하였다. [그림 8.12] (b)에서와 같이 파손 전까지 단면적이 크게 줄어들다가 파손되는 경우는 연성 재료에 해당된다.

축 하중을 받는 고체의 경우 제4장에서 살펴본 바와 같이 수직 응력만이 발생하게 된다. 이제 Tresca의 최대 전단 응력 이론과는 어떤 관계가 있는지 살펴보자. [그림 8.13]에 [그림 8.12] (b)와 같이 축 하중하에서 파손된 고체의 파손 양상을 개략적으로 나타내었다. 이 고체의 표면에 그림과 같이 좌표를 설정하면 z 방향 응력 성분이 0이 되는 평면 응력 상태가 되며, 응력 상태를 미소 요소에 나타내면 그림의 오른쪽 위와 같이 된다. 즉 전단 응력 성분 ($\tau_{xy}=0$)은 없고 수직 응력($\sigma_x=\sigma$, $\sigma_y=0$)만 존재하는 주응력 상태이다.

이 응력 상태를 Mohr 원상에 나타내면 [그림 8.14]와 같이 원의 중심이 축 응력의 절반($\sigma/2$)에 위치하게 되는 원이 된다. 이와 같이 되는 이유는 $\sigma_x=\sigma$ 이외의 모든 응력 성분이 0이 되기 때문이다. 즉 $(\sigma_x,\ \tau_{xy})=(\sigma,\ 0)$, $(\sigma_y,\ \tau_{yx})=(0, 0)$이기 때문에 x 축은 최대 주응력 축(1축)과 일치하게 되고, y 축은 원점에 위치하게 된다. 이 경우 Mohr 원으로부터 알 수 있듯이 최대 전단 응력($\tau_{\max}$)은 x 축으로부터 시계 방향으로 45°(또는 반시계 방향으로 45°)인 평면에서 발생하게 된다. 이와 같은 물리적인 상황을 [그림 8.13] 왼쪽 윗부분에 나타내었다. 즉 파손이 시작되는 표면 부근에서는 길이 방향에 45° 방향으로 두 면이 서로 미끄러지는 응력(즉 전단 응력)이 최대가 되고, 이 값이 기준 응력보다 커지면 파손이 발생하게 된다는

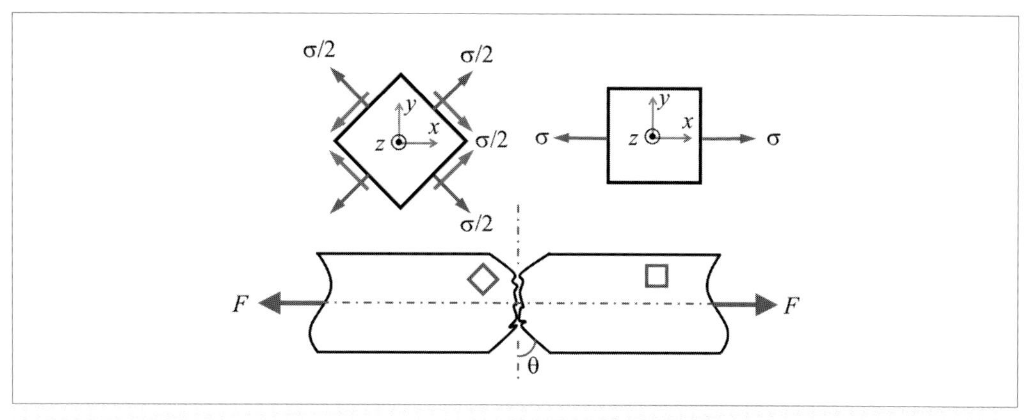

그림 8.13 연성 파손된 시험편 개략도 및 응력 상태

것이다. 따라서 최대 전단 응력 이론에서의 기준 전단 응력은 인장 시험으로부터 얻은 기준 수직 응력의 절반($\tau_{ref} = \sigma_{ref}/2$)으로 설정하면 된다.[16)]

평면 응력 상태에서 최대 전단 응력 이론이 어떻게 적용되는지 살펴보자. 평면 응력 상태에서 3개의 주응력은 σ_{p1}, σ_{p2}, $\sigma_{p3}(=0)$이 된다. 또한 4.9절 Mohr 원에서 살펴보았듯이 최대

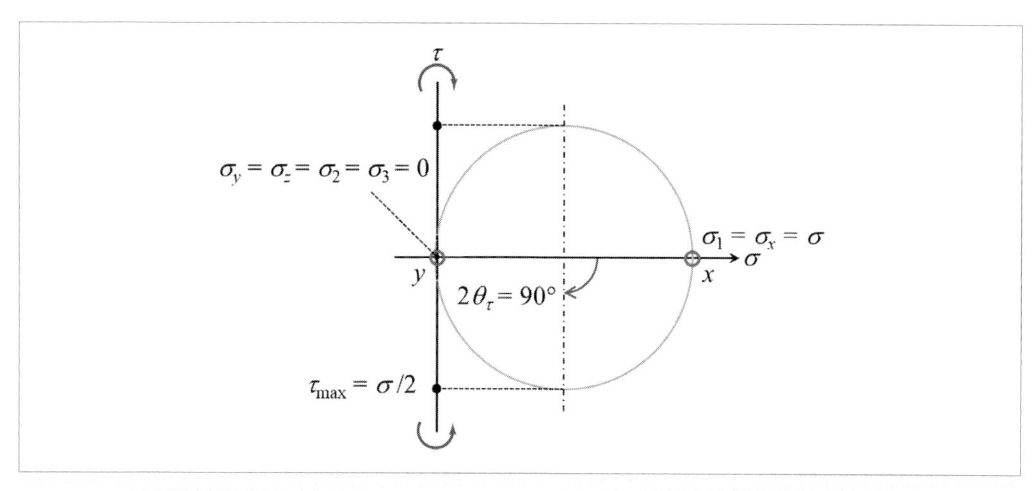

그림 8.14 단축 수직 응력 상태의 Mohr 원

16) 좀 더 정확한 해석을 위해서는 $\tau_{ref} = 0.577\sigma_{ref}$로 할 수 있지만, 보다 안전한(또는 보수적인) 예측을 위해서는 $\tau_{ref} = 0.5\sigma_{ref}$로 해도 된다.

전단 응력은 주응력으로부터 구할 수 있다. 이와 같은 관계들을 [그림 8.15]에 나타내었다. 먼저 ❶과 같은 응력 상태인 경우 최대 수직 응력은 σ_{p1}, 최소 수직 응력은 0이 되므로, 최대 전단 응력 이론에 의하면 식 (8.3)과 같은 조건이 만족될 때 파손이 발생하게 된다. 다음으로 ❷와 같은 응력 상태인 경우 최대 수직 응력은 σ_{p2}가 되므로, 최대 전단 응력 이론에 의하면 식 (8.4)와 같은 조건이 만족될 때 파손이 발생하게 된다. 응력 상태가 2사분면에 놓이게 되면 응력 상태는 ❸ 또는 ❹와 같이 되며, 이 경우 최대 주응력은 σ_{p2}, 최소 주응력은 σ_{p1}이 되므로 식 (8.5)와 같은 조건이 만족될 때 파손이 발생하게 된다. 식 (8.5)의 경우 $\sigma_{p2} \geqq \sigma_{p1} + \sigma_{ref}$ 형태의 식이므로 기울기가 양인 직선식이 된다.

$$\tau_{\max} = \frac{\sigma_1 - \sigma_3}{2} = \frac{\sigma_{p1}}{2} \geqq \tau_{ref} = \frac{\sigma_{ref}}{2} \tag{8.3}$$

$$\sigma_{p1} \geqq \sigma_{ref}$$

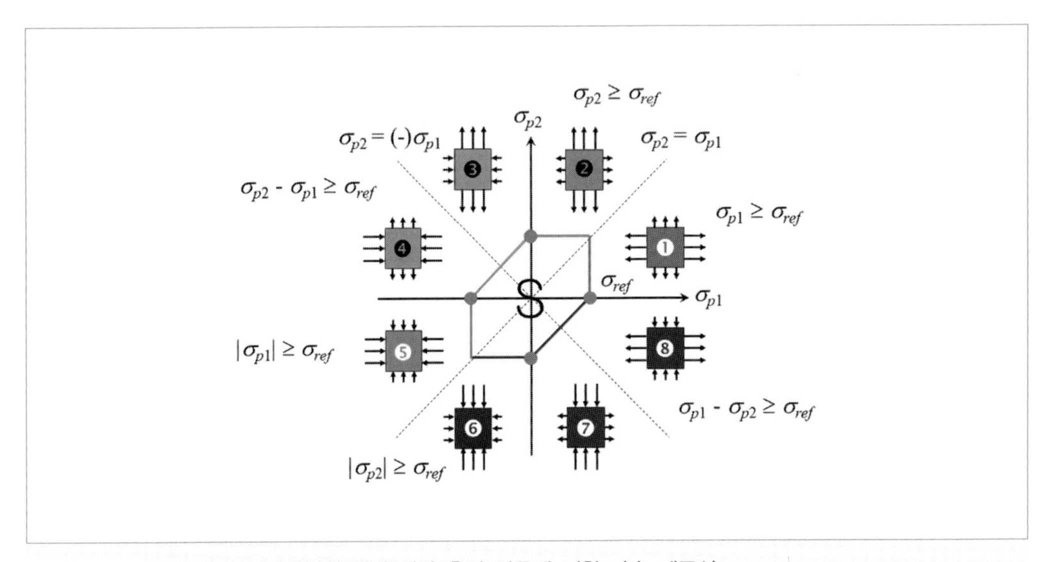

그림 8.15 평면 응력 상태에서의 최대 전단 응력 이론에 의한 파손 폐곡선

$$\tau_{\max} = \frac{\sigma_1 - \sigma_3}{2} = \frac{\sigma_{p2}}{2} \geqq \tau_{ref} = \frac{\sigma_{ref}}{2} \tag{8.4}$$

$$\sigma_{p2} \geqq \sigma_{ref}$$

$$\tau_{\max} = \frac{\sigma_1 - \sigma_3}{2} = \frac{\sigma_{p2} - \sigma_{p1}}{2} \geqq \tau_{ref} = \frac{\sigma_{ref}}{2} \tag{8.5}$$

$$\sigma_{p2} - \sigma_{p1} \geqq \sigma_{ref}$$

이와 같은 방법으로 ❺~❽의 경우에 대해 항복 조건식을 세울 수 있으며, 이들 식을 모두 선으로 이으면 [그림 8.15] 안쪽에 있는 육각형 형태가 된다. 이를 최대 전단 응력 이론에 의한 **파손 폐곡선**(failure locus)이라고 한다. 즉 응력 상태가 파손 폐곡선 바깥쪽에 놓이면 파손이 되고, 안쪽에 놓이면 **안전**(safe)하게 된다. 이를 쉽게 확인할 수 있도록 육각형 내부에 'S'자를 그려 넣었다. 지금까지 살펴본 최대 전단 응력 이론을 하나의 식으로 나타내면 식 (8.6)과 같다. 이 식을 좀 더 단순하게 나타내면 식 (8.7)과 같으며, 주응력 크기에 관한 약속을 따르게 되면 최종적으로 식 (8.8)과 같이 나타낼 수 있다.

$$\tau_{\max} = \max\left(\left|\frac{\sigma_{p1} - \sigma_{p2}}{2}\right|, \left|\frac{\sigma_{p1}}{2}\right|, \left|\frac{\sigma_{p2}}{2}\right|\right) \geqq \frac{\sigma_{ref}}{2} \tag{8.6}$$

$$\tau_{\max} = \frac{\max(\sigma_{p1},\ \sigma_{p2},\ 0) - \min(\sigma_{p1},\ \sigma_{p2},\ 0)}{2} \geqq \frac{\sigma_{ref}}{2} \tag{8.7}$$

$$\tau_{\max} = \frac{\sigma_1 - \sigma_3}{2} \geqq \frac{\sigma_{ref}}{2} \tag{8.8}$$

이러한 최대 전단 응력 이론을 적용하기 위해서는 유한요소해석이나 변형률 측정(제5장)을 통해 원하는 지점의 응력 상태를 계산하고(제4장), 이를 실험을 통해 측정한 기준 응력(제5장)과 비교하면 되는 것이다. Tresca 이후 많은 실험자들이 최대 전단 응력 이론을 실제 파손 사례와 비교한 결과 연성이 상대적으로 큰 고체 재료의 파손을 비교적 정확히 예측한다고 알려져 있다.

8.6 변형 에너지

[그림 8.16]에서와 같이 우리 주변에서 쉽게 접할 수 있는 **철망**(steel wire mesh)과 **거미줄**(spider web) 중 어느 것이 더 강할까? 이에 대한 답은 문제를 대하는 관점에 따라 여러 가지가 될 수 있다. 첫 번째로 절대적인 힘(force)의 크기로 비교하면 철망이 거미줄에 비해 비교할 수 없을 정도로 높다. 거미줄은 약간의 힘을 줘도 쉽게 끊어지는 반면 철사와 같은 재료는 손힘만으로는 끊기 어렵다. 두 번째로 두 구조물에 파손을 야기할 수 있는 절대적인 에너지 크기로 비교해 보아도 철망이 거미줄에 비해 매우 높다.

그렇다면 이 두 재료를 응력과 변형률의 관점에서 비교해 보면 어떻게 될까? 이에 대한 답을 찾기 위해 몇 가지 추가적인 개념을 살펴보기로 하자. 먼저 개념 설명의 편의를 위해 지금부터 설명하는 고체 재료는 선형 탄성적으로 변형된다고 가정한다. [그림 3.5]나 [그림 4.25]에서와 같이 초기 길이가 l_0이고 단면적이 A_0인 봉이나 줄에 축 방향으로 힘(F_1)을 가했을 때 δ_1만큼 변형이 생겼다고 가정하면, 이때까지 외부에서 가해 준 일은 [그림 8.17] (a)의 힘-변형 그래프에서 빗금 친 면적이 되며, 식 (8.9)[17]와 같이 나타낼 수 있다. 이는 고체

(a) 골프장 철망 (b) 거미줄

그림 8.16 철망과 거미줄[출처 : Shutterstock]

17) 정역학에서 일은 가해 준 힘에 이동한 거리를 곱해 $W = F \times \delta$와 같은 식으로 주어진 것을 본 적이 있을 것이다. 하지만 식 (8.9)는 여기에 0.5를 곱한 형태이다. 이 두 식의 차이는 δ만큼의 변위가 생기는 동안 힘이 일정한지 아닌지에 있다. 즉 일정한 무게의 물체를 밀어 δ만큼의 변위가 생겼다면 이때의 일은 $W = F \times \delta$와 같이 된다. 하지만 초기에 0인 힘에서 시작해 변형에 비례해 커지는 힘인 경우 식 (8.9)와 같이 된다.

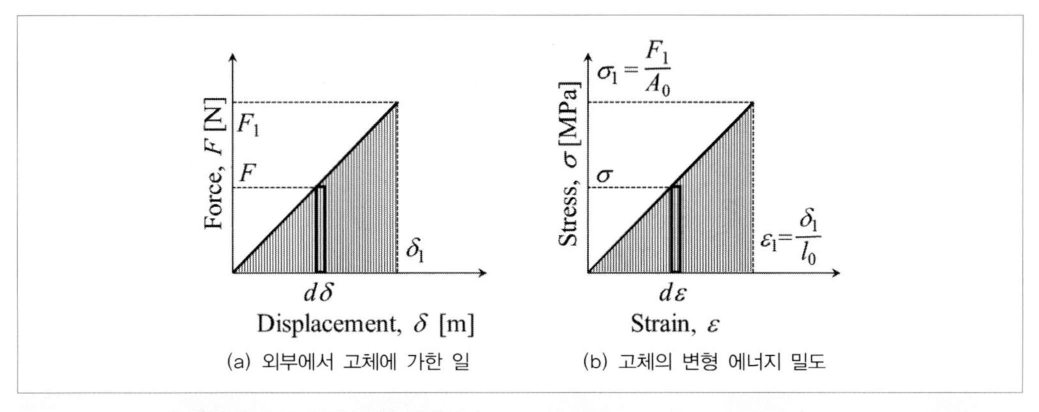

그림 8.17 외부에서 가해 준 일과 변형 에너지 밀도

재료의 변형에 사용된다. 이와 같이 어떤 고체 재료가 변형하는 동안 고체 내부에 저장된 에너지를 **변형 에너지**(strain energy, U)[18]라고 한다. 이러한 변형이 생기는 동안 열손실 등의 에너지 손실이 없다고 가정하면[19] 외부에서 가해 준 일(W)과 고체 내의 변형 에너지(U)는 같게 되며 힘 제거 시 복원된다.

$$W = U = \int_0^{\delta_1} F d\delta = \frac{1}{2} F_1 \delta_1 \tag{8.9}$$

공칭 응력과 공칭 변형률의 정의로부터 $F_1 = \sigma_1 A_0$, $\delta_1 = \epsilon_1 l_0$가 되며, 이를 식 (8.9)에 대입한 후 양변을 $A_0 l_0$로 나누면 식 (8.10)을 얻을 수 있다. 이 식에서 변형 에너지(U)를 초기 체적(V_0)으로 나눈 양 u를 단위체적당 변형 에너지 또는 **변형 에너지 밀도**(strain energy density)[20]라고 한다. 또한 단축 수직 응력하에서의 후크의 법칙($\sigma = E\epsilon$)을 적용하면 식 (8.11)과 같이 나타낼 수도 있다.

18) 총변형 에너지라고도 한다.
19) 실제로 선형 탄성 영역에서는 에너지 손실이 무시할 수 있을 정도로 적다.
20) 어떤 물질의 질량을 체적으로 나눈 양을 밀도(density)라고 하는 것과 같은 개념으로 보면 된다.

$$U = \frac{1}{2}F_1\delta_1 = \frac{1}{2}(\sigma_1 A_0)(\epsilon_1 l_0) \tag{8.10}$$

$$\frac{U}{A_0 l_0} = \frac{U}{V_0} = u = \frac{1}{2}\sigma_1\epsilon_1$$

$$u = \frac{1}{2}\sigma_1\epsilon_1 = \frac{\sigma_1^2}{2E} = \frac{E\epsilon_1^2}{2} \tag{8.11}$$

이제 다시 철망과 거미줄 문제로 돌아가 보자. 고강도 강이 아닌 우리 주변의 철망들은 인장강도가 수백 MPa 정도에 불과하다. 그러나 **드래그라인 거미줄**(dragline spider silk)[21]의 경우 인장강도는 1,000 MPa이 넘는 것이 많다. 따라서 응력의 관점에서 보면 드래그라인 거미줄이 일반 재료로 만들어진 철망을 압도한다. 이를 개략적으로 [그림 8.18]에 나타내었다. 또한 거미줄은 파단 변형률(또는 연신율)이 금속 재료에 비해 월등히 높다. 한마디로 거미줄은 일반 철망 재료에 비해 매우 높은 탄성 변형 에너지 밀도를 갖는다. 이러한 이유로 최근 거미줄에 관한 연구가 많이 진행되고 있으며 이를 상업화한 회사[22]도 생겨나고 있다.

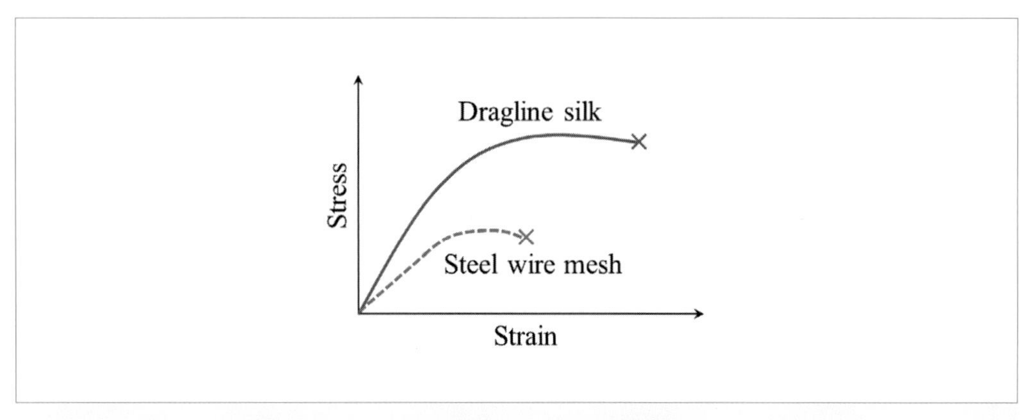

그림 8.18 일반 철망과 드래그라인 거미줄의 상대적인 기계적 물성값 비교

21) 거미줄은 다양한 종류로 구성되어 있다. 대표적인 것이 중앙에 방사형으로 만들어진 포획용 거미줄(capture silk)과 전체 거미줄을 주변 구조물들(건물, 나무 등)에 고정하여 자신의 이동 경로로 사용하는 드래그라인 거미줄이 있다.

22) https://boltthreads.com

8.7 최대 뒤틀림 에너지 이론

산업혁명 이후 1900년대에 들어서면서 재료의 파손(특히 항복)에 많은 공학자들이 관심을 갖기 시작하였다. 또한 이 시기에 잠수함에 대한 연구도 활발히 진행되었는데, 여러 나라에서 경쟁적으로 보다 깊은 곳까지 탐사할 수 있는 구조물을 연구하던 중 한 가지 특이한 현상을 발견하게 되었다. 심해 탐사를 위해 사용하던 금속 구(metal sphere)를 재료가 파손(항복)이 될 수 있는 깊은 바다에 넣었다 꺼내 보니 원형이 그대로 유지된 것이다. 깊은 바다에서 원형 구가 받는 압력을 **정수압**(靜水壓, hydrostatic pressure)이라고 한다. 이 당시까지만 해도 최대 수직 응력 이론과 최대 전단 응력 이론이 파손 이론 분야에서 양대 산맥을 형성하고 있을 때였다. 따라서 공학자들은 두 이론이 실제 구조물의 파손을 예측하는 데 부족하다고 생각하게 되었다. 또한 이를 기초로 [그림 8.19]와 같은 구 모양의 잠수함(submarine)이나 해저탐사선(deep sea explorer)이 개발되었다.

정수압하에서 재료가 항복이 일어나지 않는 현상과 기존 파손 이론의 한계성이 부각되면서 공학자들은 단순한 응력 상태만 가지고는 재료의 파손을 예측하는 데 한계가 있다고 느끼게 되었다. 이와 함께 앞 절에서 살펴보았던 에너지 이론이 새롭게 대두되면서 "고체의 뒤틀림 에너지가 특정 기준값보다 커지면 파손이 일어나게 된다."는 **최대 뒤틀림 에너지 이론**(maximum

그림 8.19 제2차 세계대전 중 사용된 독일 잠수함(프랑스 Brittany 전시)[출처 : Shutterstock]

distortion energy theory, MDET)이 개발되었다. 이론의 기초는 Tytus M. Huber[23]가 1904년에 마련하였고, Richard von Mises[24]가 1913년에 이론으로 정립하였다. 또한 Heinrich Hencky[25]는 이들 둘과 독립적으로 수행한 유사한 연구 결과를 1924년에 발표하였다. 따라서 이들의 연구 업적을 기리기 위해 **Huber-Hencky-von Mises 이론**이라고도 불린다. 그러나 이 중에서도 von Mises의 기여도가 조금 더 큰 관계로 줄여서 **von Mises 이론**[26]으로 많이 불린다.

[그림 4.19]와 같이 3차원 응력 성분을 갖는 한 점의 응력은 응력변환이나 Mohr 원을 통해 [그림 8. 20] (a)와 같이 3개의 주응력으로 나타낼 수 있으며, 이 세 주응력은 (b)와 같은 **등방 응력**(hydrostatic stresses)[27]과 주응력에서 등방 응력을 뺀 (c)와 같은 **편차 응력**(deviatoric stresses)으로 나눌 수 있다. 최대 뒤틀림 에너지 이론에서 각 응력의 특징과 파손에서의 기여도를 [표 8.1]에 정리하였다.

먼저 편차 응력에 대해 살펴보자. [그림 8.21] (a)와 같이 세 변의 길이가 l_{1i}, l_{2i}, l_{3i}인 직육면체(초기 체적 $V_0 = l_{1i} \times l_{2i} \times l_{3i}$)에 편차 응력이 작용하면 (b)와 같이 세 변의 길이가 l_{1f}, l_{2f}, l_{3f}인 육면체로 바뀐다. 이 경우 [표 8.1]에서 살펴보았듯이 편차 응력하에서는 체적 변화

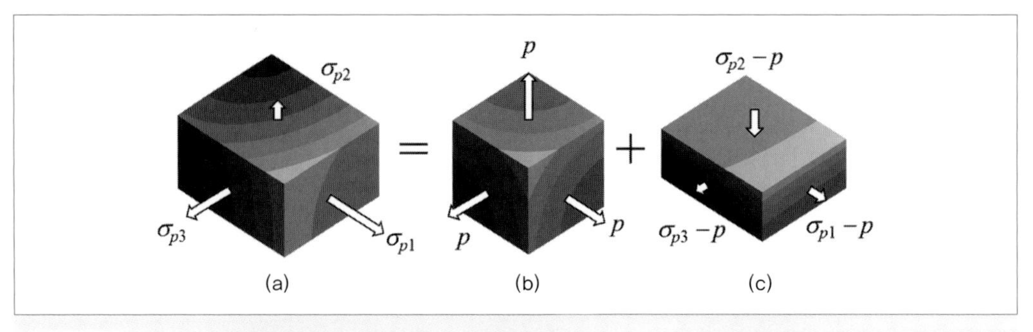

그림 8.20 일반적인 주응력(a) = 등방 응력(b) + 편차 응력(c)[28]

23) Tytus Maksymilian Huber(1872~1950) : 폴란드의 기계공학자
24) Richard Edler von Mises(1883~1953) : 독일의 공학자 및 응용 수학자
25) Heinrich Hencky(1885~1951) : 독일 출신의 공학자로서 소성 이론의 기초를 마련하였다.
26) 이 이론은 이전의 두 가지 파손 이론보다 복잡한 과정을 거쳐 유도되므로 기초 고체역학에서 생략할 수도 있으나 그 유도 과정을 모른 채 수식만 외우는 것은 개념 이해에 도움이 되지 않는다고 생각되어 유도 과정을 소개한다.
27) 정수압에서 유래되었기 때문에 '정수력학적 응력'이라고도 하지만 모든 방향의 응력 성분이 같다는 의미의 등방 응력이 보다 이해하기 쉽기 때문에 이 책에서는 '등방 응력'으로 하기로 한다.
28) 변형 전 정육면체인 물체에 $\sigma_{p1} = 100, \sigma_{p2} = 30, \sigma_{p3} = 80$(단위 생략)을 인가한 뒤 얻어진 실제 변형 상황을 나타낸 것이다.

표 8.1 최대 뒤틀림 에너지 이론

비교 항목	일반적 응력 상태	등방 응력	편차 응력
[그림 8.20]	(a)	(b)	(c)
변화	체적 + 형상	체적	형상
파손 기여도	파손	기여하지 않음	기여
변형 에너지 밀도	u	u_V	u_d

없이 형상 변화만 생긴다. 이 편차 응력은 주응력 평면이기 때문에 길이 변화만 생기는 것으로 보이지만 주응력으로 변환하기 전 일반적인 응력 상태에서는 뒤틀림을 발생시키는 성분에 해당된다. 이때 편차 응력 작용 후의 체적은 식 (8.12)[29]와 같이 나타낼 수 있다. 이 식에서 편차 응력 작용 전후 체적이 같다면($V_i = V_f$) 식 (8.12)는 식 (8.13)과 같이 단순화시킬 수 있으며, 변형률의 2차항 이상을 무시하면[30] 식 (8.13)은 식 (8.14)와 같이 된다.

$$\begin{aligned} V_f &= (l_{1i}+\delta_1)(l_{2i}+\delta_2)(l_{3i}+\delta_3) \\ &= l_{1i}(1+\epsilon_{p1})_d \times l_{2i}(1+\epsilon_{p2})_d \times l_{3i}(1+\epsilon_{p3})_d \\ &= l_{1i}l_{2i}l_{3i}(1+\epsilon_{p1})_d(1+\epsilon_{p2})_d(1+\epsilon_{p3})_d \\ &= V_i(1+\epsilon_{p1})_d(1+\epsilon_{p2})_d(1+\epsilon_{p3})_d \end{aligned} \tag{8.12}$$

$$(1+\epsilon_{p1})_d(1+\epsilon_{p2})_d(1+\epsilon_{p3})_d = 1 \tag{8.13}$$

$$1+(\epsilon_{p1}+\epsilon_{p2}+\epsilon_{p3})_d+(\epsilon_{p1}\epsilon_{p2}+\epsilon_{p2}\epsilon_{p3}+\epsilon_{p3}\epsilon_{p1})_d+(\epsilon_{p1}\epsilon_{p2}\epsilon_{p3})_d = 1 \tag{8.14}$$

$$(\epsilon_{p1}+\epsilon_{p2}+\epsilon_{p3})_d = 0$$

이제 식 (8.14)에 주응력 평면에서의 후크의 법칙을 적용하면 식 (8.15)와 같이 된다. 식에서 볼 수 있듯이 이 식이 만족되기 위해서는 식 (8.16)이 충족되어야 한다. 즉 우리가 앞에서

29) $(\ )_d$와 같이 ( )에 첨자 'd'를 붙인 것은 편차 응력(deviatoric stress) 상태임을 나타내기 위함이다.

30) 일반적으로 정상 작동되는 금속 구조물에 발생하는 변형률은 0.2%ε(또는 0.002) 미만인 경우가 대부분이다. 따라서 변형률을 한번 더 곱한 2차항의 경우 크기는 4×10^{-6} 정도가 되므로 1차항에 비해 무시할 수 있을 정도로 작게 된다.

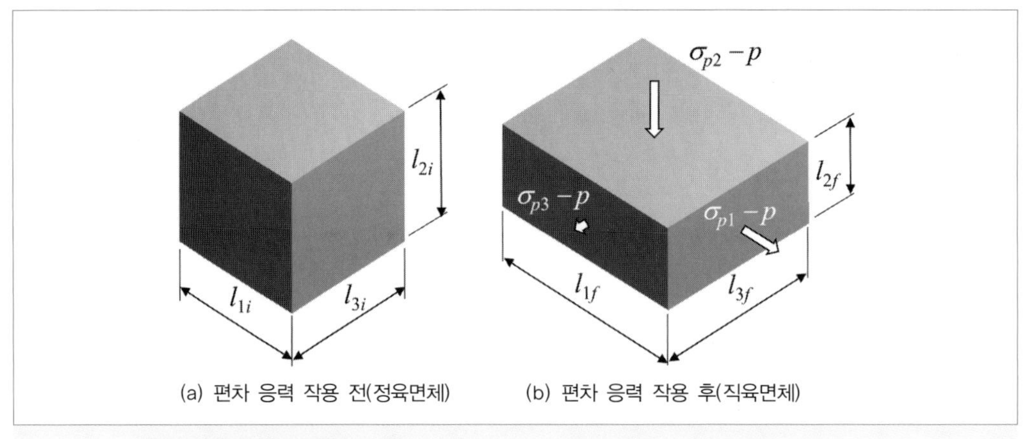

그림 8.21 편차 응력 작용 전후 형상 변화

정의한 등방 응력은 세 주응력(또는 수직 응력들)[31]의 산술 평균값이 된다.[32]

$$\begin{aligned}(\epsilon_{p1}+\epsilon_{p2}+\epsilon_{p3})_d &= \frac{1}{E}[(\sigma_{p1}-p)-\nu\{(\sigma_{p2}-p)+(\sigma_{p3}-p)\} \\ &\quad +(\sigma_{p2}-p)-\nu\{(\sigma_{p3}-p)+(\sigma_{p1}-p)\} \\ &\quad +(\sigma_{p3}-p)-\nu\{(\sigma_{p1}-p)+(\sigma_{p2}-p)\}] \\ &= \frac{1-2\nu}{E}(\sigma_{p1}+\sigma_{p2}+\sigma_{p3}-3p)=0\end{aligned} \tag{8.15}$$

$$p=\frac{\sigma_{p1}+\sigma_{p2}+\sigma_{p3}}{3}=\frac{\sigma_x+\sigma_y+\sigma_z}{3} \tag{8.16}$$

[표 8.1]에서 $u=u_V+u_d$의 관계가 성립해야 하고[33] 최대 뒤틀림 에너지 이론을 적용하기 위해서는 뒤틀림 에너지를 계산해야 하므로 $u_d=u-u_V$의 관계를 이용해 계산해 보자. 먼저 전체 변형률 에너지 밀도는 식 (8.17)과 같이 된다. 또한 등방 응력에 의한 변형률 에너지

31) 응력에 관한 1차 불변량이다.

32) $\sigma_{p1}=100$, $\sigma_{p2}=30$, $\sigma_{p3}=80$(단위 생략)인 경우 $p=70$이 되며, 편차 응력은 (30, −40, 10)이 된다.

33) 에너지 보존 법칙은 항상 성립해야 한다.

밀도는 세 방향의 응력과 변형률이 동일하므로 식 (8.18)과 같이 쓸 수 있다. 이제 뒤틀림(형상 변화에 기여한) 변형률 에너지는 식 (8.17)에서 식 (8.18)을 빼면 얻을 수 있으며 최종 식[34)]은 식 (8.19)와 같다.

$$u = \frac{\sigma_{p1}\epsilon_{p1} + \sigma_{p2}\epsilon_{p2} + \sigma_{p3}\epsilon_{p3}}{2} = \frac{1}{2E}[\sigma_{p1}\{\sigma_{p1} - \nu(\sigma_{p2} + \sigma_{p3})\} \quad (8.17)$$

$$+ \sigma_{p2}\{\sigma_{p2} - \nu(\sigma_{p3} + \sigma_{p1})\} + \sigma_{p3}\{\sigma_{p3} - \nu(\sigma_{p1} + \sigma_{p2})\}]$$

$$= \frac{1}{2E}\left[\sigma_{p1}^2 + \sigma_{p2}^2 + \sigma_{p3}^2 - 2\nu(\sigma_{p1}\sigma_{p2} + \sigma_{p2}\sigma_{p3} + \sigma_{p3}\sigma_{p1})\right]$$

$$u_V = 3 \times \frac{p\epsilon_V}{2} = \frac{3p}{2E}(p - 2\nu p) = \frac{3(1-2\nu)}{2E}p^2 \quad (8.18)$$

$$= \frac{3(1-2\nu)}{2E}\left(\frac{\sigma_{p1} + \sigma_{p2} + \sigma_{p3}}{3}\right)^2$$

$$= \frac{1-2\nu}{6E}(\sigma_{p1} + \sigma_{p2} + \sigma_{p3})^2$$

$$u_d = \frac{1+\nu}{6E}\left[(\sigma_{p1} - \sigma_{p2})^2 + (\sigma_{p2} - \sigma_{p3})^2 + (\sigma_{p3} - \sigma_{p1})^2\right] \quad (8.19)$$

최대 뒤틀림 에너지 이론은 최대 뒤틀림 에너지(u_d)가 기준 뒤틀림 에너지($u_{d,ref}$)보다 커지면 파손이 일어날 것이라고 예측하는 것이다. 여기서 기준 뒤틀림 에너지는 인장 시험의 결과를 주로 활용한다. 인장 시험 시에는 하나의 주응력만 있고 나머지 2개의 주응력값은 0이 되므로 이를 식 (8.19)에 대입하면 기준값으로서 식 (8.20)을 얻을 수 있다. 이론에 따르면 $u_d \geqq u_{d,ref}$이면 파손이 되는 것이므로 식 (8.19)와 식 (8.20)을 조합하면 식 (8.21)을 얻을 수 있으며, 이 식을 간단히 정리하면 식 (8.22)가 된다. 이 식의 양변에 제곱근을 취하면 최종적으로 식 (8.23)을 얻게 되는데, 이 식의 좌변을 **von Mises 응력**(von Mises stress)이라고 부른다. 식 (8.23)의 경우 식의 좌변과 우변 모두 응력 차원(단위)이므로 비교 및 계산이 용이하다.

34) 여기서 중간 과정을 생략하였지만 백지에 차분하게 각자 유도해 보기를 권한다.

또한 어떠한 응력 상태라도 이 식을 이용할 경우 하나의 등가인 응력값을 얻을 수 있으므로 **등가 응력**(equivalent/effective stress)이라고도 한다. 평면 응력 상태($\sigma_{p3}=0$)인 경우 식 (8.22)는 식 (8.24)와 같이 나타낼 수 있으며, 이를 주응력 평면에 나타내면 [그림 8.22]와 같은 타원이 된다. 이를 최대 뒤틀림 에너지 이론에 따른 파손 폐곡선이라고 한다.

최대 뒤틀림 에너지 이론이 발표되고 100년이 지났지만 지금도 널리 사용되고 있는 것은 사용의 간편함과 실제 실험 결과와 잘 일치하기 때문이다. 특히 이 이론은 연성 재료의 파손 예측에 장점이 있다고 알려져 있지만 취성 재료의 경우에도 많이 사용되고 있다.

$$u_{d,ref}=\frac{1+\nu}{3E}\sigma_{ref}^2 \tag{8.20}$$

$$u_d=\frac{1+\nu}{6E}\left[(\sigma_{p1}-\sigma_{p2})^2+(\sigma_{p2}-\sigma_{p3})^2+(\sigma_{p3}-\sigma_{p1})^2\right] \tag{8.21}$$

$$\geq u_{d,ref}=\frac{1+\nu}{3E}\sigma_{ref}^2$$

$$\frac{1}{2}\left[(\sigma_{p1}-\sigma_{p2})^2+(\sigma_{p2}-\sigma_{p3})^2+(\sigma_{p3}-\sigma_{p1})^2\right]\geq\sigma_{ref}^2 \tag{8.22}$$

$$\sqrt{\frac{1}{2}\left[(\sigma_{p1}-\sigma_{p2})^2+(\sigma_{p2}-\sigma_{p3})^2+(\sigma_{p3}-\sigma_{p1})^2\right]}=\sigma_{vM}\geq\sigma_{ref} \tag{8.23}$$

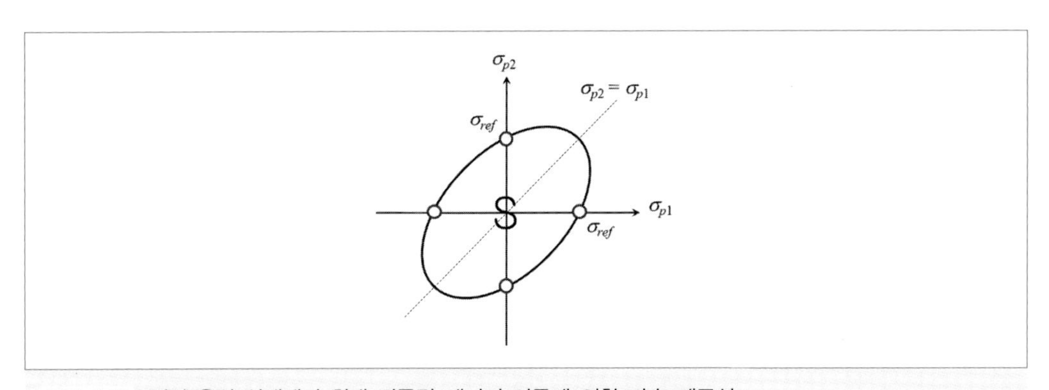

그림 8.22 평면 응력 상태에서 최대 뒤틀림 에너지 이론에 의한 파손 폐곡선

$$\sigma_{p1}^2 - \sigma_{p1}\sigma_{p2} + \sigma_{p2}^2 \geq \sigma_{ref}^2 \tag{8.24}$$

8.8 파손 이론 비교

지금까지 살펴본 세 가지 파손 이론에 의한 평면 응력 상태($\sigma_{p3}=0$)에서의 파손 폐곡선을 [그림 8.23]에 나타내었다. 그림에서 알 수 있듯이 응력 상태에 따라 세 파손 이론의 예측 결과가 다르게 된다. 예를 들어 점 A와 같은 응력 상태일 경우 MNST에 의해서는 안전한 것으로 예측되지만 MDET와 MSST에 의해서는 파손으로 예측된다. 점 B와 같은 상태에서는 MSST에 의해서만 파손으로 예측되고, 점 C와 같은 상태에서는 모든 이론에 의해 안전한 것으로 예측된다.

파손 이론의 경우 모든 경우에 대해 잘 맞는 이론은 아직까지 존재하지 않는다. 따라서 각 이론의 장단점을 잘 파악하여 자신이 설계하고 있는 구조물의 파손 예측에 가장 적합한 이론을 적용하면 된다. [그림 8.23]에서 알 수 있듯이 MSST의 경우 가장 **보수적**(conservative)[35]인 예측 결과를 준다. 따라서 경제성보다는 안전이 우선인 구조물에 적합하다고 할 수 있다.

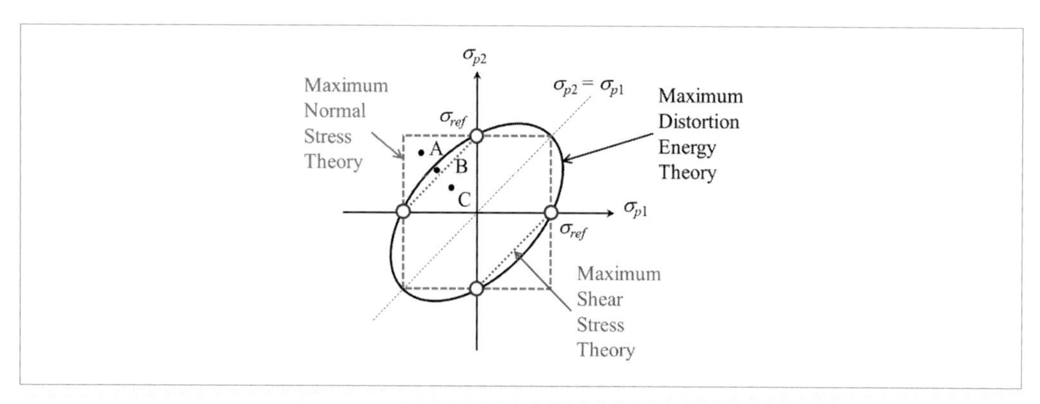

그림 8.23 평면 응력 상태에서 세 가지 이론에 의한 파손 폐곡선

35) 어느 나라든지 보수당(conservative party)은 개혁이나 진보보다는 현재 상태를 안전하게 유지하는 것에 초점을 두고 정치를 펼친다. 따라서 보수적인 예측이란 실제로는 파손이 일어나지 않지만 일어난다고 예측함으로써 구조물을 더욱 튼튼하게 설계하는 것을 일컫는다.

MNST의 경우 1사분면과 3사분면에서는 MSST와 동일한 예측 결과를 주지만 2사분면과 4사분면에서는 위험한 예측 결과를 준다. 하지만 이론의 간편성 때문에 지금도 사용된다. MDET는 세 이론의 중간 정도의 예측 결과를 주고 많은 실험 결과와 잘 일치하는 것으로 판명되어 세 가지 이론 중 가장 널리 사용되고 있다. 하지만 응력 상태에 관계없이 항상 양의 값만을 주기 때문에 부호가 중요한 경우에는 사용 시 주의해야 한다.

예제 8.1 [그림 4.30]의 응력 상태인 재료의 항복 여부를 세 가지 파손 이론에 근거하여 예측해 보라. 파손이 발생하지 않는 경우에는 **안전계수**(safety factor)[36]를 산정해 보라. 인장 시험을 통해 얻은 항복 강도는 250 MPa로 가정하고, 압축과 인장 시의 거동은 대칭으로 가정하라.

해법 예 〈예제 4.3〉과 Mohr의 응력원으로부터 주응력은 $\sigma_1 = 123.4$ MPa, $\sigma_2 = 0$ MPa, $\sigma_3 = (-)173.4$ MPa이 된다. 최대 인장 수직 응력은 123.4 MPa, 최대 압축 수직 응력은 (−)173.4 MPa이며, 이들 모두 절댓값이 250 MPa 미만이므로 MNST에 의하면 파손이 되지 않는다. 이때 최대 전단 응력은 148.4 MPa이고, 기준 전단 응력은 항복 강도의 절반인 125.0 MPa이 되므로 MSST에 의하면 항복이 발생된다. 마지막으로 주응력들을 식 (8.23)에 대입하면 von Mises 응력은 258.2 MPa이 되므로 MDET에 의해서도 항복이 발생되는 것으로 예측된다. 응력 상태와 세 가지 파손 이론에 의한 파손 폐곡선을 [그림 8.24]에 나타내었다. 그래프상에서 파손 여부를 한눈에 파악할 수 있다.

MSST와 MDET에 의해서는 파손이 일어나는 것으로 예측되므로 안전계수는 MNST에 대해서만 산정하기로 한다. 안전계수는 [그림 8.24]를 기초로 식 (8.25)[37]로부터 구할 수 있다.

$$SF = \frac{\mathrm{OF}}{\mathrm{OS}} = \frac{250}{173.4} \approx 1.4^{38)} \tag{8.25}$$

36) 구조물 설계 시 입력 데이터, 재료 물성, 재료 내의 결함 포함 여부 등 설계자가 미처 고려하지 못하는 인자들이 많이 있다. 이러한 인자들을 고려하기 위해 사용하는 것이 안전계수이다. 안전계수는 다음과 같이 정의된다.

$$안전계수 = \frac{기준강도}{설계응력}$$

37) 직각삼각형의 비례식으로부터 구하면 된다.

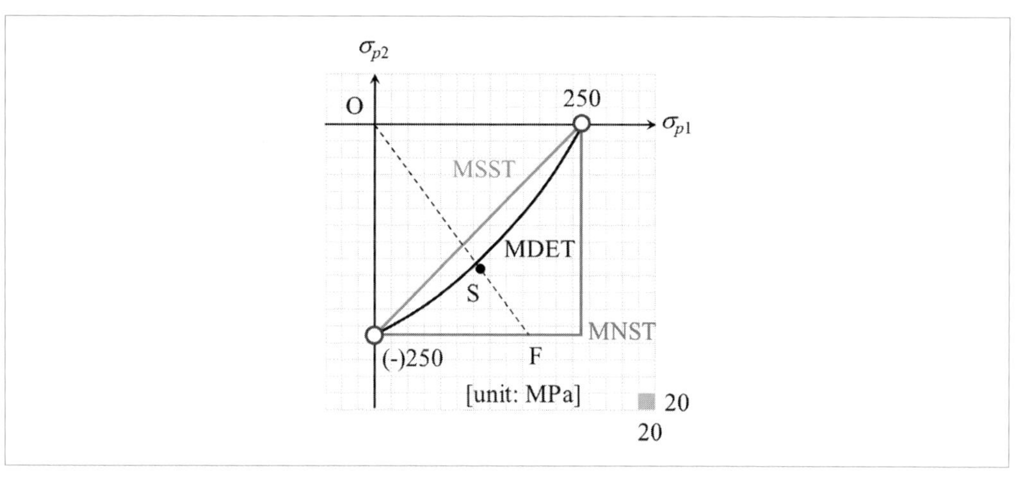

그림 8.24 평면 응력 상태에서 세 가지 이론에 의한 파손 예측

8.9 주요 식 정리

먼저 세 가지 파손 이론인 최대 주응력 이론, 최대 전단 응력 이론, 최대 뒤틀림 에너지 이론을 적용하기 위한 식 (8.2), (8.8) 및 (8.23)이 중요하다. 특히 von Mises 응력(8.23)은 각종 구조물 설계 시 매우 광범위하게 활용된다. 또한 에너지법의 기초가 되는 고체의 변형 에너지 밀도를 나타내는 식 (8.11)도 활용도가 높다.

$$\max(|\sigma_{p1}|,|\sigma_{p2}|,|\sigma_{p3}|) \geqq |\sigma_{ref}| \tag{8.2}$$

$$\tau_{\max} = \frac{\sigma_1 - \sigma_3}{2} \geqq \frac{\sigma_{ref}}{2} \tag{8.8}$$

38) 일반적으로 안전계수는 1.0보다 커야 하며, 반내림한 뒤 소수점 첫째 자리까지만 나타낸다. 이 문제에서 SF=1.44175⋯과 같이 되므로 1.4로 나타내면 된다. 이와 같이 하는 이유는 안전계수가 정확한 계산에 의해 산정된 것이 아니고 안전측의 설계를 하기 위해서는 안전계수가 낮은 것으로 산정하는 것이 유리하기 때문이다.

$$u = \frac{1}{2}\sigma_1\epsilon_1 = \frac{\sigma_1^2}{2E} = \frac{E\epsilon_1^2}{2} \tag{8.11}$$

$$\sqrt{\frac{1}{2}\left[(\sigma_{p1}-\sigma_{p2})^2+(\sigma_{p2}-\sigma_{p3})^2+(\sigma_{p3}-\sigma_{p1})^2\right]} = \sigma_{vM} \geqq \sigma_{ref} \tag{8.23}$$

제9장

고체역학 응용

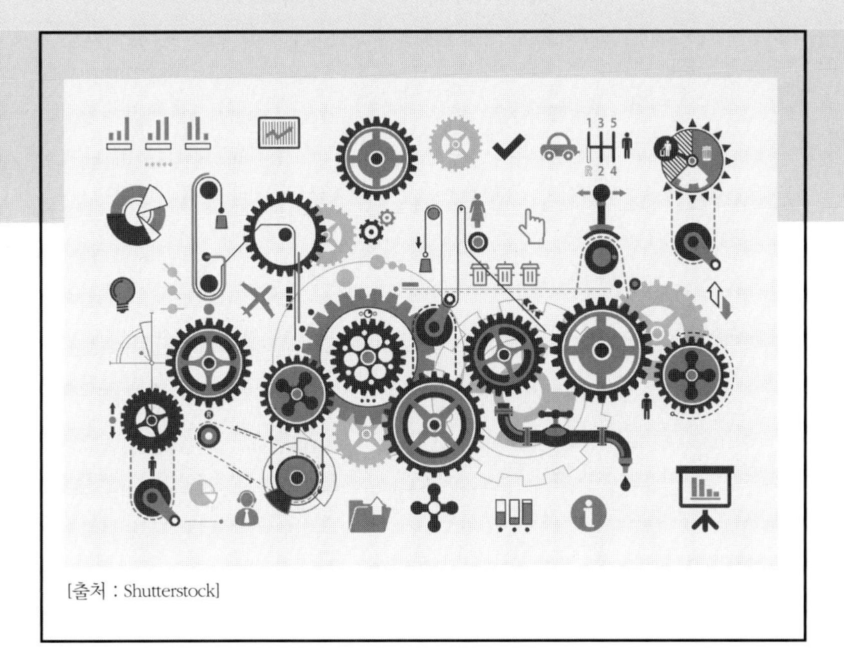

[출처 : Shutterstock]

하나하나의 작은 **벽돌**들이 모여 거대한 **빌딩**이 되고, 나뭇잎에 송골송골 맺힌 **이슬**들이 모여 **바닷물**이 되듯이 고체역학의 **개념** 하나하나를 결합하면 실제 문제에 대한 해를 얻을 수 있으며, 수치화된 컴퓨터 해석 결과와는 비교할 수 없는 중요한 **설계 정보**를 제공해 준다.

고체역학에서 유도된 공식들을 암기하지 말고 개념과 공식을 수많은 문제들에 응용해 보면서 **직관력**을 키워 보자. 그럼 공식은 자연스럽게 머릿속에 자리 잡고 떠나지 않을 것이다.

9.1 응력 집중[1]

출근길이나 급한 일로 출장을 가다가 [그림 9.1]과 같은 교통 체증을 만나면 운전자의 스트레스는 급격히 상승하게 된다. 이와 같은 교통 체증이 생기게 되는 근본적인 이유는 무엇일까? 이에 대한 대답은 비교적 자명하다. 자동차 사고, 도로 공사, 차로가 줄어드는 교차로, 차량 증가 등의 원인으로 인해 교통 흐름이 원활하지 않게 된 것이다. [그림 9.1] (a)와 같이 차로 수가 줄어드는 경우 차량 정체는 어디에서 가장 심할까? 이를 간단하게 [그림 9.2]와 같이 모델링했을 때 사고가 나거나 정체가 가장 심한 곳은 A일 것이다.

실제로 스트레스는 생명체만 받는 것은 아니다. 만약 [그림 9.2]에서 실선과 같은 형상의 판재를 양쪽으로 잡아당기면 어떻게 될까? 판재를 [그림 9.3]과 같이 모델링한 후 수행한 유한요소해석 결과를 [그림 9.4]에 나타내었다. 좌측의 경우 단면이 넓은 관계로 30 MPa 전후의 응력이 생기고, 우측의 경우 단면이 좁아진 관계로 50 MPa 전후의 응력이 걸리고 있다. 하지만 단면이 줄어드는 중간 부분의 경우 응력 변화가 매우 심함을 알 수 있다. 이와 같이 우리가 관심을 갖는 좌표 방향으로의 응력 변화를 **응력 구배**(stress gradient)라고 한다. 다시 말해 중간 부분의 경우 응력 구배가 매우 크다.[2] 이와 같이 "기하학적 형상의 불연속으로 인해

(a) 도로 합류 지점

(b) 공사로 인한 도로 폭 감소

그림 9.1 스트레스를 야기하는 교통 체증

1) 주요 관련 장은 제1, 3, 4, 5, 8장이다.

2) 이와 같은 응력 구배는 [그림 5.4]와 같은 인장 시험편의 필렛 부위에서도 나타난다.

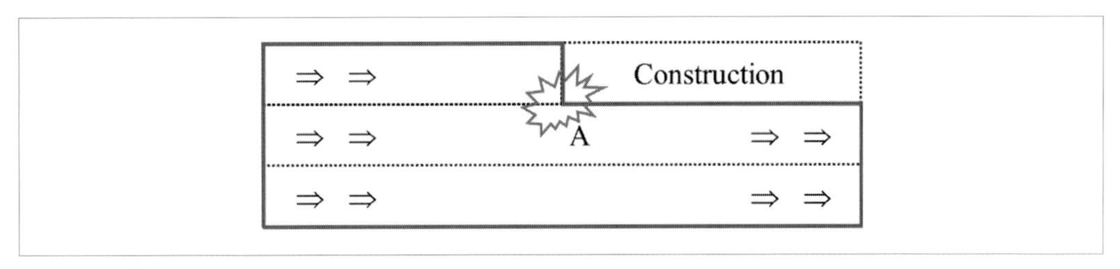

그림 9.2 공사 차로로 인해 3차로에서 2차로로 줄어드는 경우

불연속이 없는 부분에 비해 응력이 커지는 현상"을 **응력 집중**(stress concentration)이라고 한다. 응력 집중은 도로 정체와 유사한 현상으로 보면 된다.

유한요소해석[4]과 같은 소프트웨어가 일반화되기 이전에는 응력 집중을 어떻게 계산했을까? 1970년대 이전에는 주로 실험적인 방법을 통해 응력 집중을 산정했다. 예를 들어 [그림 3.14]와 같은 변형률 게이지를 [그림 9.4]에 나타낸 위치에 부착하여 응력을 계산한 뒤 크기를 비교하였다. 이와 같이 기하학적인 불연속이 없는 부분과 불연속이 있는 부분에서의 최대 응력의 비를 **응력집중계수**(stress concentration factor, K_t)[5]라고 하며, 식 (9.1)과 식 (9.2)와 같이 정의하여 사용되어 왔다. 식에서 σ_{ref}는 응력 집중이 없는 부분에서의 기준 응력[6]을

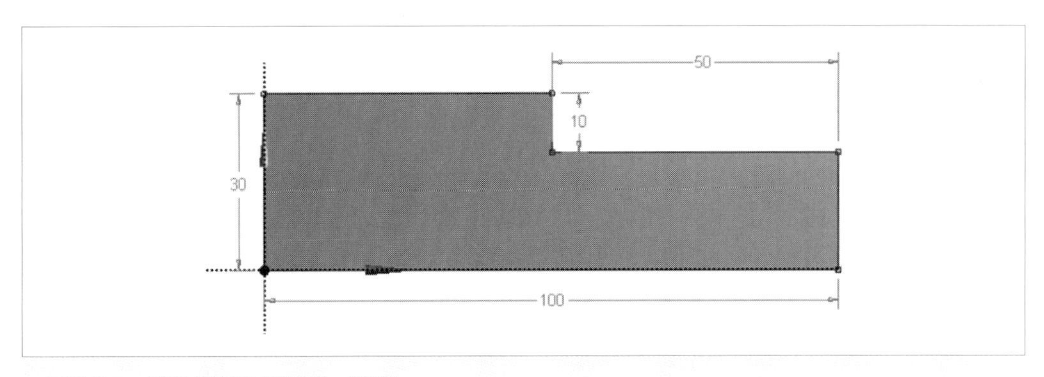

그림 9.3 단면 형상이 변화되는 판재[3]

3) 그림에서 단위를 적어 넣지 않은 것은 단위가 큰 의미가 없기 때문이다.

4) 유한요소해석에 대한 연구는 1900년대 중반에 많이 이루어졌다. 그중에서 1965년에 미국항공우주국(NASA)에서 비행기 구조해석을 위해 연구비를 지원해 개발된 NASTRAN이 상용 소프트웨어의 원조라고 볼 수 있다.

5) 응력집중계수는 응력을 응력으로 나눈 양이기 때문에 무차원량이 된다.

6) 또는 공칭 응력이나 평균 응력으로 해도 무방하다.

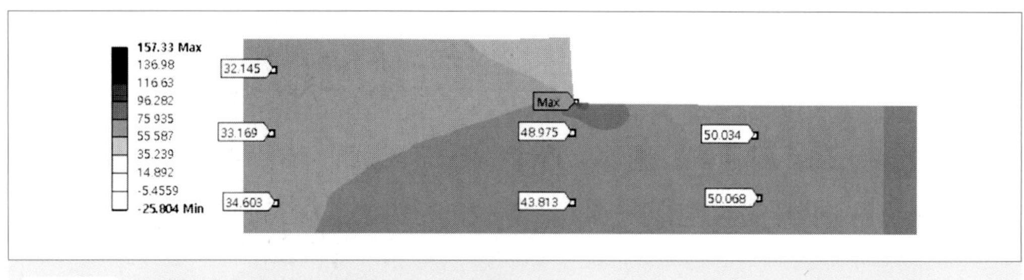

그림 9.4 수평(길이) 방향 수직 응력(스트레스) 분포

뜻하며, [그림 9.4] 좌측에서와 같이 단면 가공 이전의 **총단면**(gross section)에서의 평균 응력($\sigma_{ref,g}$)이나 가공된 **순 단면**(net section)에서의 평균 응력($\sigma_{ref,n}$)을 사용한다. 즉 [그림 9.4]에서 좌측 응력(33 MPa)을 기준으로 하면 최대 응력(157 MPa)은 4.8배 집중된 것이며(K_{tg} = 4.8), 우측 응력(50 MPa)을 기준으로 하면 3.1배 집중된(K_{tn} =3.1) 것이다. 이러한 응력 집중 계수는 각종 핸드북[7]에서 찾아 사용하면 되지만 기준 응력을 무엇으로 잡았는지 정확히 파악하고 사용해야 한다. 최근에는 인터넷상에서 원하는 형상과 치수를 넣으면 응력집중계수를 계산해 주는 사이트[8]도 있다.

$$K_{tg} = \frac{\sigma_{\max}}{\sigma_{ref,g}} \left(= \frac{157}{33} \approx 4.8 \right) \tag{9.1}$$

$$K_{tn} = \frac{\sigma_{\max}}{\sigma_{ref,n}} \left(= \frac{157}{50} \approx 3.1 \right) \tag{9.2}$$

각종 구조물 설계 시 응력 집중을 없앨 수는 없지만 가능한 한 적게 하는 것이 내구성 측면에서 좋다. [그림 9.5]는 날카로운 모서리(좌측)를 갖는 부재와 완만하게 가공된 모서리[9](우측)를 갖는 부재의 응력 분포를 광탄성 재료[10]를 이용해 관찰한 것이다. 날카로운 모서리를 갖는 부재에서 더 높은 응력이 발생됨을 알 수 있다. 반면에 이러한 응력 집중 현상을

7) Walter D. Pilkey & Deborah F. Pilkey, *Peterson's Stress Concentration Factors*, 3rd Ed, Kindle Edition.

8) https://www.efatigue.com/constantamplitude/stressconcentration

9) 필렛(fillet)이라고 부른다.

10) 기계적 변형이 생기면 광학적 특성이 변하는 재료를 일컫는다.

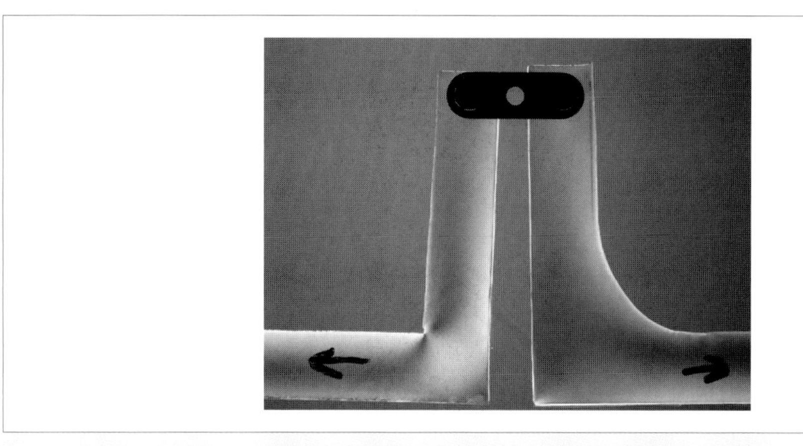

그림 9.5 광탄성 재료를 이용한 고체 내의 응력 및 응력 집중 관찰[출처 : Shutterstock]

활용한 제품들도 있다. [그림 9.6]과 같은 비닐 포장재들의 일부분에 **노치**(notch)[11]를 만들어 맨손으로 찢기 쉽도록 한 것은 응력 집중을 활용한 예이다.

예제 9.1 [그림 9.7] (a)와 같이 정중앙에 원형 구멍이 있는 평판에 발생하는 최대 수직 응력을 응력집중계수를 이용하여 구하라. 편의상 평판의 두께는 1로 두고 계산하라.

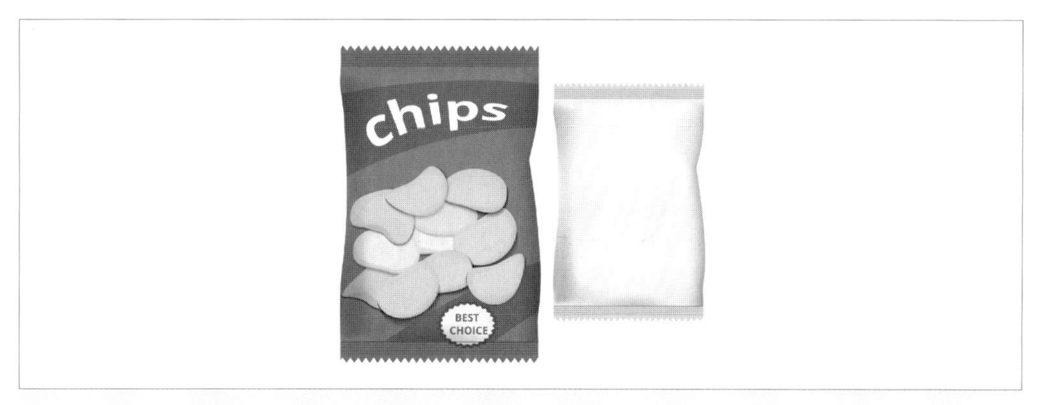

그림 9.6 응력 집중을 활용한 예[출처 : Shutterstock]

11) 응력 집중을 일으키는 원인 중의 하나로서 주로 V자 형태로 생긴 것을 일컫는다. 노치(원인)가 응력 집중 현상(결과)을 일으킨다. 특히 노치 끝의 반경이 0에 가까운 것을 **균열**(crack)이라고 한다.

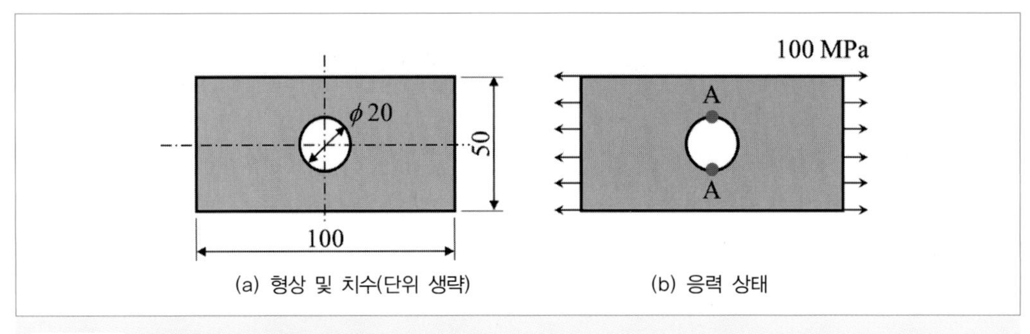

그림 9.7 중앙에 구멍을 갖는 평판

해법 예 만약 응력집중계수 핸드북에서 총단면 기준 응력집중계수(K_{tg})[12]를 찾았다면 최대 응력은 식 (9.1)을 이용해 쉽게 구할 수 있다. 즉 $\sigma_{\max} = K_{tg} \times (100\ \text{MPa})$로 구하면 된다. 본 예제에서는 순 단면 기준 응력집중계수(K_{tn})를 찾았을 경우에 대해 설명하기로 한다.

응력집중계수 핸드북이나 계수를 산정해 주는 사이트를 이용하면 폭이 50이고 구멍 직경이 20인 대칭 평판의 경우 순 단면 기준 응력집중계수는 2.24가 된다. 이 경우 최대 응력은 아래 식 (9.3)과 같이 구할 수 있다. 순 단면에서의 공칭 응력은 임의의 단면에 작용하는 힘이 같은 조건을 이용하면 구할 수 있다. 즉 $F = \sigma_{ref,g} \times A_g = \sigma_{ref,n} \times A_n$인 관계로부터 구할 수 있다.

$$\sigma_{\max} = K_{tn} \times \sigma_{ref,n} = K_{tn} \times \left(\frac{A_g}{A_n} \sigma_{ref,g} \right) \tag{9.3}$$

$$= 2.24 \times \left(\frac{50}{30} \times 100 \right) \approx 373\ \text{MPa}$$

추가 검토 [그림 9.7]에 주어진 문제를 유한요소해석을 통해 얻은 결과를 [그림 9.8]과 [그림 9.9]에 나타내었다. [그림 9.8]은 전체 평판의 1/4 모델에 대한 수평 방향 수직 응력(σ_x) 분포를 보여 주고 있다. 중앙 구멍에서 발생한 최대 응력(376 MPa)은 응력집중계수를 통해 얻은 값(373 MPa)과 거의 같음을 알 수 있다. 또한 중심선을

12) 참고적으로 K_{tg}는 3.73이 된다.

그림 9.8 중앙에 구멍을 갖는 평판의 수직 응력(σ_x) 분포

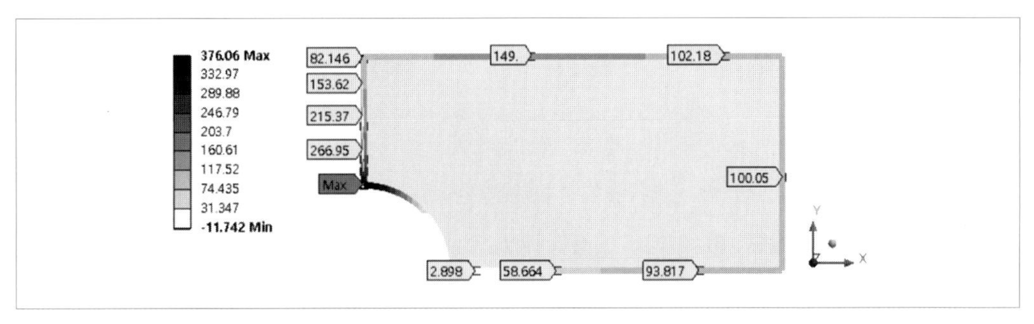

그림 9.9 중앙에 구멍을 갖는 평판의 수직 응력(σ_x) 분포(가장자리)

따라 응력 구배가 큼을 알 수 있다. [그림 9.9]에는 평판 모서리를 따라 변하는 응력의 크기를 나타내었다.

9.2 얇은 두께의 압력 용기[13)]

화학 공장이 많은 도시를 지날 때 [그림 9.10]과 같은 가스 저장용 용기들을 보게 된다. 이와 같이 "외부 압력(일반적으로 대기압)보다 높거나 낮은 압력의 기체나 액체를 담아 둘 목적으로 만들어진 용기"를 **압력 용기**(pressure vessels)라고 부르며 **구형**(spherical) 압력 용기와 **원통형**(cylindrical) 압력 용기가 많이 사용된다.

13) 주요 관련 장은 제1, 2, 3, 4, 5, 8장이다.

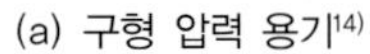
(a) 구형 압력 용기[14]

(b) LPG 저장용 원통형 압력 용기

그림 9.10 얇은 두께의 압력 용기의 예[출처 : Shutterstock]

먼저 내부 반경이 r이고 두께가 t인 [그림 9.11]과 같은 구형 압력 용기 내부에 외부보다 p만큼 높은 압력이 작용할 때 압력 용기 내부에 발생하는 응력을 계산해 보자. 간략 계산을 위해 압력 용기 자체와 용기 내부의 저장 매체(LPG 가스, 산소 등)의 자중은 무시하고 두께 방향으로의 응력 구배는 없다고 가정하자. 이제 구의 중심선을 따라 가상 절단하여 만들어진 반구를 [그림 9.12]에 나타내었다. 실제로 압력은 구의 내면에 작용하지만 그림과 같이 가상 절단면으로 투영한 면적(A_p)에 작용하는 것으로 생각해도 된다. 이 경우 제4장에서 잠시 언급하였듯이 압력이 부하가 되고, 응력은 그로 인해 고체 내부에 생기는 저항력인 내력에 의해 발생된 것으로 보면 된다.

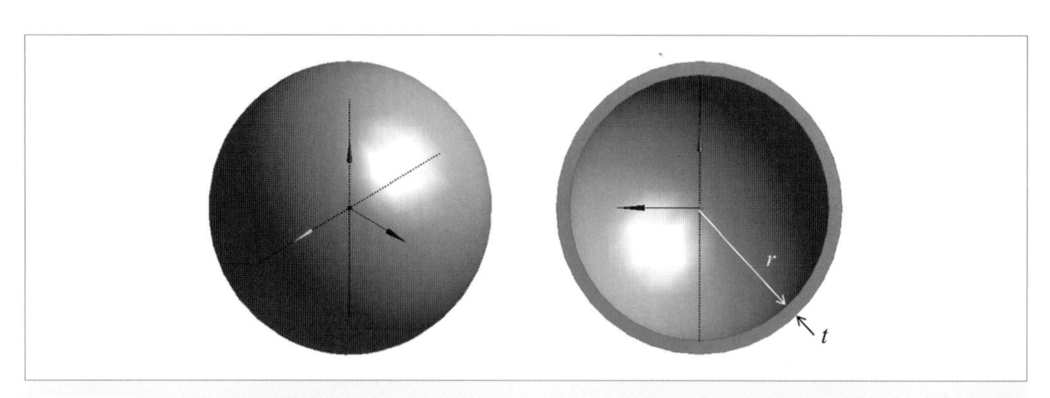

그림 9.11 구형 압력 용기의 외부와 내부

14) 노르웨이 트론헤임 공항 근처 해안가에 있는 가스 저장용 탱크

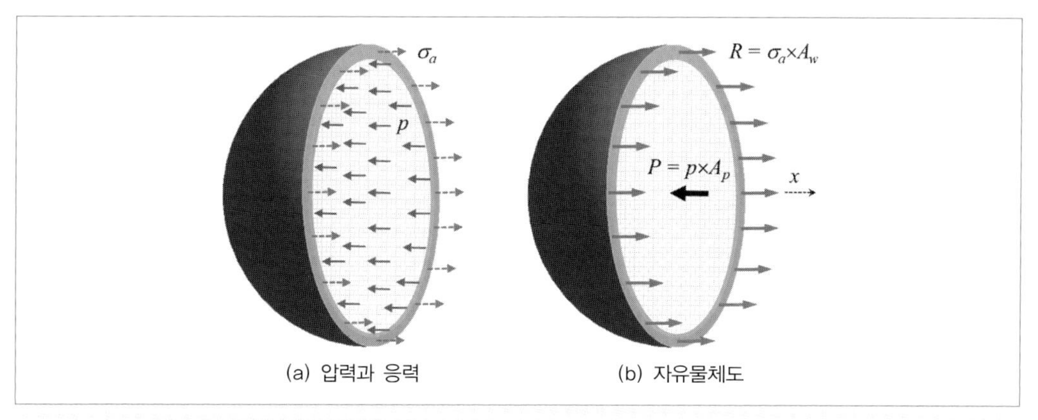

그림 9.12 구형 압력 용기 가상 절단면에 작용하는 작용력과 반작용력

이제 [그림 9.12] (b)에 있는 자유물체도를 이용해 수평 방향의 힘 평형을 고려하면 식 (9.4)와 같이 된다. 여기서 A_w는 가상 절단면에서 압력 용기 벽(wall) 면적이다. 압력을 입력, 응력을 출력으로 생각해 이 식을 정리하면 식 (9.5)와 같이 된다. 또한 이 식에서 두께와 반경의 비(t/r)가 작다면[15] 2차항은 더욱 작게 되므로 무시할 수 있게 되며, 이를 통해 식 (9.6)을 얻게 되고, 이를 **축 응력**(axial stress)이라고 부른다. 또한 구를 어느 방향으로 가상 절단하더라도 식 (9.6)과 동일한 응력을 얻게 된다. 이는 구의 경우 방향에 무관하게 동일한 응력이 발생됨을 의미하며, 제8장에서 살펴보았듯이 전단 응력은 0이 된다.[16]

$$\Sigma F_x = R - P = \sigma_a A_w - p A_p = 0 \tag{9.4}$$

$$\sigma_a = \frac{A_p}{A_w} p = \frac{\pi r^2}{\pi (r+t)^2 - \pi r^2} p = \frac{r^2}{2rt + t^2} p \tag{9.5}$$

$$= \frac{1}{2\dfrac{t}{r} + \left(\dfrac{t}{r}\right)^2} p$$

15) 예를 들어 t/r가 0.1이라면 $(t/r)^2$은 0.01이 되어 무시해도 큰 차이가 나지 않는다.
16) 완전한 구의 경우 내부 압력에 의해 부풀어 커지지만 형태가 변화되지는 않는다.

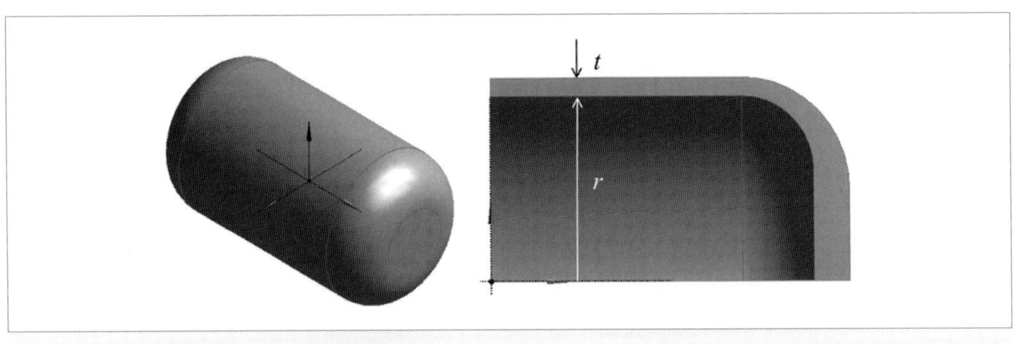

그림 9.13 원통형 압력 용기의 외부와 내부

$$\sigma_a = \frac{r}{2t}p \tag{9.6}$$

다음으로 내부 반경이 r이고 두께가 t인 [그림 9.13]과 같은 원통형 압력 용기 내부에 외부보다 p만큼 높은 압력이 작용할 때 압력 용기 내부에 발생하는 응력을 계산해 보자. 간략 계산을 위해 구형 압력 용기와 동일한 가정[17]을 적용하자. 이제 원통의 중심선을 따라 가상 절단하여 만들어진 절반을 [그림 9.14]에 나타내었다. 이 가상 절단면에 작용하는 압력과 내력은 [그림 9.12]와 동일한 상황이 된다. 따라서 압력 용기의 길이 방향 수직 응력(σ_a)은 구형 용기에서와 동일하게 식 (9.6)으로부터 구할 수 있다.

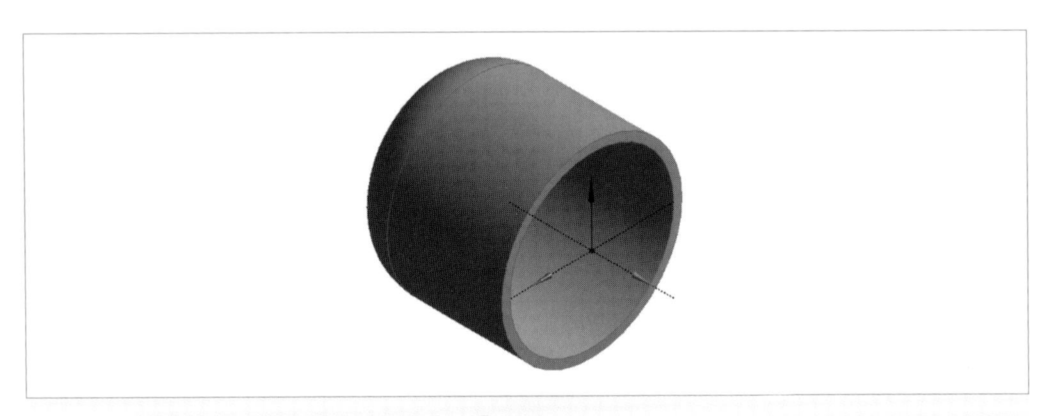

그림 9.14 원통형 압력 용기의 가상 절단 후 좌측 부분

17) 자중 무시, 얇은 두께, 두께 방향 응력 구배 무시

이제 원통형 압력 용기의 중앙 부분을 [그림 9.15] (a)와 같이 반지(ring) 모양으로 가상 절단해 보자. 이 경우 원통 길이 방향에 수직한 전면과 후면에는 동일한 축 응력이 발생하여 길이(x) 방향으로는 힘 평형이 자체적으로 만족된다. 또한 모든 방향으로 동일한 압력이 작용하므로 y 축과 z 축의 힘 평형도 만족된다. 이제 [그림 9.15] (b)의 원환(circular ring)을 x-y 평면을 중심으로 추가로 가상 절단하여 [그림 9.16]에 나타내었다. 그림에서 축 응력으로 인한 축력은 이미 자체 평형 상태이기 때문에 그림의 명확성을 위해 생략하였다. 이 자유물체도에 대해 그림에 보인 힘들에 대해 힘 평형을 고려하면 식 (9.7)과 같은 응력식을 얻을 수 있으며, 이를 **후프 응력**(hoop stress)[18], **접선 응력**(tangential stress)[19], 또는 **원주 응력**(circumferential stress)[20]이라고 부른다. 이 식과 식 (9.6)을 비교해 보면 후프 응력이 축 응력의 2배가 됨을 알 수 있다. 한 가지 주의할 사항은 식 (9.6)과 식 (9.7)을 원통형 압력 용기의 끝단에서는 적용할 수 없다는 것이다.

$$\Sigma F_x = 2H - P = 2\sigma_h(t\Delta L) - p(2r\Delta L) = 0 \tag{9.7}$$

$$\sigma_h = \frac{r}{t}p$$

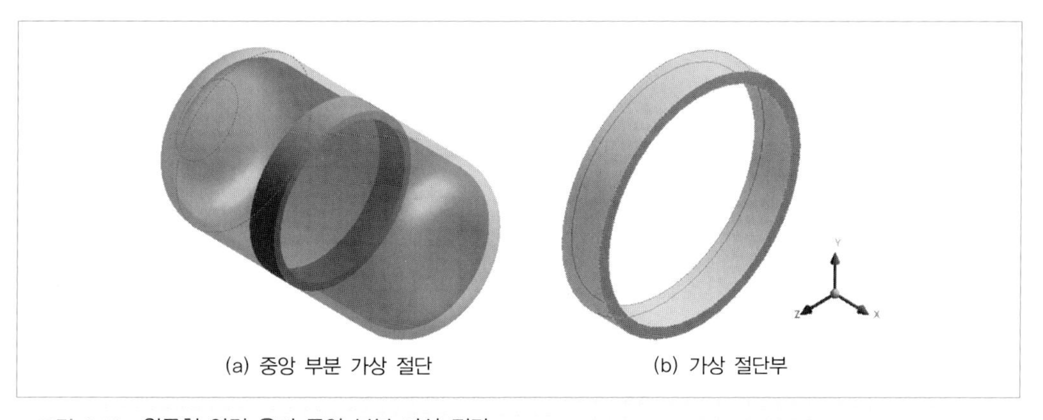

그림 9.15 원통형 압력 용기 중앙 부분 가상 절단

18) 건강을 위해 허리에 끼고 돌리는 것을 훌라후프(hula hoop)라고 하는데, 훌라후프가 받는 응력이라고 생각하면 된다.
19) 응력 방향이 추를 매단 줄을 빙빙 돌릴 때 줄에 접선인 방향과 일치하기 때문에 붙여진 이름이다.
20) 응력 방향이 원의 원주 방향과 일치한다.

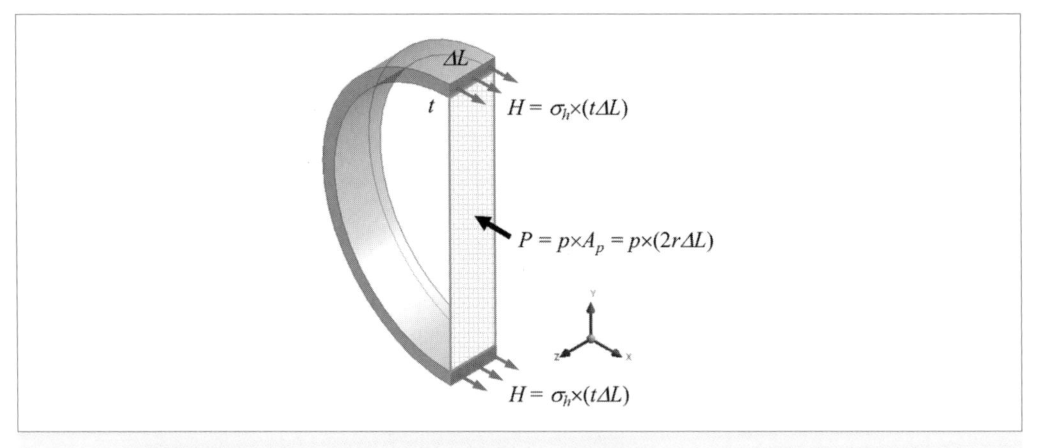

그림 9.16 원통형 압력 용기 중앙 부분 가상 절단 부분 자유물체도

압력 용기는 사용 중 파손이 발생하면 안 되기 때문에 각국에서 표준 시험 규격을 제정해 관리하고 있다. 각종 LPG 용기에 대한 **가압 시험**(burst test) 후 파손 양상을 [그림 9.17]에 나타내었다. 원통형 실린더의 경우 후프 응력에 의해 파손되었음을 짐작할 수 있다. 또한 그림 우측의 배럴형(barrel type) 압력 용기는 원통형과 구형의 중간 형태로 볼 수 있으며, 후프 응력이나 덮개 부분에서의 응력 집중에 의해 파손이 발생한 것으로 보인다.

예제 9.2 증기를 만들어 내기 위해 사용하는 [그림 9.18]과 같은 원통형 보일러의 내부 압력

그림 9.17 LPG 용기 가압 시험 후 파손된 실린더[출처 : Shutterstock]

그림 9.18 **증기 생산용 보일러[출처 : Shutterstock]**

을 실시간으로 모니터링하기 위해 [그림 9.19]와 같은 T 로제트(rosette)[21]를 정중앙에 부착하였다. 다음과 같은 설계 데이터를 기반으로 수평 방향 H 게이지와 수직 방향 V 게이지에서 검출되는 변형률을 계산해 보라. 또한 최대 뒤틀림 에너지 이론에 근거하여 이 압력 용기가 항복되지 않고 견딜 수 있는 최대 압력을 산정해 보라. 이를 기준으로 안전계수를 산정해 보라.

– 압력 용기 : 내부 반경 5 m, 두께 50 cm, 허용 압력 3 ksi[22]

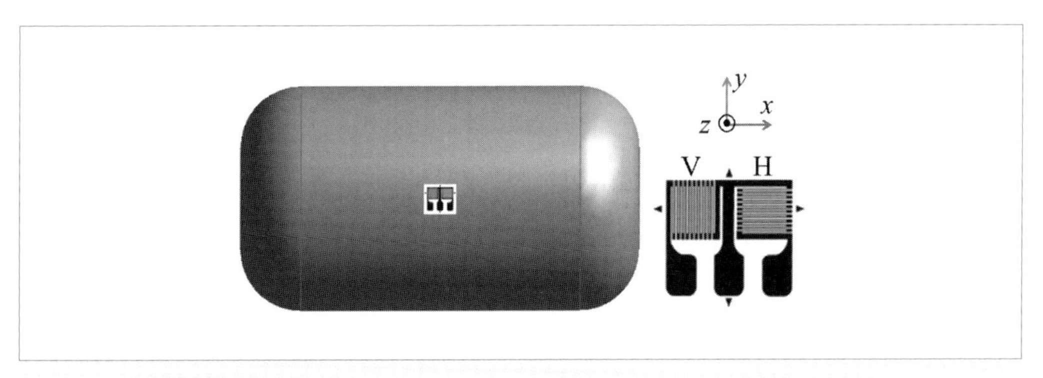

그림 9.19 **원통형 압력 용기 내부 압력 모니터링용 변형률 로제트**

21) 제2장의 변형률 게이지를 90° 각도로 붙여 놓아 영어 알파벳 'T' 형상으로 보여 붙여진 이름이다.

22) 압력의 표준 단위는 파스칼(Pa)이지만 미국 단위인 ksi도 많이 사용된다. 1 ksi = 1,000 lbf/in^2

— 용기 재료 : 스테인리스 강(E=190 GPa, ν=0.3), 항복강도 = 500 MPa

해법 예 식 (9.6)과 식 (9.7) 및 원통의 변형 양상을 보면, 원통형 압력 용기의 중앙 부분은 주응력 상태이므로, 축 응력과 후프 응력을 계산해 보면 식 (9.8)과 같이 되며, 후프 응력이 σ_1, 축 응력이 σ_2, 평면 응력 상태인 관계로 $\sigma_3=0$이 된다. 식에서 $r/t=$ (500 cm)/(50 cm)을 적용하였다. 다음으로 주응력과 주변형률 간의 후크의 법칙을 적용하면 두 게이지에서의 출력을 알 수 있으며 이를 식 (9.9)에 나타내었다.[23]

$$\sigma_a=\sigma_2=\frac{r}{2t}p=5p=15\ \text{ksi}=103.5\ \text{MPa} \tag{9.8}$$

$$\sigma_h=\sigma_1=\frac{r}{t}p=10p=30\ \text{ksi}=207.0\ \text{MPa}$$

$$\epsilon_H=\frac{1}{E}(\sigma_a-\nu\sigma_h)=\frac{103.5-0.3\times207.0}{190000}\times10^6=217.9\ \mu\varepsilon \tag{9.9}$$

$$\epsilon_V=\frac{1}{E}(\sigma_h-\nu\sigma_a)=\frac{207.0-0.3\times103.5}{190000}\times10^6=926.1\ \mu\varepsilon$$

이 문제에서의 주응력들을 식 (8.23)에 대입하면 2D 응력 상태에서의 von-Mises 등가 응력 식 (9.10)을 얻을 수 있으며, 이를 이용하여 최대 압력을 계산하면 약 8.3 ksi가 된다. 이를 기초로 안전계수를 계산하면 식 (9.11)과 같이 약 2.7이 된다.

$$\begin{aligned}\sigma_{vM,2D}&=\sqrt{\sigma_1^2-\sigma_1\sigma_2+\sigma_2^2}\\&=\sqrt{(10p)^2-(10p)(5p)+(5p)^2}\\&=8.66p\leqq\sigma_{ref}=500\ \text{MPa}=72.4\ \text{ksi}\end{aligned} \tag{9.10}$$

$$p_{\max}=57.7\ \text{MPa}=8.3\ \text{ksi}$$

23) 식에서 10^6을 곱한 것은 변형률을 [$\mu\varepsilon$] 단위로 환산해 나타내기 위함이다.

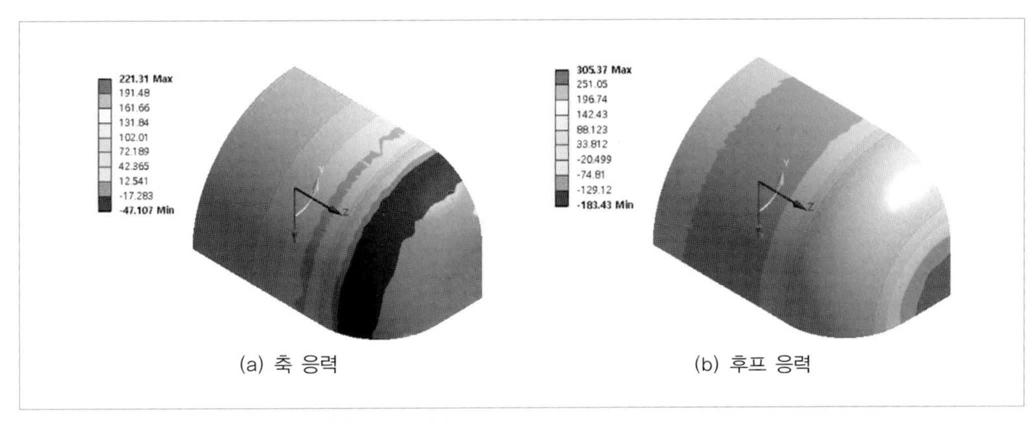

(a) 축 응력 (b) 후프 응력

그림 9.20 압력 용기 외부 표면의 수직 응력

$$SF = \frac{p_{\max}}{p_a} = \frac{8.3}{3} = 2.7 \tag{9.11}$$

추가 검토 식 (9.6)과 식 (9.7)을 유도함에 있어 두께가 얇다는 가정을 하였으나 어느 정도가 얇은 것인지 판단하기 어렵다. 그러나 두 식이 t/r의 함수가 되므로 무차원 양인 t/r을 이용해 어느 정도 정량화된 기준을 마련할 수 있다. 일반적으로는 $t/r \leqq 0.1(\text{or } r/t \geqq 10)$[24]이면 얇은 벽으로 간주할 수 있다. 이를 확인해 보기 위해 [그림 9.19]의 문제를 유한요소해석을 이용하여 해석해 보았다. 먼저 압력 용기 외부 표면의 축 응력과 후프 응력을 [그림 9.20]에 나타내었다. 그림에서 알 수 있듯이 길이 방향을 따라 응력 변화가 큼을 알 수 있다. 우리가 유도한 두 식은 원통의 중심 부분이므로 이곳에서의 두께 방향 응력 변화를 살펴본다.

[그림 9.21]에서 알 수 있듯이 두께 방향으로 응력의 크기가 변하며, 용기 내부에서 최대가 되고 용기 외부에서 최소가 된다. 이는 압력 용기의 곡률 차이로 인해 내외부에서 응력 집중이 다르게 되기 때문이다. 내부가 외부에 비해 곡률이 작은 관계로 더 큰 응력이 발생된다. (a)의 축 응력의 경우 응력 차이가 3 MPa(평균값 98.5의 3%) 정도인 반면, (b)의 후프 응력은

24) 이 기준은 식을 적용하는 설계자에 따라 바뀔 수 있다. 예를 들어 좀 더 정확한 결과를 얻기를 원하는 설계자의 경우 $r/t \geqq 20$로 기준을 설정할 수도 있다.

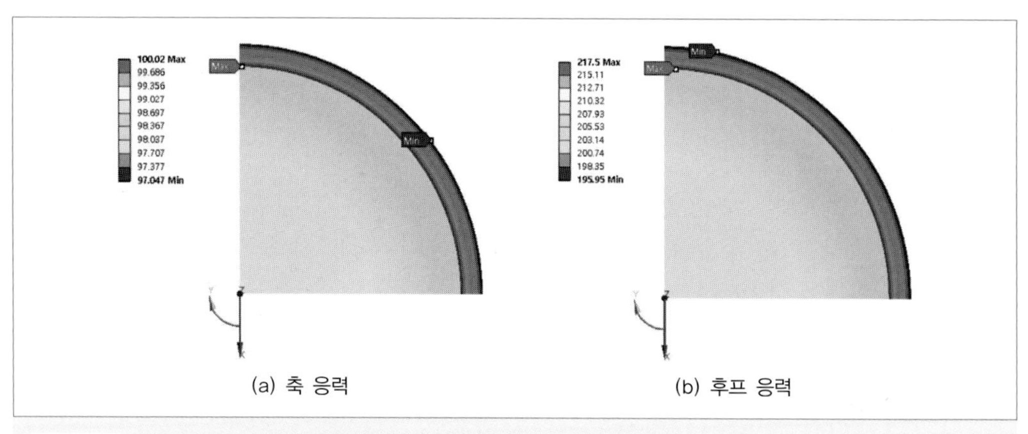

그림 9.21 압력 용기 중앙 가상 절단면에서 두께 방향으로의 응력 변화

약 21 MPa(평균값 206.5의 10%) 정도 차이가 난다. 또한 응력의 평균값들은 식 (9.8)에서 구한 값들과 잘 일치하고 있음을 알 수 있다.

9.3 로드 셀[25)]

힘과 모멘트는 구조물에 작용하는 대표적인 부하이며, 고체역학적 해석을 위해서는 이에 대한 정확한 값을 알고 있어야 한다. 제2장에서 살펴본 바와 같이 구조물에 작용하는 가장 일반적인 기계적 부하는 세 방향의 힘(F_x, F_y, F_z)과 세 방향의 모멘트(M_x, M_y, M_z)이며, 이를 측정하기 위해 사용되는 **변환기**(transducer)[26)]를 통칭하여 **로드 셀**(load cell)[27)]이라고 부른다. [그림 9.22]에 대표적인 로드 셀 네 가지를 예로 들었다. (a)는 비행기 탑승 시 엄격하게 적용하는 수하물의 무게를 사전에 측정해 볼 수 있도록 제작된 휴대용 저울이다. (b)는 도로

---

25) 주요 관련 장은 전체 장이다.

26) 외래어 용어를 사용하다 보면 혼돈스러운 용어가 많이 나온다. 그중 하나가 **변압기**(transformer)와 변환기(transducer)이다. 일반적으로 변압기는 입력과 출력이 물리적으로 동일한 양의 크기를 바꾸는 장치로 생각하면 된다. 예를 들어 220 VAC 전압을 110 VAC나 12 VDC로 바꾸는 것은 변압기라고 부른다. 반면에 변환기는 입력과 다른 물리적 출력을 주는 장치이다. 예를 들어 온도계는 방안의 온도를 전기적인 신호로 바꿔 주기 때문에 변환기라고 한다.

27) 하중계라고도 하지만 일반적으로 사용되는 용어인 로드 셀로 사용하기로 한다. 로드 셀은 토크 측정을 위한 토크 셀(torque cell)을 포함한 힘과 모멘트 측정 장치 전체를 통칭한다.

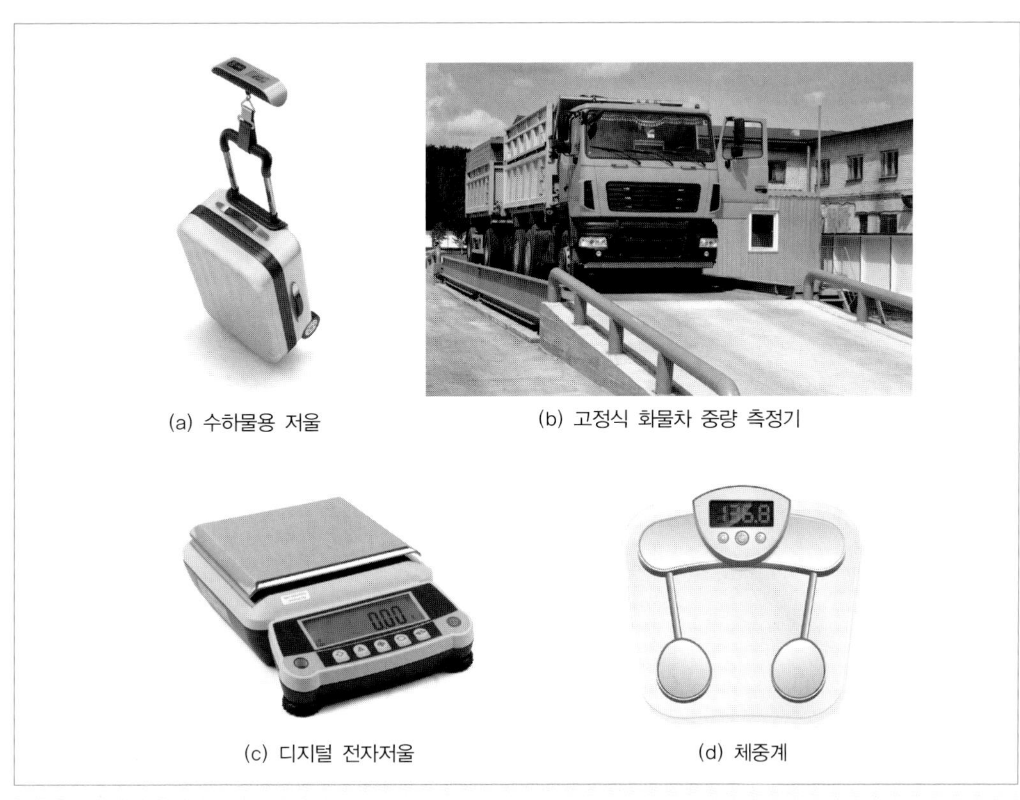

(a) 수하물용 저울　(b) 고정식 화물차 중량 측정기

(c) 디지털 전자저울　(d) 체중계

그림 9.22 로드 셀의 예[출처 : Shutterstock]

에서의 과적 차량을 검출하기 위해 도로에 설치한 화물 중량 측정용 로드 셀이다. (c)는 각종 음식물의 무게를 측정하기 위해 사용되며, (d)는 주변에서 흔히 볼 수 있는 체중계이다. 이외에도 [그림 5.1]에서 재료 시험 시 사용되는 시험기에도 로드 셀이 설치되어 있다.

이러한 로드 셀을 어떻게 제작하는지 [그림 9.23]과 같은 **전자저울**(digital electronic scale) 하나를 대상으로 자세히 살펴보기로 한다. 어떠한 구조물의 **설계 원리**(design principle)를 파악하기 위해서는 실제 구조물을 기계적으로 **분해**(tear down) 가능한 부품 단위까지 분해해가면서 공학적으로 해석해 보는 것이다. 이렇게 실제 구조물로부터 역으로 설계 원리를 찾아가는 방법을 **역공학**(reverse engineering)이라고 하며, 이 과정에서 고체역학은 매우 중요한 역할을 한다.

[그림 9.23]에 보인 전자저울의 짐 판과 케이스를 제거하면 [그림 9.24] (a)와 같으며, 그림의 상단 중앙에 있는 것이 전자저울에서의 핵심 변환기인 로드 셀이며, 이를 추가로 분해하여

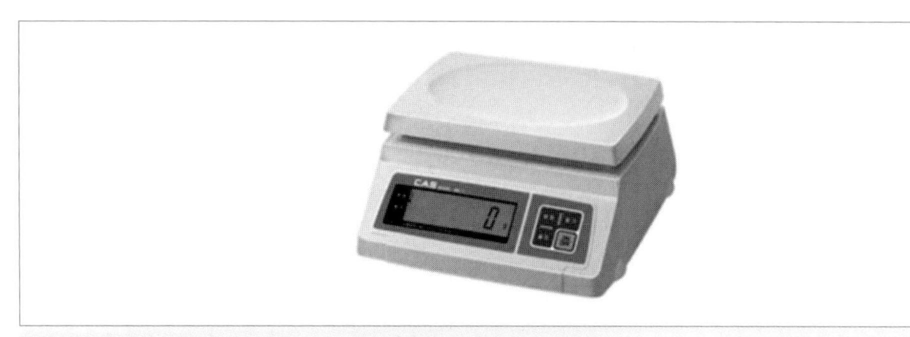

그림 9.23 전자저울의 예(2 kgf 용량)

(b)에 나타내었다. 그림에서 로드 셀 A는 지지대 B에 견고하게 조립되어 있고 L 부분에 힘이 가해지는 구조이다. 따라서 이 구조물은 제7장에서 살펴본 외팔보로 볼 수 있다. 이 외팔보의 중앙에 C로 표시한 구멍을 내고 네 장의 게이지(S1 ~ S4)를 부착한 것은 단면의 면적 관성 모멘트(I) 값을 줄여 응력(또는 변형률)값을 크게 함으로써 저울의 감도를 높이기 위함이다. 이 로드 셀을 우측에서 바라보면 [그림 9.25]에서와 같이 로드 셀 밑에 볼트가 하나 있는데, 이는 저울 사용자의 부주의로 인해 과도한 힘이 걸렸을 때 외팔보가 볼트에 닿도록 하여 로드 셀을 보호하기 위한 스토퍼이다. 이때 외팔보와 볼트 사이의 간격은 제7장에서 학습한 외팔보의 처짐을 이용해 계산할 수 있다.

예제 9.3 [그림 9.24]에 나타낸 로드 셀을 간략하게 모델링하여 [그림 9.26]에 나타내었으며 문제 해결에 필요한 주요 치수들을 [그림 9.27]에 별도로 나타내었다. 그림에서

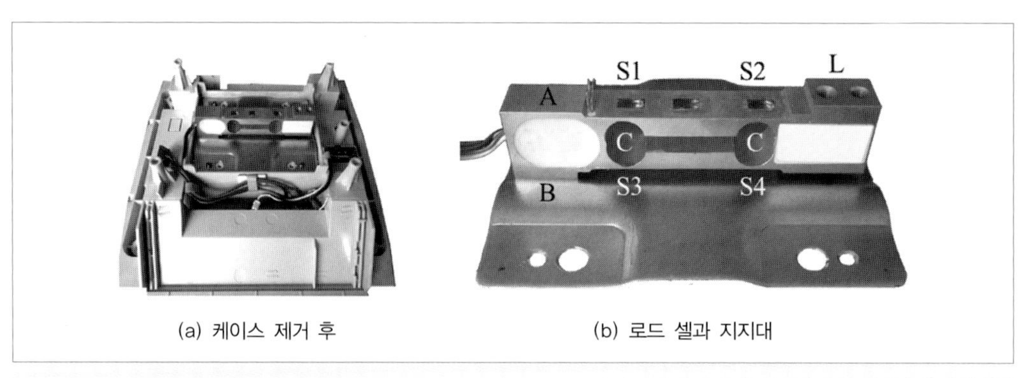

(a) 케이스 제거 후 (b) 로드 셀과 지지대

그림 9.24 전자저울 내의 로드 셀

그림 9.25 외팔보의 과도한 처짐 방지용 스토퍼

로드 셀의 폭은 16 mm로 일정하다. [그림 9.24]와 동일하게 B면을 고정하고 L면에 2 kgf의 힘이 가해질 때 S1 지점에서의 길이 방향 응력과 변형률을 간략 계산을 통해 구해보라. 로드 셀 재료는 알루미늄 합금[28]이며 Young 계수는 70 GPa, 프와송비는 0.3으로 가정하라. 편의상 응력 집중은 없는 것으로 가정하라.

해법 예 본문에서 언급하였듯이 [그림 9.26]의 로드 셀은 외팔보를 이용하여 감도를 높인 굽힘형 로드 셀이다. 먼저 S1 위치에서의 응력을 계산하기 위하여 [그림 9.27]에 주어진 치수를 기반으로 로드 셀을 [그림 9.28]과 같이 모델링[29]하자. 즉 [그림

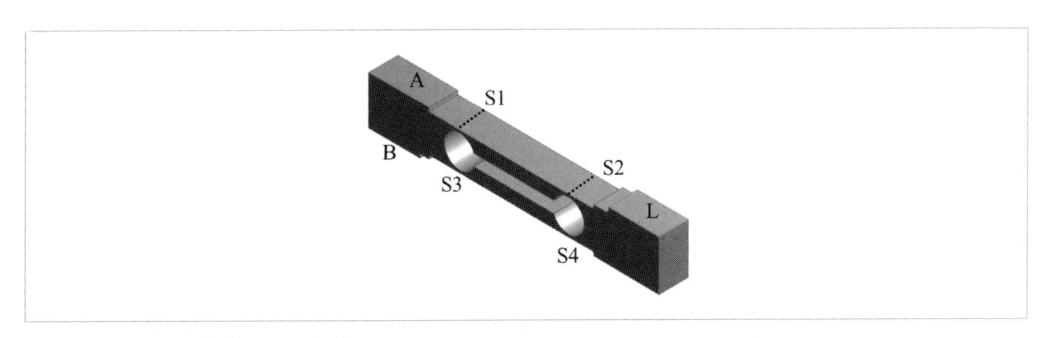

그림 9.26 전자저울용 로드 셀 모델

28) 실제 로드 셀의 경우 가볍고 녹이 슬지 않으며 가공성이 좋은 알루미늄 합금을 많이 사용한다.

29) 모델링은 실제와 완전히 같게 하는 것이 아니고 문제 해결이 가능하도록 간략화 및 단순화하는 것이다. 이러한 간략화를 통해 실제 거동과 유사한 결과를 얻을 수 있으면 좋은 모델링이 되며, 이러한 과정을 거쳐 공학적 직관력이 길러진다.

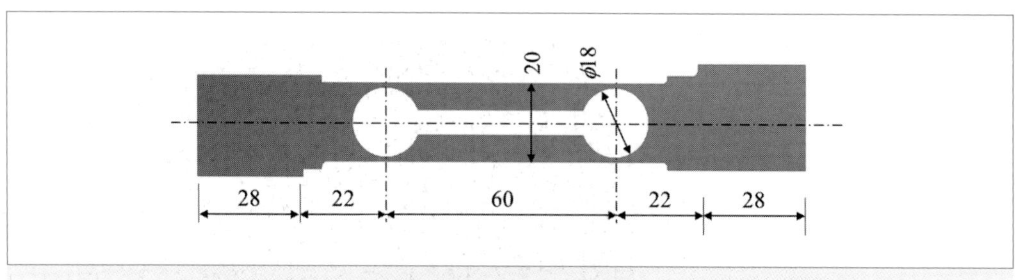

그림 9.27 로드 셀 주요 치수[단위 : mm]

9.27]에서 로드 셀의 고정단 길이(28 mm) 중앙에서 고정하고, 힘이 가해지는 L면 길이(28 mm) 중앙에 집중 하중이 가해지는 것으로 생각하자. 또한 힘이 가해지는 L면의 기울기가 0에 가깝게 될 것이므로, 문제를 외팔보가 아닌 양단 고정보(양팔보)로 모델링한 것이다. 또한 무게를 당초 가해진 무게의 2배(2 W)로 한 것은 외팔보 형태의 로드 셀을 양팔보로 모델링하였기 때문이다. [그림 9.28] (b)에서 알 수 있듯이 위쪽과 아래쪽 보는 병렬로 연결되어 있으므로 힘을 절반씩 분담하게 된다. 이러한 물리적인 상황들을 모두 고려하여 문제 해결을 위해 작성한 최종 모델을 [그림 9.29]에 나타내었다. 이 모델을 이용해 보의 처짐은 계산할 수 없지만[30] 특정 위치에서의 응력과 변형률은 계산 가능하다.

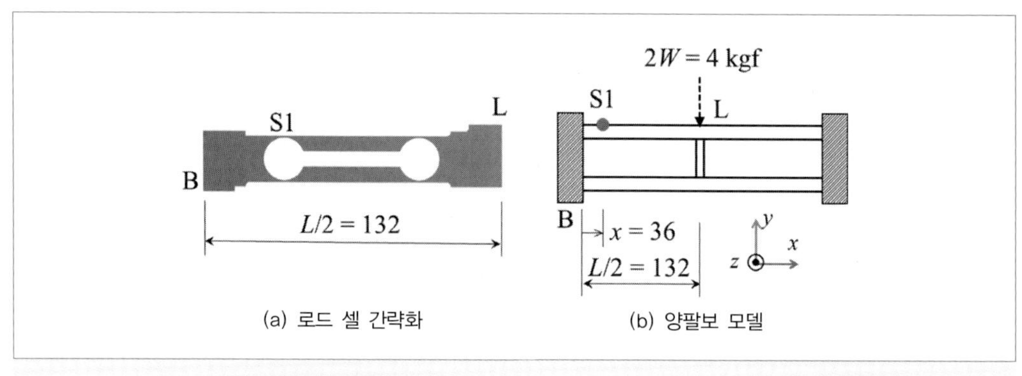

(a) 로드 셀 간략화 (b) 양팔보 모델

그림 9.28 로드 셀 모델링[단위 : mm]

30) 거리에 따라 단면 형상이 변화되므로 정확한 처짐값을 얻기 어렵다.

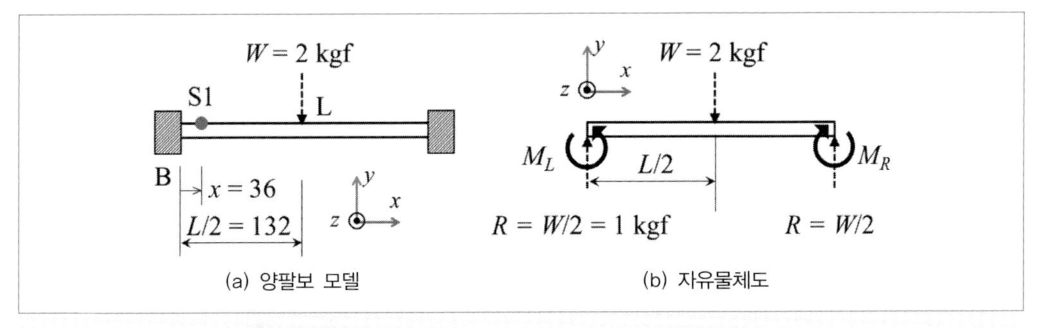

그림 9.29 로드 셀 최종 모델 및 자유물체도[길이 단위 : mm]

[그림 9.29] (b)에서 좌우의 반력을 같게 둔 것은 양팔보가 좌우 대칭이기 때문이다.[31] 다음으로 모멘트 평형을 적용하면 $M_L = M_R$을 얻게 되지만 모멘트의 크기에 대한 정보를 얻을 수 없다. 따라서 이 문제는 부정정 문제가 되며, 이를 해결하기 위해서는 [그림 3.3]에서의 부정정 문제 해석 과정에서와 같이 기하학적 적합 조건을 고려해야 한다.

이 문제를 7.12절의 특이함수법을 이용해 해결해 보자. [그림 9.29] (b)에 대해 전단력[32]을 특이함수로 나타내면 식 (9.12)와 같이 표현할 수 있으며, 이를 한 번 부정적분하면 식 (9.13)과 같이 된다. [그림 9.29] (b)에서 볼 수 있듯이 $M(x=0^+) = (-)M_L$이 되어야 하므로 $C_1 = (-)M_L$이 된다. 이 식을 다시 한번 부정적분하면 식 (9.14)를 얻을 수 있으며, $x=0$에서 기울기는 0이 되어야 하므로 $C_2 = 0$이 된다. 이 식을 추가로 적분하면 식 (9.15)가 되며, $x=0$에서 처짐은 0이 되어야 하므로 $C_3 = 0$이 된다.

$$EI_z \frac{d^3 v(x)}{dx^3} = V(x) = \frac{W}{2} - W\left\langle x - \frac{L}{2} \right\rangle^0 \tag{9.12}$$

$$EI_z \frac{d^2 v(x)}{dx^2} = M(x) = \frac{W}{2}x - W\left\langle x - \frac{L}{2} \right\rangle^1 + C_1 \tag{9.13}$$

31) 모멘트는 힘 평형에 영향을 주지 않는다.

32) 하중식에서 시작해도 되지만 과정을 한 단계라도 줄이는 것이 편리하다.

$$EI_z\frac{dv(x)}{dx}=\theta(x)=\frac{W}{4}x^2-\frac{W}{2}\left\langle x-\frac{L}{2}\right\rangle^2-M_Lx+C_2 \tag{9.14}$$

$$EI_zv(x)=\frac{W}{12}x^3-\frac{W}{6}\left\langle x-\frac{L}{2}\right\rangle^3-\frac{M_L}{2}x^2+C_3 \tag{9.15}$$

이제 [그림 9.29] (b)에서 아직까지 사용하지 않은 경계 조건이나 연속 조건을 찾아보면 $x=L/2$에서 기울기가 0이 되는 것과, $x=L$에서 처짐과 기울기가 0이 되는 것이 있다. 이들 조건 중 하나를 식 (9.14)나 식 (9.15)에 대입하면 $M_L=WL/8$의 관계를 추가로 얻게 된다. 이를 식 (9.13)에 대입하면 임의의 위치에서의 모멘트를 구할 수 있는 식 (9.16)을 얻을 수 있다. 이 식에 $W=2\ \text{kgf}=19.6\ \text{N}, L=264\ \text{mm}, x=36\ \text{mm}$를 대입하면 S1 위치에서의 모멘트값을 얻을 수 있으며 식 (9.17)과 같다.

$$M(x)=\frac{W}{2}x-W\left\langle x-\frac{L}{2}\right\rangle^1-\frac{WL}{8} \tag{9.16}$$

$$\begin{aligned} M_{z,S1}&=(1\ \text{kgf})\times(36\ \text{mm})-(0.25\ \text{kgf})\times(264\ \text{mm}) \\ &=(-)30\ [\text{mm}\cdot\text{kgf}]=(-)294\ [\text{mm}\cdot\text{N}] \end{aligned} \tag{9.17}$$

이제 식 (7.14)를 활용하여 단면에서의 면적 관성 모멘트(I_z)를 구하면 식 (9.18)[33]과 같다. 다음으로 탄성 굽힘식 (7.9)를 이용해 S1 위치(로드 셀 위 표면)에서의 길이 방향 수직 응력(σ_x)을 구하면 식 (9.19)와 같은 결과를 얻을 수 있다. S1 지점은 단축 응력 상태이므로 Hooke의 법칙을 적용하면 수직 변형률값을 얻을 수 있으며 식 (9.20)과 같이 된다.

$$I_z=\frac{16}{12}\times1^3=\frac{4}{3}\ \text{mm}^4 \tag{9.18}$$

33) 게이지를 부착한 S1 위치에서의 응력을 계산해야 하므로 [그림 9.27]에서 보의 높이를 20 mm가 아닌 1 mm를 사용해야 한다.

$$\sigma_x = (-)\frac{M_z}{I_z}y'\bigg|_{y'=0.5\text{ mm}} \tag{9.19}$$

$$= (-)\frac{-294\text{ mm}\cdot\text{N}}{4/3\text{ mm}^4}\times(0.5\text{ mm})$$

$$= 110.25\frac{\text{N}}{\text{mm}^2} = 110.25\text{ MPa}$$

$$\epsilon_x = \frac{\sigma_x}{E} = \frac{110.25\text{ MPa}}{70000\text{ MPa}}\times 10^6 = 1575\ \mu\varepsilon \tag{9.20}$$

추가 검토 해법 예에서 보인 바와 같이 고체역학에서 학습한 내용을 적용하여 실제 문제를 해결하는 데에는 많은 공학적 지식과 직관력이 필요하다. 따라서 기초적인 개념을 정확히 파악한 후에는 많은 문제들을 풀어 보면서 공학적 내공을 쌓아야 한다.

문제에서 주어진 값들을 이용해 해석한 응력과 변형률 결과를 [그림 9.30]과 [그림 9.31]에 각각 나타내었다. 그림에서 확인할 수 있듯이 식 (9.19) 및 식 (9.20)의 결과와 유사함을 알 수 있다. 참고적으로 로드 셀의 수직 방향 변형을 [그림 9.32]에 나타내었다. 최대 처짐은 약 0.96 mm 정도가 됨을 알 수 있다. 따라서 [그림 9.25]에서 로드 셀 밑면과 볼트 사이의 간격을 1 mm 정도로 설정해 두면 과부하에 의한 로드 셀 손상을 미연에 방지할 수 있을 것이다.

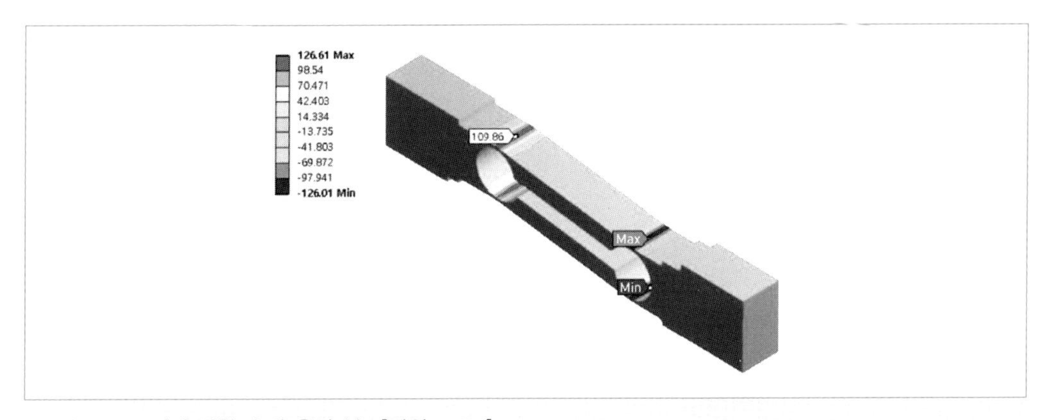

그림 9.30 길이 방향 수직 응력 분포[단위 : MPa]

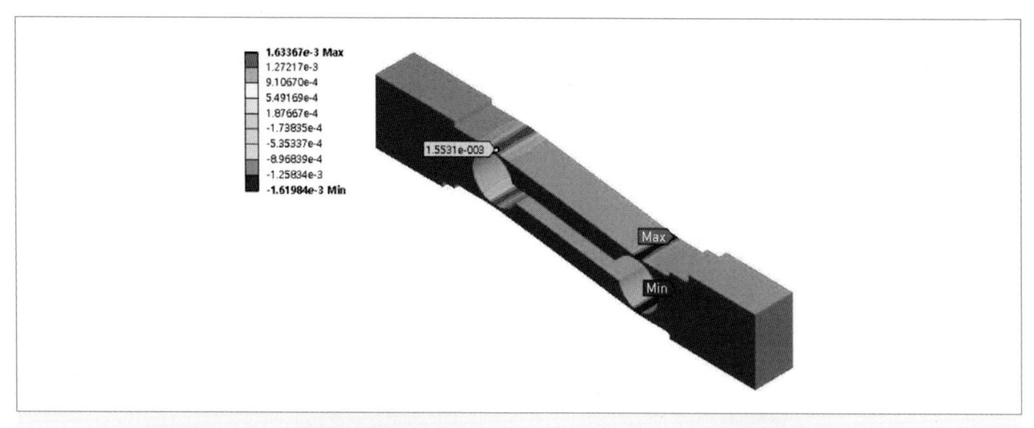

그림 9.31 길이 방향 수직 변형률 분포[단위 : με]

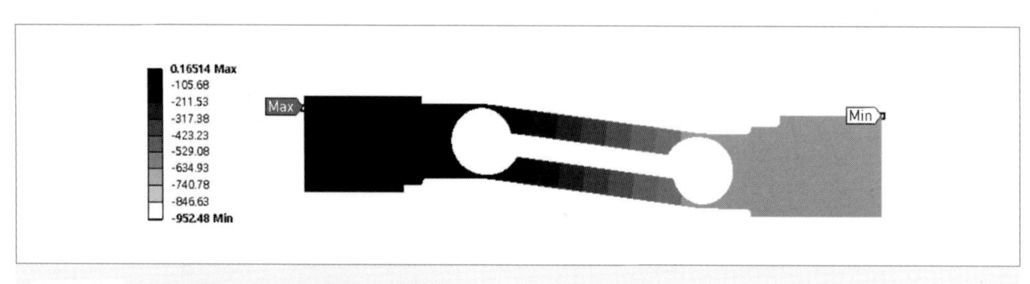

그림 9.32 수직 방향 변형 분포[단위 : μm]

9.4 에너지법 : 카스틸리아노의 정리[34)]

8.6절에서 고체의 변형 에너지를 살펴보았으며, 축 하중이 작용하는 경우의 변형 에너지는 식 (8.9)와 같이 됨을 알게 되었다. 선형 탄성 고체의 경우 후크의 법칙($F=k\delta$)을 적용할 수 있으며, 이를 식 (8.9)에 대입하면 축 하중하에서의 변형 에너지는 식 (9.21)과 같이 표현된다.[35)] 이 에너지를 변형으로 미분해 보면 식 (9.22)와 같이 힘이 되고, 힘으로 미분해 보면 식 (9.23)과 같이 변형이 됨을 알 수 있다. 이와 같은 관계를 토크(T)를 받는 축에 적용하면 식 (9.24)부터 식 (9.26)과 같이 된다.[36)]

---

34) 주요 관련 장은 제3, 4, 6, 7, 8장이다.

35) 식에서 k_a는 축 강성(또는 스프링률)이며 단위는 [N/m]가 된다.

$$U_a = \frac{1}{2}F\delta = \frac{1}{2}k_a\delta^2 = \frac{F^2}{2k_a} \quad where, F = k_a\delta \tag{9.21}$$

$$\frac{dU_a}{d\delta} = \frac{d}{d\delta}\left(\frac{1}{2}k_a\delta^2\right) = k_a\delta = F \tag{9.22}$$

$$\frac{dU_a}{dF} = \frac{d}{dF}\left(\frac{F^2}{2k_a}\right) = \frac{F}{k_a} = \delta \tag{9.23}$$

$$U_t = \frac{1}{2}T\theta = \frac{1}{2}k_t\theta^2 = \frac{T^2}{2k_t} \quad where, T = k_t\theta \tag{9.24}$$

$$\frac{dU_t}{d\theta} = \frac{d}{d\theta}\left(\frac{1}{2}k_t\theta^2\right) = k_t\theta = T \tag{9.25}$$

$$\frac{dU_t}{dT} = \frac{d}{dT}\left(\frac{T^2}{2k_t}\right) = \frac{T}{k_t} = \theta \tag{9.26}$$

이탈리아의 Carlo Castigliano[37]는 이와 같은 변형 에너지, 부하 및 변형과의 관계를 보다 체계화 및 정리하여 2개의 정리(theorems)를 발표하였다. 먼저 식 (9.22)와 식 (9.25)를 일반화하여 다음과 같은 **카스틸리아노의 제1정리**(Castigliano's first theorem)를 발표하였으며 이를 수식으로 나타내면 식 (9.27)과 같이 된다. 여기서 **일반 변위**(generalized displacement)란 제3장과 제4장에서의 길이 변화(δ), 제6장에서의 각 변화(θ), 제7장에서의 보의 처짐(v) 등을 총칭하며, **일반 하중**(generalized force)이란 이들에 각각 대응하는 수직력(F), 토크(T), 모멘트(M) 등을 총칭한다.

> "**탄성 구조물**의 **변형 에너지**를 **일반 변위** q_i의 함수로 표현할 수 있을 때, 변형 에너지를 **일반 변위**로 편미분하면 일반 하중 Q_i가 된다."[38]

---

36) 식에서 k_t는 비틀림 강성(또는 스프링률)이며 단위는 [m · N/rad]이 된다.

37) Carlo Alberto Castigliano(1847~1884) : 이탈리아의 수학자이며 물리학자로서 에너지법을 이용하여 고체의 변형을 계산할 수 있는 방법을 창안하였다.

$$\frac{\partial U}{\partial q_i} = Q_i \tag{9.27}$$

다음으로 식 (9.23)과 식 (9.26)을 일반화한 **카스틸리아노의 제2정리**(Castigliano's second theorem)를 발표하였으며 이를 수식으로 나타내면 식 (9.28)과 같다.

> "**선형 탄성 구조물**의 **변형 에너지**를 **일반 하중** Q_i의 함수로 표현할 수 있을 때, 변형 에너지를 일반 하중으로 편미분하면 하중 작용 방향으로의 **일반 변위** q_i가 된다."[39]

$$\frac{\partial U}{\partial Q_i} = q_i \tag{9.28}$$

Castigliano의 두 가지 정리를 이용하여 문제를 해결하기 위해서는 가장 먼저 변형 에너지(U)를 일반 변위나 일반 하중의 함수로 나타내야 한다. 고체역학에서는 일반 하중이 주어졌을 때 일반 변위를 구하는 문제가 더 많으므로 여기서는 제2정리를 대상으로 한다. 먼저 단면적이 $A(x)$이고, 전체 길이가 L인 봉에 축력 $F(x)$를 가했을 때 변형 에너지는 식 (8.11)을 이용해 구할 수 있으며 식 (9.29)와 같이 된다.[40] 이 식은 길이 방향으로 단면적과 힘이 변하더라도 적용할 수 있는 일반적인 식이다. 이의 특별한 경우로 [그림 3.5]에서와 같이 단면적과 힘이 일정한 경우 식 (9.29)는 식 (9.30)과 같이 간략화시킬 수 있다. 이제 힘을 가한 방향으로 늘어난 길이(δ)는 식 (9.28)을 이용해 구할 수 있으며 식 (9.31)과 같이 된다.[41]

---

38) 정리의 원문을 독자들에게 소개하고자 아래에 원문을 싣는다.
"If the **strain energy** of an **elastic structure** can be expressed as a function of **generalized displacement** q_i then the partial derivative of the strain energy with respect to **generalized displacement** gives the generalized force Q_i."

39) "If the **strain energy** of a **linearly elastic structure** can be expressed as a function of **generalized force** Q_i then the partial derivative of the strain energy with respect to generalized force gives the **generalized displacement** q_i in the direction of Q_i."

40) 여기서 축 하중하에서의 힘과 응력과의 관계인 $\sigma = F/A$가 사용되었다.

41) 편미분식을 전미분식으로 바꾼 것은 변형 에너지가 힘(F)만의 함수이기 때문이다.

$$U_a = \int_V u\,dV = \int_V \frac{1}{2}\sigma\epsilon\,dV = \int_V \frac{\sigma^2}{2E}(A\,dx) \tag{9.29}$$

$$= \int_0^L \frac{1}{2E}\left(\frac{F}{A}\right)^2 (A\,dx) = \int_0^L \frac{F^2}{2EA}dx = \int_0^L \frac{F(x)^2}{2EA(x)}dx$$

$$U_a = \int_0^L \frac{F(x)^2}{2EA(x)}dx = \frac{F^2L}{2EA} \tag{9.30}$$

$$\delta = \frac{\partial U}{\partial F} = \frac{dU}{dF} = \frac{d}{dF}\left(\frac{F^2L}{2EA}\right) = \frac{FL}{EA} \tag{9.31}$$

다음으로 극 관성 모멘트가 $J(x)$이고 전체 길이가 L인 축에 토크 $T(x)$를 가했을 때 변형에너지는 식 (8.11)과 유사하게 전단 응력과 전단 변형률을 이용해 구할 수 있으며, 식 (9.32)와 같이 된다.[42] 이 식은 길이 방향으로 극관성 모멘트와 토크가 변하더라도 적용할 수 있는 일반적인 식이다. 이의 특별한 경우로 [그림 6.3]에서와 같이 극관성 모멘트와 토크가 일정한 경우 식 (9.32)는 식 (9.33)과 같이 간략화시킬 수 있다. 따라서 토크가 가해지는 방향으로의 비틀림 각(θ)을 식 (9.28)을 이용해 구해 보면 식 (9.34)와 같이 되며, 식 (6.18)과 동일함을 알 수 있다.

$$U_t = \int_V u\,dV = \int_V \frac{1}{2}\tau\gamma\,dV = \int_V \frac{\tau^2}{2G}(dV) \tag{9.32}$$

$$= \int_V \frac{1}{2G}\left(\frac{Tr}{J}\right)^2 (dV) = \int_0^L \frac{1}{2G}\left(\frac{T}{J}\right)^2 \left[\int_A r^2 dA\right] dx$$

$$= \int_0^L \frac{T^2}{2GJ}dx = \int_0^L \frac{T(x)^2}{2GJ(x)}dx$$

$$U_t = \int_0^L \frac{T(x)^2}{2GJ(x)}dx = \frac{T^2L}{2GJ} \tag{9.33}$$

42) 여기서 비틀림 하중하에서의 토크와 전단 응력과의 관계인 $\tau = \frac{Tr}{J}$가 사용되었다.

$$\theta = \frac{\partial U}{\partial T} = \frac{dU}{dT} = \frac{d}{dT}\left(\frac{T^2 L}{2GJ}\right) = \frac{TL}{GJ} \tag{9.34}$$

마지막으로 면적 관성 모멘트 $I_z(x)$이고 전체 길이가 L인 보에 모멘트 $M_z(x)$가 가해졌을 때 변형 에너지는 식 (8.11)을 이용해 구할 수 있으며 식 (9.35)와 같이 된다.[43] 이 식은 길이 방향으로 면적 관성모멘트(I_z)와 모멘트(M_z)가 변화되더라도 적용할 수 있는 일반적인 식이다.

$$\begin{aligned} U_b &= \int_V u\,dV = \int_V \frac{1}{2}\sigma_x \epsilon_x dV = \int_V \frac{\sigma_x^2}{2E}(dV) \\ &= \int_V \frac{1}{2E}\left(-\frac{M_z y'}{I_z}\right)^2 (dV) = \int_0^L \frac{1}{2E}\left(\frac{M_z}{I_z}\right)^2 \left[\int_A y'^2 dA\right] dx \\ &= \int_0^L \frac{M_z^2}{2EI_z} dx = \int_0^L \frac{M_z^2(x)}{2EI_z(x)} dx \end{aligned} \tag{9.35}$$

예제 9.4 [표 7.3]의 4번과 6번 보에 대해 최대 처짐을 에너지법을 이용하여 구해보라.

해법 예 [표 7.3]의 4번 보는 우측 끝단에 집중 모멘트만 작용하는 경우이다. 따라서 보에 대해 FBD를 그리면 [그림 9.33]과 같이 된다. 이 경우 최대 처짐은 자유단($x = L$)에서 발생하지만 이 위치에 집중력이 없어 에너지법을 이용해 자유단에서의 처짐을 직접 계산할 수 없다.[44] 이러한 경우 처짐을 구하려는 위치에 **가상의 힘**(virtual/phantom force)을 가하고 추후 이를 0으로 두는 방법을 사용한다. 즉 [그림 9.34]와 같은 문제로 변경해 해석하는 것이다. 이와 같은 외팔보에서 보의 길이 방향에 따른 모멘트는 식 (9.36)과 같이 되며, 이를 식 (9.35)에 대입하고 적분하면 집중 모멘트와 가상의 힘이 작용하는 보의 변형 에너지를 구할 수 있으며, 이를 식 (9.37)에 나타내었다.

---

43) 여기서 굽힘 하중하에서의 탄성 굽힘 공식 $\sigma_x = (-)\dfrac{M_z y'}{I_z}$이 사용되었다.

44) 처짐(일반 변위)에 대응하는 일반 하중은 집중력이다.

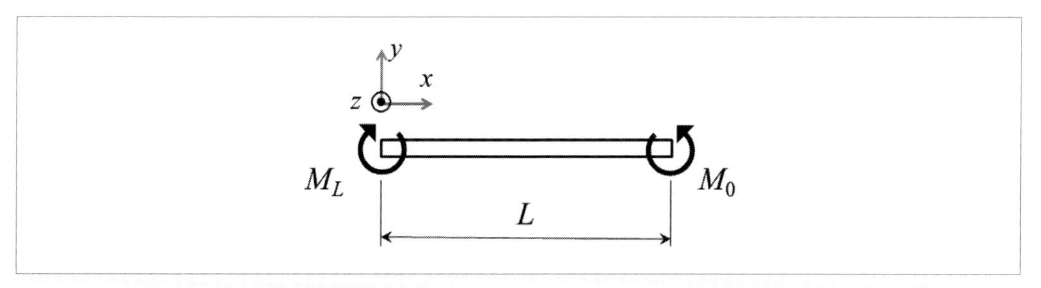

그림 9.33 집중 모멘트가 작용하는 외팔보의 FBD

$$M_z(x) = M_0 - xP \tag{9.36}$$

$$\begin{aligned} U_{b4} &= \int_0^L \frac{M_z^2(x)}{2EI_z(x)} dx = \frac{1}{2EI_z} \int_0^L (M_0 - xP)^2 dx \\ &= \frac{1}{2EI_z} \left(M_o^2 x - M_0 P x^2 + \frac{P^2 x^3}{3} \right) \Bigg|_{x=0}^{x=L} \\ &= \frac{1}{2EI_z} \left(M_o^2 L - M_0 P L^2 + \frac{P^2 L^3}{3} \right) \end{aligned} \tag{9.37}$$

이제 가상력 P가 가해지는 방향으로의 처짐은 식 (9.28)을 이용해 구할 수 있으며 식 (9.38)과 같이 된다. 맨 마지막에 가상 힘(P)을 0으로 둔 것은 원래 없었던 힘(가상의 힘)이기 때문이다.

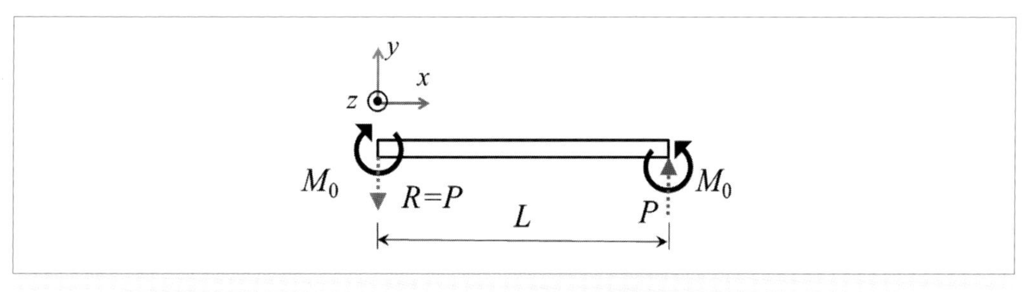

그림 9.34 집중 모멘트와 함께 가상의 집중력(P)이 작용하는 외팔보의 FBD

$$v_{x=L} = \frac{\partial U_{b4}}{\partial P} = \frac{dU_{b4}}{dP} = \frac{1}{2EI_z}\left(-M_0L^2 + \frac{2PL^3}{3}\right)\bigg|_{P=0} \tag{9.38}$$

$$= (-)\frac{M_0L^2}{2EI_z}$$

[표 7.3]의 6번 보는 양단 단순지지보에 균일 분포하중이 작용하는 경우이며, 대칭성을 고려했을 때 최대 처짐은 보의 중앙에서 발생하게 된다. 따라서 보의 중앙에 가상 힘 P를 추가해 FBD를 그리면 [그림 9.35]와 같이 된다. 이와 같은 보에서 보의 길이 방향에 따른 모멘트 $M_z(x)$는 식 (7.29)와 특이함수를 이용하여 식 (9.39)와 같이 나타낼 수 있다. 이 모멘트식을 식 (9.35)에 대입하고 카스틸리아노의 제2정리를 이용하면 처짐식을 얻을 수 있다. 그러나 이 경우 모멘트식 (9.39)에 포함된 항이 많아 모멘트를 제곱하여 항을 전개하면 많은 시간이 소요된다. 따라서 이번에는 미분에서의 **연쇄 법칙**(chain rule)[45)]을 이용하여 편미분을 수행해 보기로 한다.

$$M_z(x) = (-)\frac{w}{2}(x^2 - Lx) + \frac{P}{2}x - P\left\langle x - \frac{L}{2}\right\rangle^1 \tag{9.39}$$

식 (9.35)를 가상의 힘에 대해 편미분하면 연쇄법칙에 의해 식 (9.40)과 같이 나타낼 수

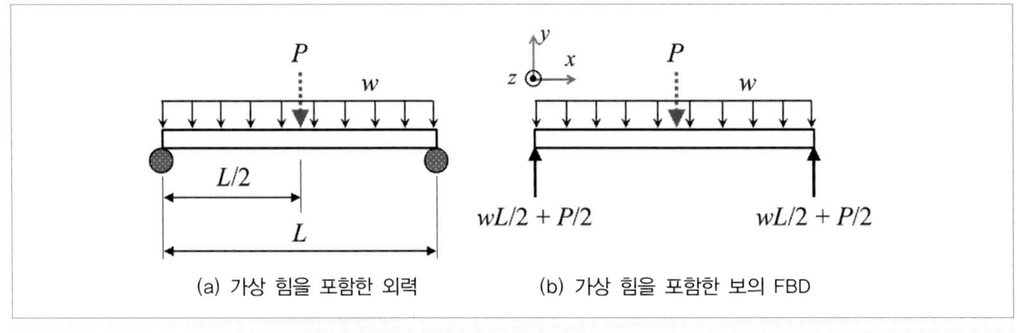

그림 9.35 균일 분포하중과 함께 가상의 집중력(P)이 작용하는 보

45) 어떤 함수 $f[g(x,y)]$가 주어졌을 때 $\frac{\partial f}{\partial x}$를 함수 $g(x,y)$를 매개 변수로 하여 $\frac{\partial f}{\partial g}\frac{\partial g}{\partial x}$와 같이 구하는 것을 일컫는다. 미분을 체인을 엮은 것처럼 하여 수행하기 때문에 붙여진 이름이다.

있다. 이제 식 (9.39)를 식 (9.40)에 대입하고 가상력 P를 0으로 두면 식 (9.41)과 같이 보의 중앙에서의 최대 처짐에 관한 식을 얻을 수 있다.[46)]

$$\frac{\partial U_b}{\partial P}=\frac{\partial}{\partial P}\int_0^L \frac{M_z^2(x)}{2EI_z(x)}dx=\int_0^L \frac{\partial}{\partial M_z}\left[\frac{M_z^2(x)}{2EI_z(x)}\right]\frac{\partial M_z}{\partial P}dx \tag{9.40}$$

$$=\int_0^L \frac{M_z(x)}{EI_z(x)}\frac{\partial M_z(x)}{\partial P}dx$$

$$v_{x=L/2}=\left.\frac{\partial U_{b6}}{\partial P}\right|_{P=0} \tag{9.41}$$

$$=\frac{1}{EI_z}\int_0^L\left\{-\frac{w}{2}(x^2-Lx)\right\}\left\{\frac{x}{2}-\left\langle x-\frac{L}{2}\right\rangle^1\right\}dx$$

$$=(-)\frac{w}{4EI_z}\int_0^L(x^2-Lx)\left\{x-2\left\langle x-\frac{L}{2}\right\rangle^1\right\}dx$$

$$=(-)\frac{w}{4EI_z}\left[\int_0^{L/2}(x^3-Lx^2)dx+\int_{L/2}^L(x^2-Lx)(L-x)dx\right]$$

$$=(-)\frac{5wL^4}{384EI_z}$$

추가 검토 본 예제를 통해 카스틸리아노의 제2정리를 이용한 일반 변위 계산의 장단점을 살펴보자. 많은 공학자와 과학자들이 에너지법을 선호하는 이유 중의 하나는 에너지가 스칼라 양이기 때문이다. 본 예제에서 4번 하중의 경우에는 비교적 간단한 과정을 거쳐 처짐을 계산할 수 있었지만 6번 하중의 경우에는 좀 더 번거로운 과정을 거쳤다. 그러나 이러한 과정을 수치해석을 통해 수행한다면 큰 문제가 되지는 않는다. 즉 에너지법에 의한 계산은 원하는 지점의 일반 변위를 쉽게 계산할 수 있는 장점이 있으며 유한요소해석에서 많이 사용된다. 반면 제7장에서 다룬 적분법과 특이함수법은 탄성 곡선 자체를 제공해 공학적으로 의미 있는 결과를 준다.

46) 적분 수행 시 구간을 나눈 것은 특이함수를 일반 함수로 바꿔 계산하기 위함이다.

9.5 코일 스프링의 스프링률과 응력[47)]

코일 스프링(coil spring)은 다양한 구조물에서 광범위하게 사용되는 대표적인 **기계 요소**(machine element) 중의 하나이다. [그림 9.36] (a)는 볼펜을 분해한 것이며, (b)는 자전거를 세워둘 때 사용하는 킥스탠드에 사용되는 인장 스프링이다. (c)는 승용차 **현가장치**(suspension system)에 많이 사용되는 맥퍼슨식 스트러트로서 중앙에 있는 완충기와 코일 스프링으로 구성되어 있다. (d)는 엔진 내부의 흡기 및 배기 밸브 구동에 필요한 밸브 스프링을 보여주고 있다. 이러한 스프링들은 "하중이 작용할 때 입력된 에너지를 저장하고 있다가 하중이 제거되면 원 상태로 복원시키는 기능"을 수행한다. 이러한 코일 스프링에 작용하는 주된 하중은 ❶ 인장 축 하중, ❷ 압축 축 하중, ❸ 비틀림 하중, ❹ 굽힘 하중 중 어느 것일까? 이제

(a) 분해된 볼펜용 압축 스프링
(b) 자전거 킥스탠드용 인장 스프링
(c) 승용차용 맥퍼슨식 스트러트
(d) 자동차 엔진 밸브 스프링

그림 9.36 코일 스프링 사용의 예[출처 : Shutterstock]

47) 주요 관련 장은 전체 장이다.

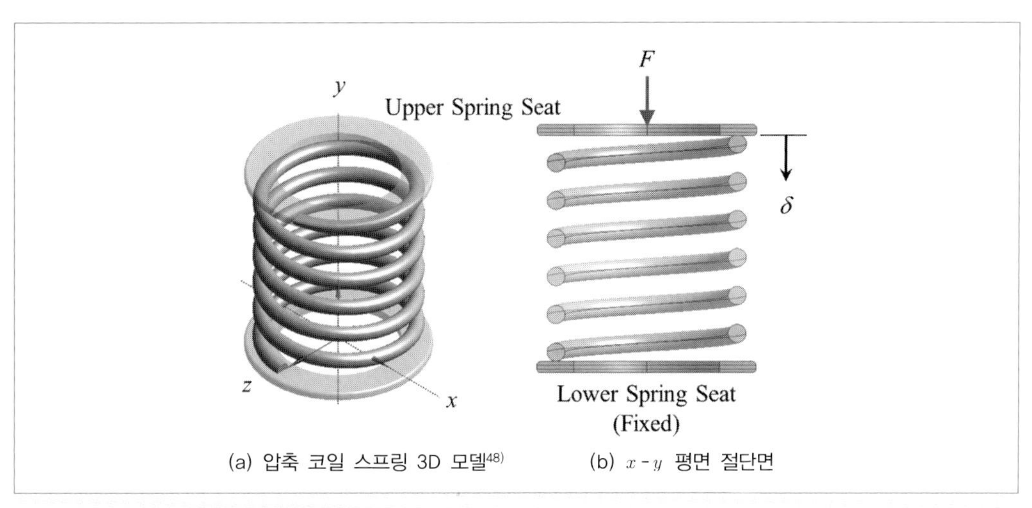

(a) 압축 코일 스프링 3D 모델[48]　　(b) $x-y$ 평면 절단면

그림 9.37 **압축 코일 스프링 모델**

그 답을 찾아보기로 하자.

압축 코일 스프링의 예를 [그림 9.37] (a)에 나타내었다. 코일 스프링의 위와 아래를 스프링 시트(spring seat)에 연결한 뒤 위에서 힘 F로 압축시키는 경우를 고려한다. 이때 힘을 가하는 방향으로의 스프링만의 변형을 δ로 하자. 이러한 압축 코일 스프링의 스프링률을 계산해 보자.

스프링률 계산을 위해 [그림 9.38]과 같이 스프링의 일부분을 가상 절단하였다. 가상 절단부에는 외부에서 가한 힘 F에 대한 내부 전단 반력 $V(=F)$가 생기고, 이 반력과 외력이 짝힘을 이루는 관계로 이 짝힘과 반대 방향의 모멘트(토크) T가 작용해야 한다. 토크에 의해 스프링에 저장되는 변형 에너지는 식 (9.33)과 같고[49] 전단력에 의해 저장되는 변형 에너지는 식 (9.42)와 같이 되므로, 스프링에 저장되는 변형 에너지는 식 (9.43)과 같이 된다. 식 (9.43)에서 각종 변수들은 [그림 9.38]을 참조하여 구할 수 있으며, 식 (9.44)와 같이 나타낼 수 있다. 식에서 N_a는 스프링을 몇 회 감았는지를 나타내며, **유효권수**(active number of coils)[50]라고 한다.

48) Mohamed EL Sayed, https://grabcad.com/library/compression-spring-15 (모델 공유)

49) 스프링의 길이를 따라 전단계수(G), 극관성 모멘트(J), 토크(T)가 모두 일정한 경우이다.

50) 스프링을 제작해 실제 사용할 때 스프링 시트에 밀착되는 부분은 스프링으로서의 역할을 거의 하지 못하므로 실제 길이에서 제외해야 한다. 이와 같이 실제 스프링의 기능을 하는 부분을 제작하기 위해 스프링을 몇 회 감았는지를 나타내는 것이 유효권수이다.

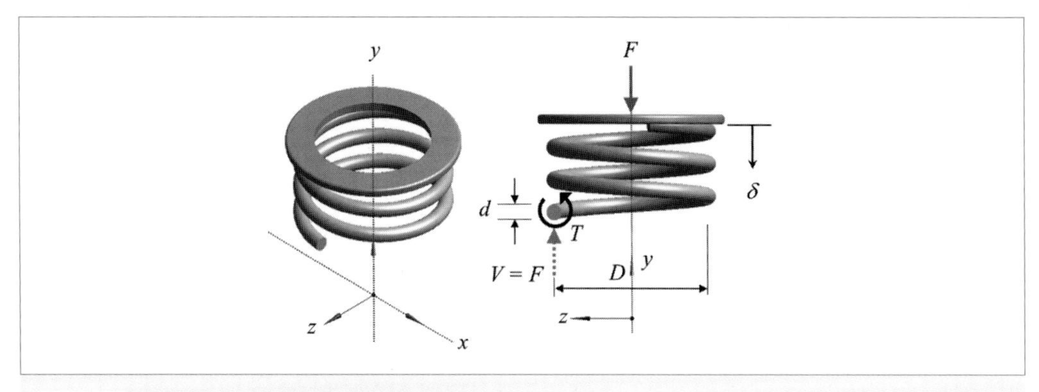

그림 9.38 압축 코일 스프링 가상 절단 후 상부 스프링 도시화

$$U_V = \int_V \frac{1}{2}\tau\gamma dV = \int_V \frac{\tau^2}{2G}dV = \int_V \frac{1}{2G}\left(\frac{F}{A}\right)^2 dV \tag{9.42}$$

$$U_s = U_T + U_V = \frac{T^2L}{2GJ} + \frac{1}{2G}\left(\frac{F}{A}\right)^2(AL) \tag{9.43}$$

$$= \frac{T^2L}{2GJ} + \frac{F^2L}{2GA}$$

$$T = \frac{D}{2} \times F \tag{9.44}$$

$$L = (\pi D) \times N_a$$

$$J = \frac{\pi d^4}{32}$$

$$A = \frac{\pi d^2}{4}$$

이제 식 (9.44)에 주어진 식들을 식 (9.43)에 모두 대입하면 변형 에너지는 식 (9.45)와 같이 된다. 이제 식 (9.45)를 카스틸리아노의 제2정리인 식 (9.28)에 대입하면 힘을 가한 지점의 변형을 계산할 수 있게 되며, 이를 식 (9.46)에 나타내었다.[51] 이 식에서 C는 D/d로 정의되

51) 변형 에너지 U_s가 변수 F만의 함수이기 때문에 편미분을 전미분으로 변경하여 계산하였다.

는 값으로서 **스프링 지수**(spring index)라고 부른다. 이 지수는 스프링 설계 및 제작 시 중요한 값이며, 일반적으로 4 ~ 12 사이의 값을 갖도록 설계한다. 따라서 괄호 안의 두 번째 항인 $1/2C^2$은 0.0035 ~ 0.03125의 값을 갖게 되므로 무시할 수 있다. 이 항은 식 (9.42)에 의해 계산된 것으로서 전단력에 의한 에너지항이다. 이와 같은 간략화를 통해 우리가 구하고자 하는 코일 스프링의 스프링률은 식 (9.47)과 같이 되며, 재료(G)와 형상(d, D, N_a)이 주어지면 계산할 수 있게 된다. 또한 스프링률에 가장 큰 영향을 주는 설계 변수는 **스프링 소선**(spring wire) 직경 d이고, 다음이 스프링 직경 D임을 알 수 있다. 이로부터 스프링은 주로 '❸ 비틀림 하중'을 받는 구조물이라고 할 수 있다.

$$U_s = \frac{1}{2G}\left[\frac{(FD/2)^2 \times (\pi D N_a)}{\pi d^4/32} + \frac{F^2 \times (\pi D N_a)}{\pi d^2/4}\right] \tag{9.45}$$

$$= \frac{4F^2D^3N_a}{Gd^4} + \frac{2F^2DN_a}{Gd^2}$$

$$\delta = \frac{\partial U_s}{\partial F} = \frac{dU_s}{dF} = \frac{8FD^3N_a}{Gd^4} + \frac{4FDN_a}{Gd^2} \tag{9.46}$$

$$= \frac{8D^3N_a}{Gd^4}\left[1 + \frac{1}{2}\left(\frac{d}{D}\right)^2\right]F = \frac{8D^3N_a}{Gd^4}\left(1 + \frac{1}{2C^2}\right)F$$

$$k = \frac{F}{\delta} \approx \frac{Gd^4}{8D^3N_a} \tag{9.47}$$

다음으로 스프링에 발생되는 응력, 특히 최대 응력을 계산해 보자. 앞서 스프링률 계산 시 알 수 있었듯이 코일 스프링에는 토크와 전단력만이 작용되며, 이로 인해 전단 응력만 발생된다.[52] 먼저 [그림 9.38] 우측의 가상 절단면에서 토크에 의해 발생되는 응력은 식 (6.8)에서와 같이 단면의 중앙에서 0이 되고 표면에서 최대가 된다. 따라서 토크에 의한 최대

52) 간략한 계산을 위해 응력 집중은 고려하지 않기로 한다. 응력 집중을 고려하면 곡률 반경이 더 작은 스프링의 안쪽에서 바깥쪽보다 더 큰 응력이 발생된다.

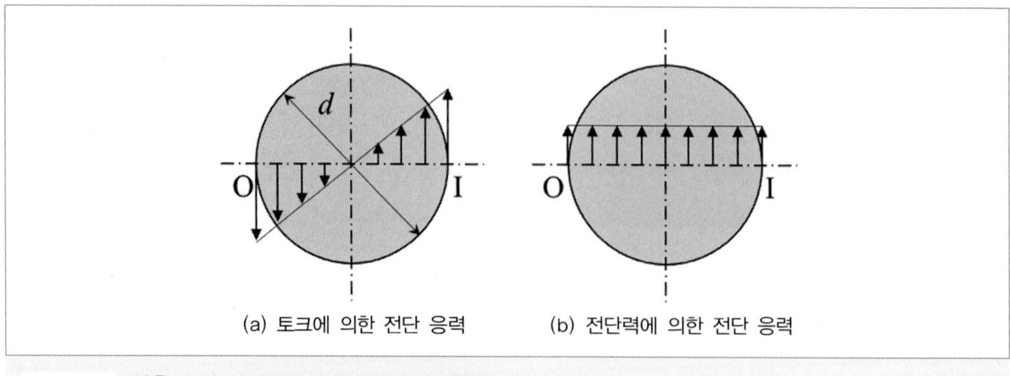

그림 9.39 압축 코일 스프링에 발생하는 전단 응력

전단 응력은 식 (6.11)을 이용해 계산할 수 있다. 또한 전단력에 의한 최대 전단 응력은 식 (7.46)에 의해 얻을 수 있으며 중립축에서 최대가 된다. 이를 개략적으로 [그림 9.39]에 나타내었다. 따라서 두 응력을 중첩하면 스프링의 안쪽인 I 지점에서 최대 전단 응력이 생기며 이를 식 (9.48)에 나타내었다.

$$\tau_{\max} = \frac{T}{Z_S} + \frac{4}{3}\frac{V}{A} = \frac{FD/2}{\pi d^3/16} + \frac{4}{3}\frac{F}{\pi d^2/4} \tag{9.48}$$

$$= \frac{8F}{\pi d^2}\left(\frac{D}{d} + \frac{2}{3}\right) = \frac{8F}{\pi d^2}\left(C + \frac{2}{3}\right)$$

식 (9.48)에서 알 수 있듯이 응력의 경우에도 토크의 영향이 전단력에 비해 6~18배 더 큼을 알 수 있다.[53)]

예제 9.5 [그림 9.37]에 주어진 압축 코일 스프링의 스프링률과 $F_y = (-)10$ N을 인가했을 때 스프링에 발생하는 최대 전단 응력 및 von Mises 등가 응력을 구해보라($d =$ 2.45 mm, $D = 24.8$ mm, $N_a = 5.5$, $E = 208$ GPa, $\nu = 0.3$으로 가정하라).

53) 스프링 지수는 앞서 언급하였듯이 4~12의 값을 갖는 것으로 가정하였다.

해법 예 스프링률은 근사식인 식 (9.47)을 이용하여 구하면 된다. 하지만 문제에서 전단계수(G) 값이 주어져 있지 않다. 이 경우 G, E, ν 사이의 관계인 식 (5.16)을 이용하여 구하면 식 (9.49)와 같은 결과를 얻을 수 있다. 이 전단계수 값과 문제에서 주어진 모든 수치들을 식 (9.47)에 대입하면 식 (9.50)과 같은 스프링률값을 얻을 수 있다. 이 과정에서 식을 간편하게 만들기 위해 $(D/d)^3 = C^3$으로 치환한 뒤 계산하였다. 이 스프링을 1 mm 압축시키기 위해서는 약 4.3 N의 힘이 필요함을 알 수 있다.

$$G = \frac{E}{2(1+\nu)} = \frac{208\ \text{GPa}}{2(1+0.3)} = 80\ \text{GPa} \tag{9.49}$$

$$k = \frac{F}{\delta} \approx \frac{Gd^4}{8D^3N_a} = \frac{Gd}{8C^3N_a} \tag{9.50}$$

$$= \frac{(80\ \text{GPa}) \times (2.45 \times 10^{-3}\ \text{m})}{8 \times 10.122^3 \times 5.5}$$

$$\approx 4295.4\ \text{N/m} = 4.2954\ \text{N/mm}$$

스프링에 발생하는 최대 전단 응력은 식 (9.48)을 이용해 구하면 되고 식 (9.51)과 같이 된다. 이와 같은 순수 전단 응력 상태인 경우 Mohr 원은 [그림 8.9]와 같이 되므로, $\sigma_1 = \tau = 45.8$ MPa, $\sigma_2 = 0$ MPa, $\sigma_3 = (-)45.8$ MPa이 된다. 이 주응력들을 식 (8.23)이나 식 (8.24)에 대입하면 von Mises 응력을 구할 수 있으며, 식 (9.52)와 같이 된다.

$$\tau_{max} = \frac{8F}{\pi d^2}\left(C + \frac{2}{3}\right) \tag{9.51}$$

$$= \frac{8 \times (10\ \text{N})}{\pi (2.45\ \text{mm})^2}\left(10.122 + \frac{2}{3}\right) \approx 45.8\ \text{MPa}$$

$$\sigma_{vM} = \sqrt{3\tau^2} = \sqrt{3}\,\tau = \sqrt{3} \times (45.8\ \text{MPa}) = 79.3\ \text{MPa} \tag{9.52}$$

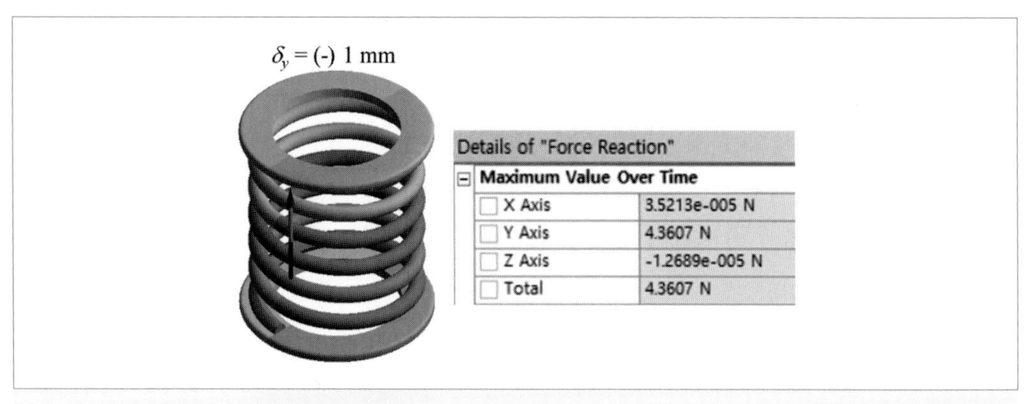

Details of "Force Reaction"

Maximum Value Over Time	
X Axis	3.5213e-005 N
Y Axis	4.3607 N
Z Axis	-1.2689e-005 N
Total	4.3607 N

그림 9.40 스프링 위 시트를 아래 방향으로 1 mm 내렸을 경우 반력

추가 검토 문제에서 주어진 기계적 물성값과 형상을 이용하여 유한요소해석을 수행하였다. 먼저 스프링률을 산정하기 위해 스프링 위와 아래에 있는 스프링 시트들을 강체로 모델링하고[54] 아래 시트를 고정한 뒤 위 시트를 아래 방향으로 1 mm 압축시켰다. 이때 아래 시트에서 발생하는 반력을 구해 보면 [그림 9.40]에서와 같이 위 방향으로 약 4.36 N이 됨을 알 수 있다. 즉 이 스프링의 스프링률은 대략 4.36 N/mm가 됨을 알 수 있으며, 식 (9.50)의 결과와는 약 1.4% 정도의 차이가 난다.

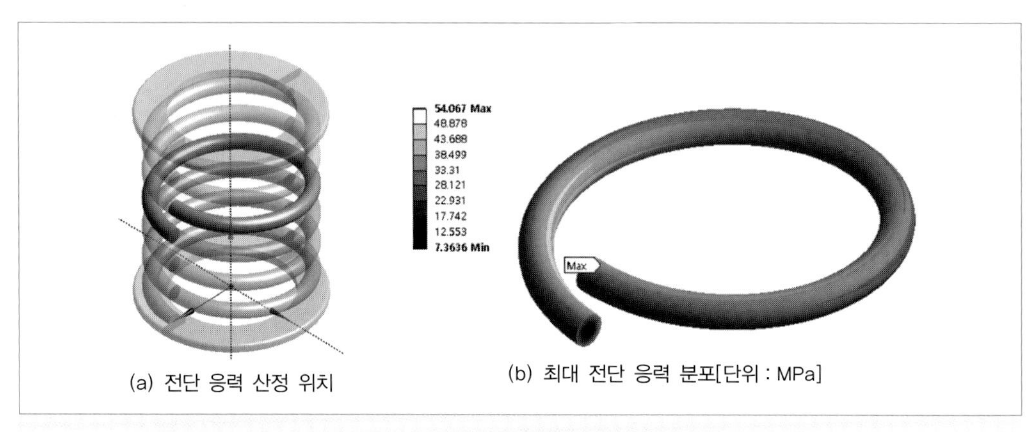

(a) 전단 응력 산정 위치

(b) 최대 전단 응력 분포[단위 : MPa]

그림 9.41 압축 코일 스프링에 발생하는 최대 전단 응력

54) Young 계수를 다른 부분에 비해 매우 크게 입력하고(E = 200 TPa) 프와송비(ν)를 0으로 설정하면 근사적으로 강체와 같은 역할을 한다.

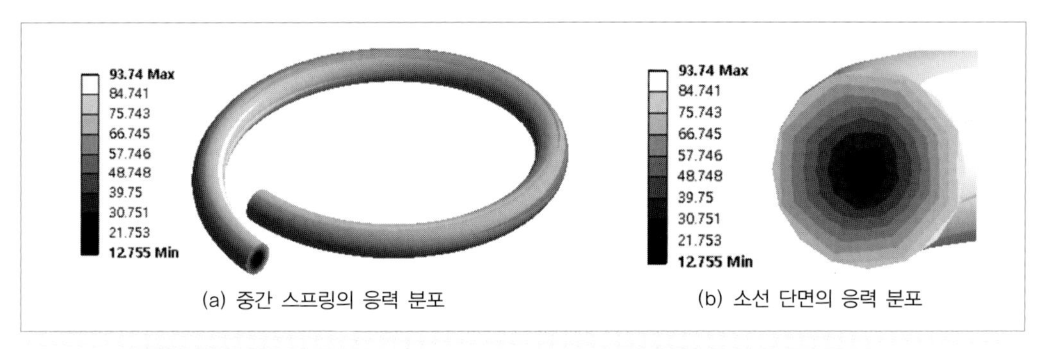

그림 9.42 압축 코일 스프링에 발생하는 von Mises 응력[단위 : MPa]

다음으로 위쪽 스프링 시트에 (−)10 N의 힘을 인가한 뒤 전단 응력을 계산하여 [그림 9.41]에 나타내었다. 이 경우 최대 응력은 응력 집중 현상으로 인해 주로 스프링과 스프링 시트 연결부에서 발생하게 되므로 이론적인 해와의 비교를 위해 (a)에 보인 바와 같이 스프링의 중심부에서의 전단 응력만을 산정하여 (b)에 나타내었다. 최대 전단 응력은 스프링의 안쪽에서 발생하며, 그 크기는 약 54 MPa이 된다. 또한 스프링의 중심부에도 약 7 MPa의 전단 응력이 생기는데, 이는 10 N의 전단력에 의해 발생된 것이다.

[그림 9.41] (b) 부분에 대한 von Mises 등가 응력을 산정하여 [그림 9.42]에 나타내었다.

최대 전단 응력과 von Mises 등가 응력 모두 이론해인 식 (9.51)과 식 (9.52)에서의 결과보다 크게 산정된 것은 유한요소해석의 경우 응력 집중까지 고려된 결과이기 때문이다.

9.6 열 하중[55)]

1.4절에서 구조물의 파손을 야기할 수 있는 네 가지 하중을 소개하였고, 그중 세 가지를 제3~7장에서 살펴보았다. 이 절에서는 **열 하중**(thermal load)에 대해 간단한 예 몇 가지를 소개한다.[56)] 자동차를 운전하다 보면 겨울 아침에 시동을 걸었을 때 엔진 소음이 상대적으로 크게 된다. [그림 9.43] (a)에는 특정 시간에 **열화상 카메라**(infrared camera)[57)]를 이용하여 승용차

55) 주요 관련 장은 제1, 2, 3, 4, 7장이다.

56) 열 하중을 자세히 다루는 것은 이 책의 범위를 벗어나기 때문에 간단한 예제와 함께 기본적인 식들만 소개한다.

(a) 열화상 카메라를 이용한 온도 측정

(b) 자동차 엔진 룸 온도 분포

그림 9.43 자동차 엔진 룸 온도 측정 및 분포[출처 : Shutterstock]

엔진 룸의 온도를 측정하는 장면을 보여 주고, 측정 결과 (b)와 같이 16.8 ~ 38.4℃의 온도 분포를 보이고 있음을 알 수 있다.[58] 이와 같은 온도 분포로 인해 엔진을 구성하는 각종 부품들은 열 하중으로 인해 **열 변형**(thermal deformation)을 겪게 되고, 서로 다른 재료로 구성된 부품들 간에 간섭이 생겨 소음이 커지게 된다.

겨울철에 야외에서 커피를 끓여 머그컵에 따랐을 때 머그컵이 깨지는 경우를 경험하게 된다. 예를 들어 초기 온도가 0℃인 [그림 9.44] (a)와 같은 형태의 머그컵에 끓는 물(100℃)을

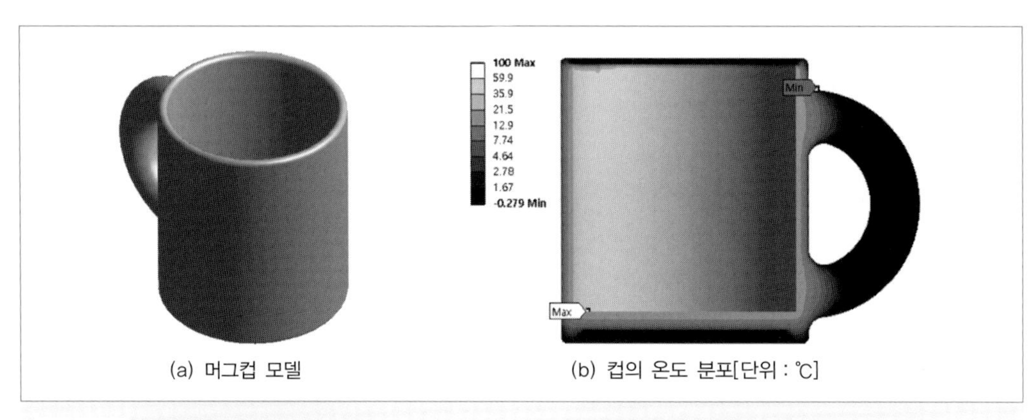

(a) 머그컵 모델

(b) 컵의 온도 분포[단위 : ℃]

그림 9.44 머그컵 모델 및 온도 분포

57) 물체에서 방출되는 적외선 에너지(열)를 검출하여 전기적인 신호로 변환하고, 이를 온도로 환산한 뒤 색 변화로 바꿔 보여 주는 비접촉식 카메라

58) 온도 분포로 보아 봄이나 가을에 시동을 건지 얼마 지나지 않았을 때인 것으로 추정된다.

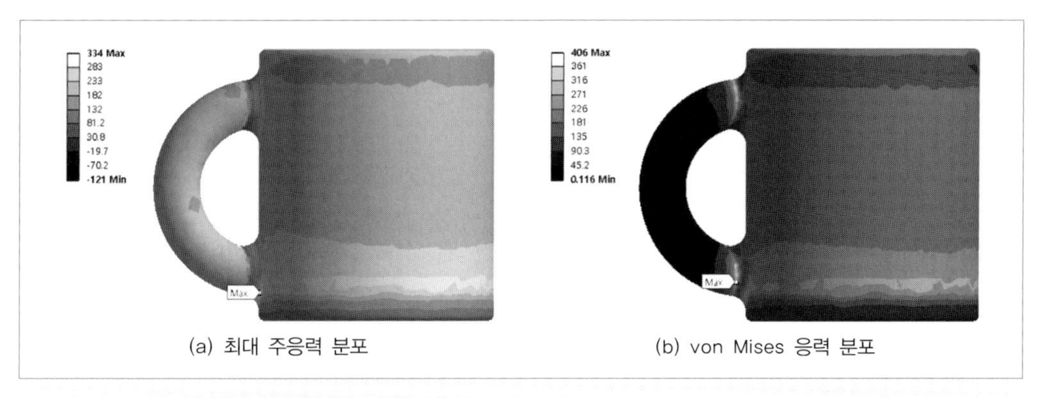

(a) 최대 주응력 분포 (b) von Mises 응력 분포

그림 9.45 머그컵 응력 분포[단위 : MPa]

가득 부었다고 가정해 보자. 이 경우 컵은 순간적으로 (b)와 같은 **온도 분포**(temperature distribution)를 보이게 된다. 즉 컵의 내부는 끓는 물의 온도인 100℃가 되고, 손잡이를 포함한 컵의 외부는 초기 온도 그대로인 0℃가 된다. 이 순간 머그컵에는 [그림 9.45]와 같은 응력이 발생하게 되는데, 이를 **열 응력**(thermal stress)이라고 한다. 두 결과에서 알 수 있듯이 최대 주응력과 von Mises 응력 모두 컵의 손잡이 부근에서 발생하며, 그 크기가 각각 약 334 MPa과 406 MPa에 다다름을 알 수 있다. 이와 같이 힘이나 모멘트가 작용하지 않더라도 온도 변화로 인해 고체 내에는 큰 응력이 발생함을 알 수 있다. 이와 같은 열 응력이 생기는 이유를 제5장에서 유도한 후크의 법칙을 이용하여 살펴보자.

일반적으로 고체 재료들은 온도가 상승함에 따라 길이나 부피가 늘어나게 되는데, 그 양은 재료의 물성값 중의 하나인 **열팽창계수**(coefficient of thermal expansion, CTE)에 따라 다르게 된다. 이 중에서 **선형 열팽창계수**(linear CTE, α)[59]는 온도 변화에 따른 길이 방향 **열 변형률**(thermal strain)을 나타내며, 식 (9.53)과 같이 나타낼 수 있다. 따라서 CTE의 단위는 변형률을 온도 변화로 나눈 [με/℃], [με/K], [με/°F] 등을 사용하거나, [με]을 100만 분의 1을 의미하는 ppm(parts per million)으로 변경한 [ppm/℃], [ppm/K] 등으로 나타낸다. 공학적으로 많이 사용하는 몇몇 재료의 선형 열팽창계수를 [표 9.1]에 정리하였다.

$$\epsilon_T = \alpha \Delta T \tag{9.53}$$

59) 줄여서 선팽창계수라고도 한다.

표 9.1 몇 가지 재료의 선형 열팽창계수[단위 : με/℃][60]

Material	CTE	Material	CTE
Aluminum, Al	23.1	Invar	1.2
Brass	19	Iron, Fe	11.8
Copper, Cu	17	Magnesium, Mg	26
Diamond	1	Nickel, Ni	13
Glass	8.5	Silicon, Si	2.56
Gold, Au	14	Steel	11~13

출처 : https://en.wikipedia.org/wiki/Thermal_expansion

[그림 9.46] (a)와 같이 단면적이 A이고 Young 계수가 E인 **봉**(rod)의 양 끝단을 강체(rigid body)로 고정한 상태에서 온도를 T_L에서 T_H까지 $\Delta T(=T_H-T_L>0)$만큼 올렸다고 가정해 보자. 이 경우 온도 변화에 의해 양 끝단이 늘어나지 않으므로 x 방향의 변형(δ_T)과 변형률($\epsilon_{x\,T}$)은 0이 된다. 만약 (b)에서와 같이 봉의 좌측인 A점만 고정한 상태에서 온도를 올리면 식 (9.53)에 의해 열 변형이 생기며 식 (9.54)와 같이 된다. 이 경우 고체는 자유 팽창을 하게 되므로 응력은 발생하지 않는다. 그러나 (a)에서 살펴보았듯이 실제 변형은 0이므로 (b)의 상태를 (a)와 같은 상태로 만들기 위해서는 봉의 우측을 그림 (c)에서와 같이 축력 F로 압축시켜야 하며, 그 크기는 식 (4.47)로부터 식 (9.55)와 같이 나타낼 수 있다. 또한 그림에서 알 수 있듯이 $\delta_F+\delta_T=0$이 성립해야 하므로 식 (9.54)와 식 (9.55)를 더하면 0이 되어야 하고, 이로부터 식 (9.56)을 얻을 수 있다. 따라서 (a)와 같은 봉의 내부에는 식 (9.57)만큼의 압축 응력이 생기게 되며, 이것이 **열 응력**(thermal stress)이 된다. 이 식으로부터 고체 내부에 발생하는 열 응력은 Young 계수, 열팽창계수 및 온도차에 비례함을 알 수 있고, 온도가 상승하는 경우($\Delta T>0$)에는 압축 응력, 반대인 경우($\Delta T<0$)에는 인장 응력이 발생함을 알 수 있다.

$$\delta_T=\epsilon_{x\,T}L=(\alpha\Delta T)L \quad (>0) \tag{9.54}$$

$$\delta_F=\frac{FL}{AE}=\frac{L}{E}\sigma_x \quad (<0) \tag{9.55}$$

60) 상온(20~25℃)에서의 결과이다.

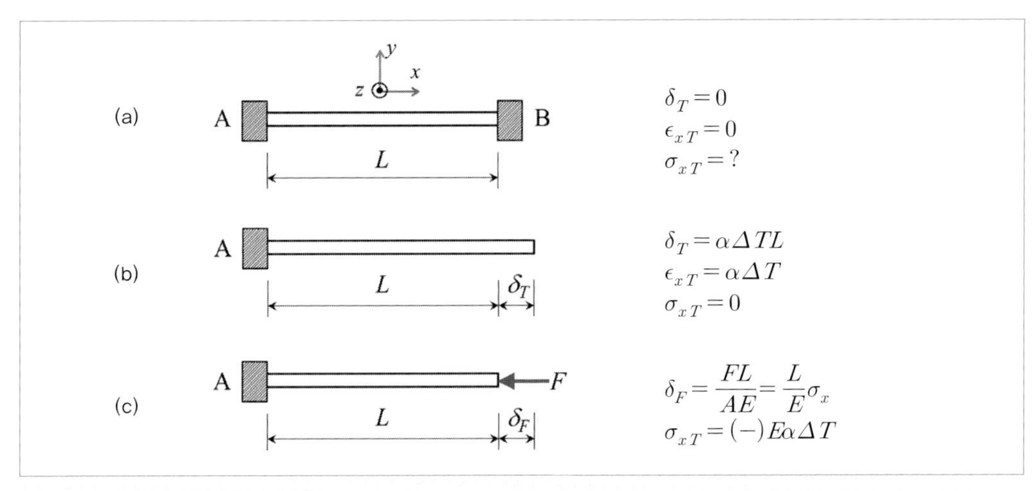

그림 9.46 온도 변화에 따른 양단 고정봉의 열 변형 및 열 응력

$$\delta_F\left(= \frac{L}{E}\sigma_x\right) + \delta_T(= \alpha \Delta TL) = 0 \tag{9.56}$$

$$\sigma_x = \sigma_{xT} = (-)E\alpha \Delta T \tag{9.57}$$

선형, 탄성, 균질 및 등방성인 고체 재료의 경우 열 변형은 모든 방향으로 동일하고 수직 변형률만 생기므로, 식 (5.8)에 주어진 일반화된 후크의 법칙에 열 하중까지 포함시켜 식 (9.58)과 같이 나타낼 수 있다. [그림 9.46] (a)의 문제를 식 (9.58)을 적용해 다시 살펴보자. 먼저 x 방향을 제외하고는 부하가 없으므로 $\sigma_y = \sigma_z = 0$이 되고, $\epsilon_x = 0$이 되어야 하므로 열 응력은 식 (9.59)와 같은 과정을 통해 구할 수 있으며, 식 (9.57)과 같은 결과를 얻게 된다. 결론적으로 열 응력은 **구속**(constraint)이 있는 고체에 온도 변화가 생길 때 발생하게 된다.

$$\epsilon_x = \frac{1}{E}\{\sigma_x - \nu(\sigma_y + \sigma_z)\} + \alpha \Delta T \tag{9.58}$$

$$\epsilon_y = \frac{1}{E}\{\sigma_y - \nu(\sigma_z + \sigma_x)\} + \alpha \Delta T$$

$$\epsilon_z = \frac{1}{E}\{\sigma_z - \nu(\sigma_x + \sigma_y)\} + \alpha \Delta T$$

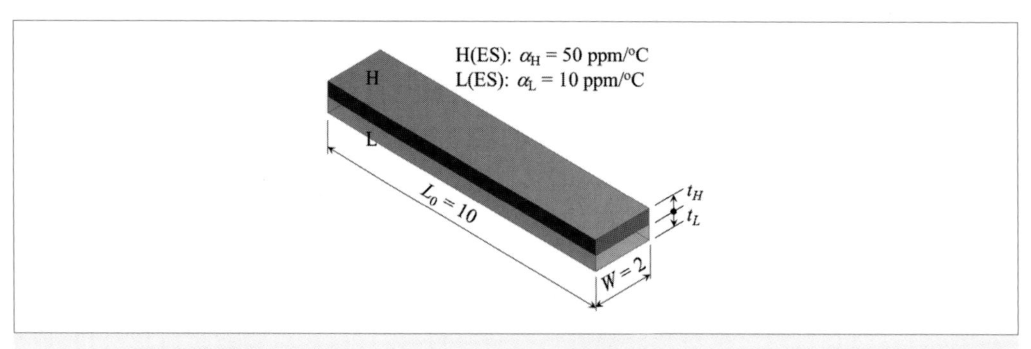

그림 9.47 띠의 열 변형

$$\epsilon_x = \frac{1}{E}\{\sigma_x - \nu(\sigma_y + \sigma_z)\} + \alpha\Delta T = \frac{\sigma_x}{E} + \alpha\Delta T = 0 \tag{9.59}$$

$$\sigma_{xT} = (-)E\alpha\Delta T$$

예제 9.6 [그림 9.47]과 같이 서로 다른 선형 CTE를 갖는 두 재료의 좌측면들을 고정한 뒤, 온도를 0℃에서 100℃로 올렸을 때(ΔT=100℃) 띠(strips) H와 L의 열 변형을 계산하라. 띠의 두께 $t_H = t_L$ =0.5 mm이고, 두 띠들 사이에는 마찰이 없다고 가정하라.

해법 예 좌측면이 고정된 상태에서 온도를 올리면 띠 H와 띠 L의 면 사이에는 마찰이 없으므로 두 띠는 독립적으로 늘어나게 되고, 그 양은 식 (9.54)를 이용해 구할 수 있으며, 식 (9.60)과 같이 된다. 또한 띠들은 자유스럽게 팽창하므로 열 응력은 발생되지 않는다.

$$\begin{aligned}\delta_H &= \alpha_H(\Delta T)L \\ &= (50\times10^{-6}/℃)\times(100℃)\times(10\ \text{mm}) \\ &= 0.05\ \text{mm}\end{aligned} \tag{9.60}$$

$$\begin{aligned}\delta_L &= \alpha_L(\Delta T)L \\ &= (10\times10^{-6}/℃)\times(100℃)\times(10\ \text{mm}) \\ &= 0.01\ \text{mm}\end{aligned}$$

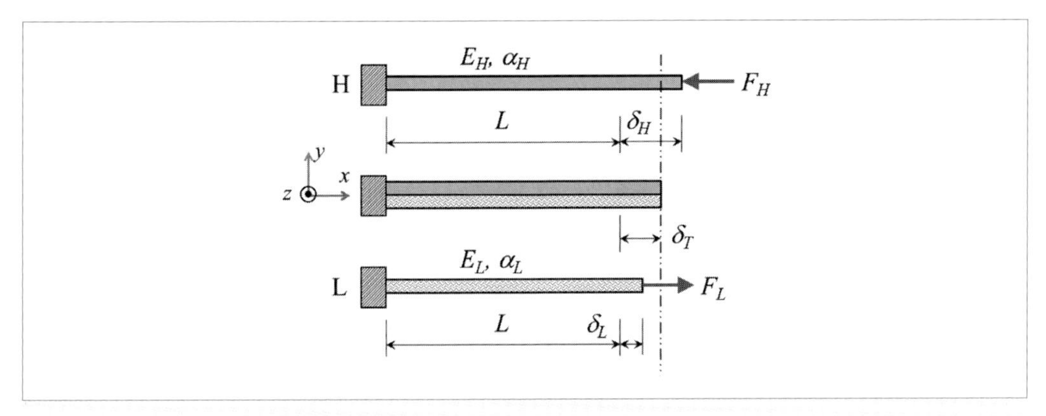

그림 9.48 서로 다른 CTE 값을 갖는 접착된 띠의 열 변형 개략도

추가 검토 이번에는 [그림 9.48]에서와 같이 기준 온도인 0℃에서 CTE 값이 높은 띠 H(high expansion solid)와 이에 비해 상대적으로 낮은 CTE 값을 갖는 띠 L(low expansion soild)의 경계면을 완전히 붙였을(bonded) 경우를 고려해 본다. 구속이 없었을 경우, HES는 $\delta_H = \alpha_H(\Delta T)L$만큼 늘어나야 하고, LES는 $\delta_L = \alpha_L(\Delta T)L$만큼 늘어나야 하지만 두 띠가 완전 접합되어 있으므로 실제 변형은 이 두 값 사이에 놓이게 될 것이다($\delta_L < \delta_T < \delta_H$). 따라서 두 띠가 동일한 변형($\delta_T$)이 되기 위해서는, 띠 H에는 압축력($F_H$)을 가해야 하고, 띠 L에는 인장력($F_L$)을 가해야 한다. 결과적으로 HES 띠에는 압축 응력, LES 띠에는 인장 응력이 발생하게 된다.

[그림 9.49]에 압축 코일 스프링을 이용한 장난감의 예가 있다. 스프링에 압축력을 가해 초기 길이보다 압축시켜 상자 안에 넣어 두었을 경우, 상자를 개봉하는 순간 튀어나오는 구조이다. [그림 9.48]에 보인 HES의 내부에는 압축 응력이 존재하므로 장난감 스프링과 마찬가지로 늘어나려고 하며, LES는 그 반대가 된다. 따라서 두 면이 접착되어 있는 띠 H와 띠 L은 아래 방향으로 휘게 된다. 이와 같이 CTE 값이 다른 두 재료(특히 금속)를 접착시켜 놓은 것을 **바이메탈**(bimetal)이라고 하며, **온도 제어용 스위치**(thermostats)로 많이 활용된다.

참고적으로 [그림 9.47]과 같은 바이메탈의 온도를 100℃ 올렸을 때 바이메탈의 수직 방향 변형을 [그림 9.50]에 나타내었다. 그림에서 확인할 수 있듯이 수직 방향으로 약 0.3 mm가량 움직인 것을 확인할 수 있다. 온도에 따른 이와 같은 변형을 이용하여 전기의 흐름을 단속할

그림 9.49 압축 코일 스프링을 이용한 장난감 상자[출처 : Shutterstock]

수 있게 되며, 이것이 바이메탈 방식 온도 조절장치의 원리이다.

또한 바이메탈의 내부에는 두 띠들 간의 구속에 의해 열 응력이 발생하는데, 이를 [그림 9.51]에 나타내었다. 이 중 고정단이나 자유단에서의 **끝단 효과**(end effect)[62]를 배제한 띠의 중앙 부분에서의 응력 분포를 [그림 9.52]에 나타내었다. 그림에서 확인할 수 있듯이 띠 내부에서 높은 응력 구배가 생기고 있음을 알 수 있다. 이와 같은 응력 구배는 띠들의 굽힘에

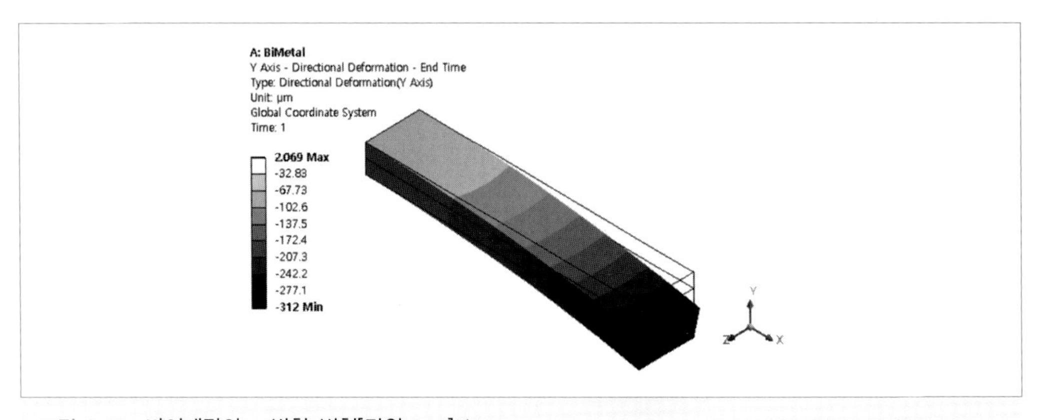

그림 9.50 바이메탈의 y 방향 변형[단위 : μm][61]

61) 편의상 두 재료의 Young 계수는 동일한 것으로 가정하였다. $E_H = E_L = 100$ GPa

62) 해석 시 고정한 부분에서는 응력이 집중되어 매우 높은 응력값을 보인다.

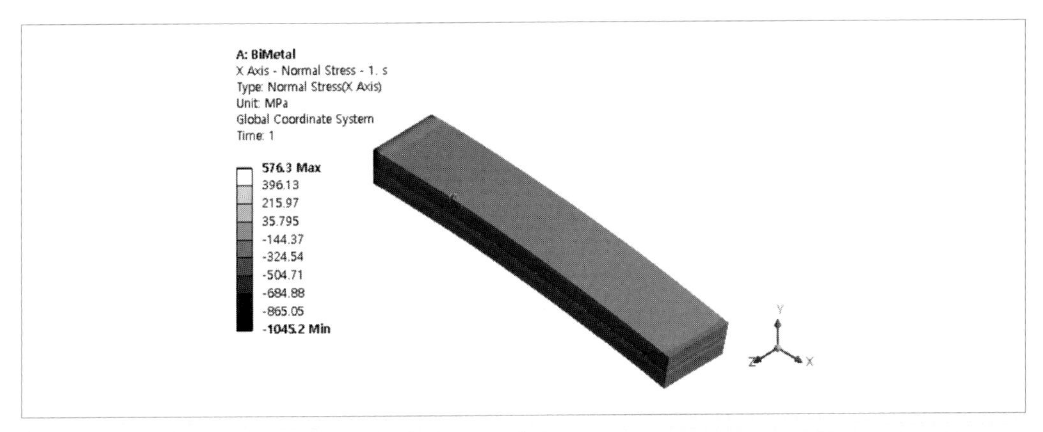

그림 9.51 바이메탈의 x 방향 수직 응력[단위 : MPa]

의해 발생된 것이다. 또한 HES 띠에는 높은 압축 응력이, LES 띠에는 높은 인장 응력이 생기고 있음을 알 수 있는데, 이는 [그림 9.48]을 이용하여 개략적으로 설명하였듯이 두 금속 간의 CTE 차이에 의해 생긴 것이다.

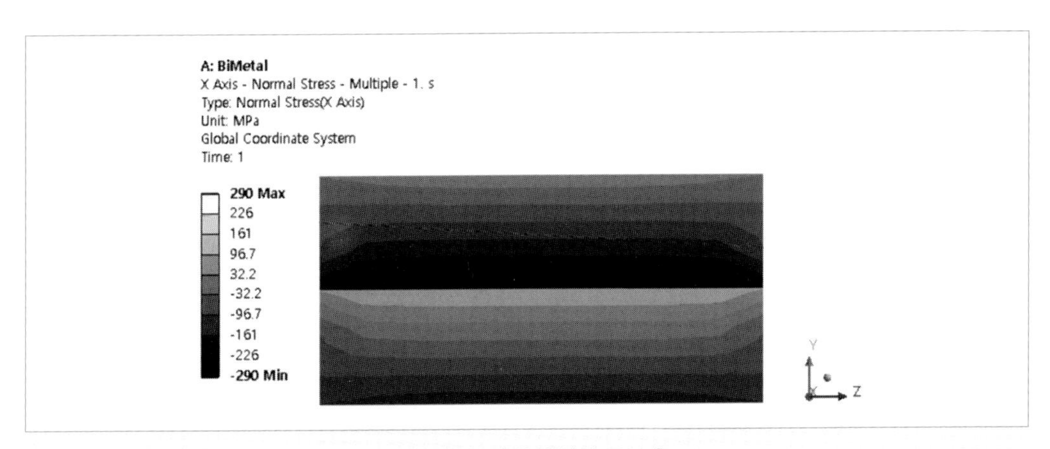

그림 9.52 바이메탈 중앙 단면에서의 x 방향 수직 응력[단위 : MPa]

찾아보기